U0171521

**危险化学品安全丛书**
（第二版）

十二五
国家重点出版物出版规划项目

NRCC

应急管理部化学品登记中心
中国石油化工股份有限公司青岛安全工程研究院 ｜ 组织编写
清华大学

# 化工安全仪表系统

俞文光　孟邹清　方来华　等 编著

化学工业出版社
·北京·

# 内 容 简 介

《化工安全仪表系统》为"危险化学品安全丛书"（第二版）的一个分册。

《化工安全仪表系统》简要介绍了化工安全仪表系统的原理、功能安全管理技术、安全保护层和保护层分析技术，详细阐述了化工安全仪表系统工程设计、安装、调试、维护、功能安全评估、气体检测系统等相关内容。同时对保护层规划与分配、安全要求规格书编制、安全完整性等级（SIL）确定、SIL 验证（验算）等内容进行了阐述。还介绍了安全仪表系统在重点监管危险工艺等领域的具体实践。

《化工安全仪表系统》面向化工企业安全生产技术人员和管理人员，化工企业从事安全仪表系统（SIS）设计、安装以及维护工作的读者。能从本书中获得受益的还包括最终用户、工程公司、系统集成商，咨询服务机构中与 SIS 应用相关的工程技术人员、项目经理，以及将来从事工业安全技术应用的本科院校学生。

**图书在版编目（CIP）数据**

化工安全仪表系统/应急管理部化学品登记中心，中国石油化工股份有限公司青岛安全工程研究院，清华大学组织编写；俞文光等编著. —北京：化学工业出版社，2021.7（2022.10 重印）
（危险化学品安全丛书：第二版）
"十三五"国家重点出版物出版规划项目
ISBN 978-7-122-39094-3

Ⅰ.①化…　Ⅱ.①应…②中…③清…④俞…
Ⅲ.①化工仪表-安全仪表　Ⅳ.①TQ056.1

中国版本图书馆 CIP 数据核字（2021）第 084549 号

---

责任编辑：高　震　杜进祥　刘　丹　　　文字编辑：向　东
责任校对：边　涛　　　　　　　　　　　　装帧设计：韩　飞

---

出版发行：化学工业出版社（北京市东城区青年湖南街 13 号　邮政编码 100011）
印　　装：北京天宇星印刷厂
710mm×1000mm　1/16　印张 16¾　字数 290 千字
2022 年 10 月北京第 1 版第 3 次印刷

购书咨询：010-64518888　　　　　　　售后服务：010-64518899
网　　址：http://www.cip.com.cn
凡购买本书，如有缺损质量问题，本社销售中心负责调换。

---

定　　价：88.00 元　　　　　　　　　　　　　版权所有　违者必究

# "危险化学品安全丛书"（第二版）编委会

**主　任：陈丙珍**　清华大学，中国工程院院士
　　　　**曹湘洪**　中国石油化工集团有限公司，中国工程院院士

**副主任**（按姓氏拼音排序）：

　　　陈芬儿　复旦大学，中国工程院院士
　　　段　雪　北京化工大学，中国科学院院士
　　　江桂斌　中国科学院生态环境研究中心，中国科学院院士
　　　钱　锋　华东理工大学，中国工程院院士
　　　孙万付　中国石油化工股份有限公司青岛安全工程研究院/应急管理部
　　　　　　　化学品登记中心，教授级高级工程师
　　　赵劲松　清华大学，教授
　　　周伟斌　化学工业出版社，编审

**委　员**（按姓氏拼音排序）：

　　　曹湘洪　中国石油化工集团有限公司，中国工程院院士
　　　曹永友　中国石油化工股份有限公司青岛安全工程研究院，教授级高级工程师
　　　陈丙珍　清华大学，中国工程院院士
　　　陈芬儿　复旦大学，中国工程院院士
　　　陈冀胜　军事科学研究院防化研究院，中国工程院院士
　　　陈网桦　南京理工大学，教授
　　　程春生　中化集团沈阳化工研究院，教授级高级工程师
　　　董绍华　中国石油大学（北京），教授
　　　段　雪　北京化工大学，中国科学院院士
　　　方国钰　中化国际（控股）股份有限公司，教授级高级工程师
　　　郭秀云　应急管理部化学品登记中心，主任医师
　　　胡　杰　中国石油天然气股份有限公司石油化工研究院，教授级高级工程师
　　　华　炜　中国化工学会，教授级高级工程师
　　　嵇建军　中国石油和化学工业联合会，教授级高级工程师
　　　江桂斌　中国科学院生态环境研究中心，中国科学院院士
　　　姜　威　中南财经政法大学，教授
　　　蒋军成　南京工业大学/常州大学，教授

# 丛书序言

人类的生产和生活离不开化学品（包括医药品、农业杀虫剂、化学肥料、塑料、纺织纤维、电子化学品、家庭装饰材料、日用化学品和食品添加剂等）。化学品的生产和使用极大丰富了人类的物质生活，推进了社会文明的发展。如合成氨技术的发明使世界粮食产量翻倍，基本解决了全球粮食短缺问题；合成染料和纤维、橡胶、树脂三大合成材料的发明，带来了衣料和建材的革命，极大提高了人们生活质量……化学工业是国民经济的支柱产业之一，是美好生活的缔造者。近年来，我国已跃居全球化学品第一生产和消费国。在化学品中，有一大部分是危险化学品，而我国危险化学品安全基础薄弱的现状还没有得到根本改变，危险化学品安全生产形势依然严峻复杂，科技对危险化学品安全的支撑保障作用未得到充分发挥，制约危险化学品安全状况的部分重大共性关键技术尚未突破，化工过程安全管理、安全仪表系统等先进的管理方法和技术手段尚未在企业中得到全面应用。在化学品的生产、使用、储存、销售、运输直至作为废物处置的过程中，由于误用、滥用或处理处置不当，极易造成燃烧、爆炸、中毒、灼伤等事故。特别是天津港危险化学品仓库"8·12"爆炸及江苏响水"3·21"爆炸等一些危险化学品的重大着火爆炸事故，不仅造成了重大人员伤亡和财产损失，还造成了恶劣的社会影响，引起党中央国务院的重视和社会舆论广泛关注，使得"谈化色变""邻避效应"以及"一刀切"等问题日趋严重，严重阻碍了我国化学工业的健康可持续发展。

危险化学品的安全管理是当前各国普遍关注的重大国际性问题之一，危险化学品产业安全是政府监管的重点、企业工作的难点、公众关注的焦点。危险化学品的品种数量大，危险性类别多，生产和使用渗透到国民经济各个领域以及社会公众的日常生活中，安全管理范围包括劳动安全、健康安全和环境安全，涉及从"摇篮"到"坟墓"的整个生命周期，即危险化学品生产、储存、销售、运输、使用以及废弃后的处理处置活动。"人民安全是国家安全的基石。"过去十余年来，科技部、国家自然科学基金委员会等围绕危险化学品安全设置了一批重大、重点项目，取得示范性成果，愈来愈多的国内学者投身于危险化学品安全领域，推动了危险化学品安全技术与管理方法的不断创新。

自 2005 年"危险化学品安全丛书"出版以来，经过十余年的发展，危险化学品安全技术、管理方法等取得了诸多成就，为了系统总结、推广普及危险化学品领域的新技术、新方法及工程化成果，由应急管理部化学品登记中心、中国石油化工股份有限公司青岛安全工程研究院、清华大学联合组织编写了"十三五"国家重点出版物出版规划项目"危险化学品安全丛书"（第二版）。

丛书的编写以党的十九大精神为指引，以创新驱动推进我国化学工业高质量发展为目标，紧密围绕安全、环保、可持续发展等迫切需求，对危险化学品安全新技术、新方法进行阐述，为减少事故，践行以人民为中心的发展思想和"创新、协调、绿色、开放、共享"五大发展理念，树立化工（危险化学品）行业正面社会形象意义重大。丛书全面突出了危险化学品安全综合治理，着力解决基础性、源头性、瓶颈性问题，推进危险化学品安全生产治理体系和治理能力现代化，系统论述了危险化学品从"摇篮"到"坟墓"全过程的安全管理与安全技术。丛书包括危险化学品安全总论、化工过程安全管理、化学品环境安全、化学品分类与鉴定、工作场所化学品安全使用、化工过程本质安全化设计、精细化工反应风险与控制、化工过程安全评估、化工过程热风险、化工安全仪表系统、危险化学品储运、危险化学品消防、危险化学品企业事故应急管理、危险化学品污染防治等内容。丛书是众多专家多年潜心研究的结晶，反映了当今国内外危险化学品安全领域新发展和新成果，既有很高的学术价值，又对学术研究及工程实践有很好的指导意义。

相信丛书的出版，将有助于读者了解最新、较全的危险化学品安全技术和管理方法，对减少事故、提高危险化学品安全科技支撑能力、改变人们"谈化色变"的观念、增强社会对化工行业的信心、保护环境、保障人民健康安全、实现化工行业的高质量发展均大有裨益。

中国工程院院士  陈丙珍

中国工程院院士

2020 年 10 月

# 丛书第一版序言

危险化学品，是指那些易燃、易爆、有毒、有害和具有腐蚀性的化学品。危险化学品是一把双刃剑，它一方面在发展生产、改变环境和改善生活中发挥着不可替代的积极作用；另一方面，当我们违背科学规律、疏于管理时，其固有的危险性将对人类生命、物质财产和生态环境的安全构成极大威胁。危险化学品的破坏力和危害性，已经引起世界各国、国际组织的高度重视和密切关注。

党中央和国务院对危险化学品的安全工作历来十分重视，全国各地区、各部门和各企事业单位为落实各项安全措施做了大量工作，使危险化学品的安全工作保持着总体稳定，但是安全形势依然十分严峻。近几年，在危险化学品生产、储存、运输、销售、使用和废弃危险化学品处置等环节上，火灾、爆炸、泄漏、中毒事故不断发生，造成了巨大的人员伤亡、财产损失及环境重大污染，危险化学品的安全防范任务仍然相当繁重。

安全是和谐社会的重要组成部分。各级领导干部必须树立以人为本的执政理念，树立全面、协调、可持续的科学发展观，把人民的生命财产安全放在第一位，建设安全文化，健全安全法制，强化安全责任，推进安全科技进步，加大安全投入，采取得力的措施，坚决遏制重特大事故，减少一般事故的发生，推动我国安全生产形势的逐步好转。

为防止和减少各类危险化学品事故的发生，保障人民群众生命、财产和环境安全，必须充分认识危险化学品安全工作的长期性、艰巨性和复杂性，警钟长鸣，常抓不懈，采取切实有效措施把这项"责任重于泰山"的工作抓紧抓好。必须对危险化学品的生产实行统一规划、合理布局和严格控制，加大危险化学品生产经营单位的安全技术改造力度，严格执行危险化学品生产、经营销售、储存、运输等审批制度。必须对危险化学品的安全工作进行总体部署，健全危险化学品的安全监管体系、法规标准体系、技术支撑体系、应急救援体系和安全监管信息管理系统，在各个环节上加强对危险化学品的管理、指导和监督，把各项安全保障措施落到实处。

做好危险化学品的安全工作，是一项关系重大、涉及面广、技术复杂的系统工程。普及危险化学品知识，提高安全意识，搞好科学防范，坚持化害为利，是各级党委、政府和社会各界的共同责任。化学工业出版社组织编写的"危险化学品安全丛书"，围绕危险化学品的生产、包装、运输、储存、营销、使用、消防、事故应急处理等方面，系统、详细地介绍了相关理论知识、先进工艺技术和科学管理制度。相信这套丛书的编辑出版，会对普及危险化学品基本知识、提高从业人员的技术业务素质、加强危险化学品的安全管理、防止和减少危险化学品事故的发生，起到应有的指导和推动作用。

李毅中

2005 年 5 月

# ❀ 前 言 ❀

当前，我国化工安全仪表系统及其相关安全保护措施在设计、安装、调试和维护管理等生命周期的各阶段，普遍存在危险与风险分析不足、设计选型不当、冗余容错结构不合理、缺乏明确的检验测试周期、预防性维护策略针对性不强等问题。随着我国化工装置、危险化学品储存设施规模大型化，生产过程自动化水平逐步提高，同步加强和规范安全仪表系统管理十分紧迫和必要。

2014 年 11 月 13 日，国家安全生产监督管理总局（现国家应急管理部）发布了《国家安全监管总局关于加强化工安全仪表系统管理的指导意见》，文件中明确：充分认识加强化工安全仪表系统管理工作的重要性，加强化工安全仪表系统管理的基础工作，进一步加强安全仪表系统全生命周期的管理，高度重视其他相关仪表保护措施管理，从源头加快规范新建项目安全仪表系统管理工作，积极推进在役安全仪表系统评估工作、工作要求等。国家从政策层面上提出了安全仪表系统管理工作的行动纲领与行动计划，从而积极推进企业安全生产主体责任的落实，进一步提升安全生产的本质水平。

《化工安全仪表系统》编著者由从事安全科学研究、功能安全标准化、安全仪表系统研发与制造、安全仪表系统工程服务等专业技术人员组成，以化工企业政策文件要求为基础，努力提炼安全仪表系统工程设计、选型、安装、调试、维护、评估等实践中的得失，从而帮助企业安全生产技术人员与管理人员等将生产装置的安全功能需求落地实施，规范日常管理与检查工作。书中介绍了化工安全仪表系统的原理、功能安全管理技术、安全保护层和保护层分析技术，详细阐述了化工安全仪表系统工程设计、安装、调试、维护、功能安全评估、气体检测系统等相关内容。同时对保护层规划与分配、安全要求规格书编制、安全完整性等级（SIL）确定、SIL 验证（验算）

等内容进行了阐述。书中还介绍了安全仪表系统在重点监管危险工艺等领域的具体实践。

本书的第一、四、七章及附录由浙江中控技术股份有限公司俞文光完成，第二、六章由机械工业仪器仪表综合经济研究所孟邹清完成，第三章由中国安全科学研究院方来华完成，第五章由浙江中控技术股份有限公司吴少国完成。全书的统稿工作由俞文光负责完成。

因编者知识水平有限，书中难免存在疏漏，欢迎读者批评指正。

编著者
2020 年 9 月

# 目　录

## 第二章 功能安全管理 ⬤35

## 第三章　安全保护层和保护层分析　　**83**

## 第四章　安全仪表系统工程设计　　**122**

**第五章　安全仪表系统安装、调试及维护**　153

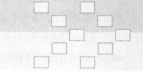

# 第一章

# 绪 论

化工安全仪表系统主要包括安全联锁系统、紧急停车系统、可燃气体和有毒气体及火灾检测保护系统等[1]，当化工生产装置或设施出现可能导致安全事故的情况时，化工安全仪表系统可使生产过程安全停止运行或自动导入预定的安全状态。如果安全仪表系统失效，往往会导致严重的事故，近年来国内外发生的重大化工（危险化学品）事故大都与安全仪表系统失效或设置不当有关。在化工安全仪表系统设计、安装、调试和维护管理等生命周期各阶段，存在危险与风险分析不足、设计选型不当、冗余容错结构不合理、缺乏明确的检验测试周期、预防性维护策略针对性不强等问题。随着我国化工装置、危险化学品储存设施规模大型化，生产过程自动化水平逐步提高，同步加强和规范安全仪表系统管理十分紧迫和必要。

## 第一节 概 述

2005 年 12 月 11 日凌晨，位于伦敦东北部的邦斯菲尔德油库由于充装过量发生泄漏，最终引发爆炸和持续 60 多个小时的大火，事故摧毁了 20 个储罐，造成 43 人受伤和高达 8.94 亿英镑的经济损失，是英国乃至欧洲迄今为止遭遇的最大火灾事故[2]。邦斯菲尔德油库拥有完善的安全保护措施，但是当其预防性的保护措施——液位计量系统和独立设置的防止溢流的安全仪表系统（SIS）发生故障时，事故未能避免，而且在事发后其余的多层保护措施均无法应对或者失效，这使得事故发展到无法预计的严重程度。

事故调查委员会认为加强预防性保护手段，尤其应提高 SIS 的可靠性，并提供有效的方法去分析和评价安全完整性等级（SIL），以及考虑如何在设计、安装、调试和运行中保持其需求的 SIL。

（1）确定安全仪表系统的 SIL　对安全仪表系统以及其他外部风险降低措施，要进行保护层分析，特别是确定 SIS 的安全功能要求和 SIL 要求。

（2）拥有完好的安全仪表系统设计　依据对 SIS 的功能要求和 SIL 要求，确定 SIS 的选型和结构设计原则。当 SIS 设计完成后，通过对其进行可靠性验证，确认是否满足 SIL 要求。

（3）加强安全仪表系统的现场操作和维护　通过安全文化和管理机制来确保 SIS 操作及维护工作的良好绩效。

发生的安全生产事故，促使各类化工生产企业和储运单位加大了安全措施的投入。为了使危险化学品生产和储运更加安全可靠，越来越多的安全系统被选择、设计、安装在工业生产现场，保护人员免受伤害，保证工厂的安全运转。

安全系统虽然降低了工业生产灾难的发生频率，却无法保证工业生产的绝对安全，有时候正是由于安全系统发生失效，在需要它执行安全功能时无法正确执行应有的操作，从而导致灾难的发生。以我们常见的高压锅减压阀门为例，它的功能是当高压锅内的压力超出一定范围时开启阀门，释放一定量的气体。如果这个减压阀被堵塞，从而导致减压功能失效，压力达到危险值时阀门没有开启，就会导致锅内压力不停升高，直至发生爆炸，人员和财产就会受到损害。在这个高压锅减压系统中，安全依赖于减压阀门执行正确的功能。这种安全依赖于系统执行正确功能的情况，就称为"功能安全"。

# 第二节　功能安全概念

## 一、IEC 61508 介绍

功能安全的概念源于国际电工委员会（IEC）的一个系列标准 IEC 61508，其全称是《电气/电子/可编程电子安全相关系统的功能安全》[3-10]。该系列标准由 7 个部分构成，分别是：

（1）《电气/电子/可编程电子安全相关系统的功能安全　第 1 部分：一般要求》（IEC 61508-1）　主要规定了与标准的符合性、文档目的与要求、功能安全管理目的与要求、安全生命周期的要求、功能安全评估目的与要求。

（2）《电气/电子/可编程电子安全相关系统的功能安全　第 2 部分：电气/电子/可编程电子安全相关系统的要求》（IEC 61508-2）　主要规定了与标准的符合性、文档、功能安全管理、电气/电子/可编程电子安全相关系统安全生命周期要求、功能安全评估。

（3）《电气/电子/可编程电子安全相关系统的功能安全　第 3 部分：软件要求》（IEC 61508-3）　主要规定了标准的符合性、文档、安全相关软件管理的附加要求、软件安全生命周期要求、功能安全评估。

（4）《电气/电子/可编程电子安全相关系统的功能安全　第 4 部分：定义和缩略语》（IEC 61508-4）　主要包括了 IEC 61508 标准第 1 部分至第 7 部分所使用的术语和解释。

（5）《电气/电子/可编程电子安全相关系统的功能安全　第 5 部分：确定安全完整性等级的方法示例》（IEC 61508-5）　提供风险的基础概念和风险与安全完整性之间的关系；提供了确定电气/电子/可编程电子安全相关系统安全完整性等级的一系列方法。

（6）《电气/电子/可编程电子安全相关系统的功能安全　第 6 部分：IEC 61508-2 和 IEC 61508-3 的应用指南》（IEC 61508-6）　提供了 IEC 61508-2 和 IEC 61508-3 的应用信息、硬件失效概率评估技术示例、诊断覆盖率和安全失效分数的计算、与硬件相关的共因失效影响的量化方法、软件安全完整性表的应用示例。

（7）《电气/电子/可编程电子安全相关系统的功能安全　第 7 部分：技术和措施概述》（IEC 61508-7）　提供了包含 IEC 61508-2 和 IEC 61508-3 有关的各种安全技术和措施概述、随机硬件失效控制、系统性失效的避免等。

由于该系列标准提炼了不同行业安全工作的经验，并总结出一套基本的思想方法，因此在实践中得到了很好的应用[11]。目前国际上已基本形成了以功能安全为思路基础的，包括风险分析、基础安全产品生产、安全产品认证、安全集成、安全评估等在内的安全保障产业链[12,13]。国际电工委员会也将这套标准作为 IEC 的基础标准。

## 二、安全的概念

为说明功能安全的理念，首先必须理解工业技术界安全的概念及其理念变迁[14]。

"安全"的基本解释是：没有危险；不受威胁；不出事故。从传统的理念上看，安全是一个美好而绝对的境界，表现出人们对这种境界的追求。但现实中的绝对安全是不存在的，以绝对安全为目标是不现实的。但这并不意味着我们放弃了安全工作，而是将安全工作的目标确定在一个相对安全的点上。为此，工业技术界为安全作出一个全新的定义，即：安全是不存在不可接受的风险。这个定义有两个意义。

### 1. 把安全从一个绝对的概念转变为一个相对的概念

在这个概念中，安全不再是一个高不可攀的绝对目标，而是风险可被接受即是安全。从此，安全成为了有现实目标的工作。

此处引入了一个新的概念——可容忍风险（tolerable risk），它是指综合了当前社会政治、文化、经济、道德、技术等因素下的能够接受的风险。在这个概念的引导下，安全工作的全部内涵就是将风险控制在可容忍的范围以内。

### 2. 把对安全的控制转变为对风险的控制

风险（risk）是指出现伤害的概率及该伤害严重性的组合。以这一概念为引导，安全工作产生了两种方式：一种是降低伤害的概率；另一种是降低伤害的严重程度。

伤害（harm）是指对人体健康的损害或损伤，以及对财产或环境的损害。也就是说，安全工作的保护对象可以是人、环境或财产，也可以是动物、植物等。不论对象是谁，风险一定要与保护对象连在一起才可以分析。

而对工业安全来说，其仍然是一个宽泛的概念，通常指工业生产过程中没有不可容忍的风险。由于生产过程不同，危险源特征差异很大，比如机械领域的生产过程主要危险是机械伤害、电气伤害；烟花爆竹行业主要危险源是爆炸物；而石油化工领域生产过程中的主要危险是能量或物料违背设计意图的意外泄漏导致的火灾、爆炸、毒害等，在石油化工领域习惯称为过程安全，也称工艺安全。通常需要对每一个工业生产场所进行详细的危险识别和风险评估，才能确定都包括哪些危险源、应该如何控制、风险实际控制水平，最终确定是否实现了工业安全。

## 三、功能安全概念

新的工业安全概念确立之后，我们就有基础来理解什么是功能安全。

首先，什么是整体安全。人类面临的威胁来自很多方面，因此安全也是多方面的。对安全的分类有多种方式，比如以领域分类，像煤矿安全、非煤矿山安全、石油化工安全、建筑施工安全、电力安全、核工业安全等；再比如以危险源分类，像电气安全、机械安全等。为更好地说明功能安全，我们不妨做这样的分类，安全问题可分为内部的问题和外部的问题。对于内部问题，又可分为产品随机失效产生的问题和人的错误产生的问题；对于外部问题，又可分为自然的威胁（如地震、洪水、雷、雨等）、外界其他非故意的侵害（如各种运行的电力设备之间的相互影响等）、人的有意侵害（如人为破坏、黑客、小偷、强盗等）。

其次，与整体安全相关，还需要了解固有安全、本质安全和功能安全的概念。固有安全（inherent safety）是工业安全的最理想状态，是保证安全首选的重要方法。它要求通过生产系统或产品的根本再设计、化学品存量削减或在该设施改用不太危险的化学品，降低或消除事故发生的可能性。比如说，长输管道全部等压设计，最坏情况下管道内压力也不会超过管道的承压，那么这条管道对于压力来说就是固有安全设计，整条管道不需要任何压力保护。或者核反应堆在运行参数偏离正常时能依靠自然物理规律趋向安全状态的性能。本质安全（intrinsic safety）是我们的实际追求。通常情况下我们很难做到固有安全，随着技术的发展，人们在不断追求高速、高效，但同时又受限于成本控制，因此本质安全设计就是实际追求。我们在设备、设施或技术工艺内加入能够从根本上防止事故发生的功能，包括"失误-安全"功能和"故障-安全"功能，操作者即使操作失误，也不会发生事故或伤害，或者说设备、设施和技术工艺本身具有自动防止人的不安全行为的功能；设备、设施或技术工艺发生故障或损坏时，还能暂时维持正常工作或者自动转变为安全状态。功能安全（functional safety）是保证系统或设备中与安全有关功能的执行正确。它要求系统识别工业现场的所有风险，并将它控制在可容忍范围内。

这几种安全的关系是：为了实现工业安全，最理想的是进行固有安全设计，或者选择本质安全，但实现本质安全的前提是首先要实现功能安全。

接着看 IEC 61508 标准的定义：功能安全（functional safety），是与受控设备（equipment under control，EUC）和 EUC 控制系统有关的整体安全的一部分，它取决于电气/电子/可编程电子安全相关系统和其他风险降低措施功能的正确行使。该定义是基于"电气/电子/可编程电子安全相关系统的功能安全"这一狭窄领域的，但仍然可以看到功能安全的全貌。

什么是功能呢？人类自从开始生产以后，就产生了人为的产品和服务，随着人类的进步，生产和生活越来越多地依赖于自己生产的产品和服务。每个产品和服务都有其自身的功能，如：电话有通信的功能；笔有写字的功能；衣服有御寒、遮体、装饰等功能；车有运输功能。每个产品或服务为其用户提供的使用特性就是它们的功能。在诸多功能之中，有一些功能是与安全有关的，如：压力容器的功能可以承载内部压力，失效可能造成爆炸；铁路信号系统能够指挥火车按预设规程运行，失效可能会导致撞车；一条输油管线的功能是将油从一个地方输送到另一个地方，失效方式之一是爆裂，另一个失效方式是泄漏，肯定会造成环境污染，还可能会造成人员伤亡。所有的功能都有可能失效，产品或服务中与安全有关的功能失效后就会产生安全问题，这也是目前安全生产领域中造成问题最多的环节。

所以，功能安全的定义，就是安全功能的正确行使。这里包括三重含义：其一，让功能以一个预定的概率实现，比如一旦要求该功能实现时，其失效的概率要小于 1/10、1/100、1/1000、1/10000 等。也就是说，我们以与安全有关的功能能够实现的概率，来保证安全的实现。其二，让功能的实现时时处于监视之下，当与安全有关的功能一旦丧失时，可及时获得相应信息。其三，与安全有关的功能一旦丧失时，使其将会导致的伤害事件不发生，或至少降低其严重性。

功能安全虽然在实践中起了很大作用，但仍然有其不适用的方面。功能安全完全适用于内部的安全问题，即：产品随机失效产生的问题，以及人的错误产生的问题，这是它的最擅长的强项。对于外部问题，即：自然的威胁和外界其他非故意的侵害，功能安全的办法是针对其风险，设置一个降低风险的功能，然后保证功能的正确实施。但外部风险如果超出所设置的降低风险的能力范围，则功能安全的作用将全部或部分丧失，就如一座能抵抗 7 级地震的房子遇到了 8 级地震。对于人的有意侵害，功能安全的作用就仅限于对防护设备的保障，就如同在战争中，功能安全仅可保障武器发挥正常功能，战争能否打得赢，就非其能力范围了。

# 第三节　功能安全的实现——安全相关系统

安全是将风险控制在可容忍风险之下。安全的实现，以安全相关系统[15]安全功能实现来保障；同时，安全功能的失效处于完全监测之下，并且即使其失效，被保护对象也不会发生伤害事件，或至少降低伤害事件的严重性。按照 IEC 61508 标准，安全相关系统（safety-related system）应满足两项要求：执行要求的安全功能，达到或保持受控设备的安全状态；自身或与其他安全相关系统、其他风险降低措施一道，达到要求的安全功能所需的安全完整性。

## 一、安全相关系统的作用

安全相关系统是用其自身的能力，或与其他安全相关系统一起，达到必要的风险降低量，以满足所要求的可容忍风险，如图 1-1 所示。也就是说，当发现风险大于可容忍风险时，使用安全相关系统把风险降下来，直至降低到可容忍风险以下。而降低风险的方法包括两个方面：降低危险事件发生的概率，即安全相关系统一旦执行其安全功能，则危险事件发生的概率小于一个预期的数值；被用来减轻危险事件的影响，即通过减轻后果的办法来降低风险。一个安全相关系统也可能同时具有上述两个组合功能。

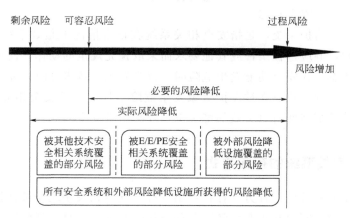

图 1-1 过程风险降低与安全相关系统

## 二、安全相关系统的工作方式

安全相关系统是在探测到可导致危险事件的情况时，采取适当的预定动作，使被保护对象进入安全状态，防止伤害事件的发生。有一点要非常重视，即：安全相关系统的失效，必须被包括在导致危害的事件中。一旦安全相关系统失效，要能够被探测到，并应采取适当的动作，使被保护对象进入安全状态。任何功能都有可能失效，安全功能也不例外，虽然安全相关系统采取了诸多可靠性技术和措施来保障其失效率在一个目标值以下，但失效率仅意味着失效会以可知的概率，但在不可知的时间点发生。就好像一个 1 万年才可能发生一次的事件，可能就发生在你面前，而前后的 9999 年都不会发生。所以，安全相关系统既要保证其失效率小于预期的值，又要保证一旦其自身失效被保护对象的相对安全。每个安全相关系统都应是一道独立的安全防线，尽管可能与其他安全相关系统一道使用，并可能存在多条防线，但每个安全相关系统应仅靠其自身能力达到要求将风险降低。

安全相关系统按其工作的状态，一般被分为安全相关控制系统和安全相关防护系统。

安全相关控制系统，是指安全相关系统要不断地以连续模式工作，才能保障被保护对象处于安全状态，连续模式涵盖了实现连续控制以保持功能安全的那些安全功能。在安全功能的危险失效事件中，如不采取其他的预防动作，即使没有进一步的失效，潜在危险也会发生。用较简明的话说，即：被保护对象的安全，是靠安全相关系统连续运行来保障的。一旦安全相关系统失效，被保护对象即处于不安全状态。

安全相关防护系统，是指安全相关系统在正常情况下是处于待命状态的。在有危险时，响应过程条件或其他要求而采取预先规定的动作，使被保护对象处于安全状态。在安全功能发生危险时，仅当发生失效事件时，才会发生潜在危险。换句话说，只有在被保护对象发生危险事件，要求安全相关系统保护，而安全相关系统在此时也失效的境况下，才会出现安全问题。

## 三、安全相关系统的存在方式

安全相关系统以三种方式存在：第一种，安全相关系统与被保护对象是完全独立存在的，安全相关系统随时监测被保护对象，一旦发现问题，就立即实施保护动作；第二种，被保护对象本身就是安全相关系统，它能达到必要的风险降低，并满足对安全相关系统的所有要求；第三种，安全相关系统与被保护对象虽是分开的，但它们共用一个或一些组件，两者既相互独立又不充分独立。这三种方式都是在现实中存在的，也是允许的。

在具体实践中，我们推荐使用第一种方式，在不得已的情况下再考虑使用另外两种方式。其中的原因很简单，就像老百姓的社会安全问题需要警察来保证，但我们不能要求所有的老百姓都具有警察的能力，尤其是我们不能用管理警察的手段去管理老百姓。安全相关系统从设计到使用直至停止使用的安全生命周期内，都有严格的要求，对资源的占用也是十分可观的，所以应尽可能限制其范围。

## 四、安全相关系统的基础

安全相关系统可基于广泛的技术基础，包括电气、电子、可编程电子、液压、气动等。如 IEC 61508 标准的名称是"电气/电子/可编程电子安全相关系统的功能安全"，其中电气/电子/可编程电子（electrical/electronic/programmable electronic，E/E/PE）表示由电器（如电动机、电气开关等）和/或电子（带有晶体管）和/或可编程电子（带有计算机功能，可编写并执行程序）的方式，来执行功能的系统。这让人易产生误解，以为安全相关系统都是电气/电子/可编程电子的。其实，安全相关系统可以基于任何技术基础。按照已有的国际分工，国际电工委员会负责与电有关产品的国际标准的制定，所以，尽管功能安全是该委员会提出的，但按分工，仍把范围限定于电气/电子/可编程电子。与此同时，标准中人为地将降低风险的手段划分为 E/E/PE 安全相关系统和其他风险降低措施。从广义上看，安全相关系统可包括 E/E/PE 安全相关系统和其他风险降低措施，而其他风险降低措施也不仅是某种产品，它甚至可以是一套行之有效的规章制度。

人也可作为安全相关系统的一部分。例如人能够接收来自可编程电子装置的信息，并根据接收信息执行安全动作，或通过可编程电子装置执行安全动作。从根本上说，所有人为产品和服务的功能都是人的作用。所以，安全相关系统中有人的参与也是可以理解的。这是允许的，但并不推荐。因为人虽然是最有创造力的，但与设备相比也是相对不可靠的。

如果安全相关系统中必须有人参与，则起码要满足三方面要求：①人的作用须以制度方式进行规定，由相关权力机构正式发布；②要对相应的人进行足够的培训，以确保其能够执行相关任务；③要为人执行相关任务留有足够的能力空间，如足够的时间。

## 五、安全相关系统的范围

安全相关系统包括执行规定安全功能所需的全部硬件、软件及支持服务。因此，传感器、其他输入装置、控制器、最终元件（执行器，又称为最终执行元件）和其他输出装置，都应包括在安全相关系统中。安全相关系统是用来执行一个或几个安全功能的，对于执行安全功能所需的所有方面，都在安全相关系统的范围内。在此，执行规定安全功能所需的全部硬件、软件是较容易理解的，容易忽略的是所有支持服务，应包括供电电源、气源、水源等，还可能包括操作规程、维护规程、检定规程等。

IEC 61508 标准的制定者是国际电工委员会第 65 技术委员会（IEC/TC65），其全称是"工业过程测量和控制及自动化技术委员会"。委员会的重要工作是制定测控及相关自动化方面的标准。测控及相关自动化的典型功能回路，主要由传感器、控制器和执行器构成。由传感器探知外界的变化；由控制器接受传感器的输入，进行逻辑解算并给执行器发出指令；由执行器（最终元件）执行控制动作。"IEC/TC65"以这个标准将工业控制的典型方法用于控制安全。从工业控制的角度，这是工业控制技术在应用领域的扩展，从安全的角度看，这是实现安全的行之有效的方法之一。安全是可控制的，控制方式也是多种多样的，主要由传感器、控制器和执行器构成的典型功能回路仅是控制安全的方式之一。E/E/PE 安全相关系统虽是目前较为常用的方法，但并不是唯一的，也不是安全系统的全部，仅是一种降低风险的办法。所以从安全的角度，更重要的是正确理解安全相关系统的含义。读者在学习时，要注意从典型功能回路和电气/电子/可编程电子的圈子里跳出来。

综合上述安全相关系统的介绍，安全相关系统特点如下：

① 安全相关系统是达成功能安全的手段。

② 安全相关系统的作用是降低风险并达到必要的风险降低量。即将现有风险降低到可容忍风险以下。

③ 每个安全相关系统都应是一道独立的安全防线。

④ 安全相关系统的失效必须被包括在导致危害的事件中。

⑤ 安全相关系统的存在方式，一是安全相关系统与被保护对象是完全独立的；二是被保护对象本身就是安全相关系统；三是安全相关系统与被保护对象虽然是分开的，但它们共用一个或一些组件。推荐第一种。

⑥ 安全相关系统一般被分为安全相关控制系统和安全相关防护系统。

⑦ 安全相关系统可基于广泛的技术基础。

⑧ 安全相关系统包括执行规定安全功能所需的全部硬件、软件以及支持服务。

# 第四节　安全相关系统——行为与要求

## 一、安全功能

安全相关系统要满足两项要求：执行要求的安全功能，足以达到或保持被保护对象的安全状态；自身或与其他 E/E/PE 安全相关系统、其他风险降低措施一道，足以达到要求的安全功能所需的安全完整性。这是安全相关系统的规定动作和基本要求。

安全相关系统的规定动作从理论上讲很简单，即执行安全功能。此处引出一个基本概念：安全功能[15]。

安全功能是针对特定的危险事件，为达到或保持被保护对象的安全状态，由电气/电子/可编程电子安全相关系统或其他风险降低措施实现的功能。

安全功能的例子包括以下内容。

① 在要求时执行，如为避免危险状况而采取的行动，如：切断电动机、打开阀门、关断电源、紧急停车、落棒等。

② 采取预防行为，如防止电动机启动、保持连续控制，使被保护对象平

稳运行在某一状态、保持连续控制，使被保护对象的某个参数不超过一个预定的值等。

任何产品或服务都具有其预定的功能，安全相关系统作为安全产品，其为保证安全所实现的功能称为安全功能。安全功能所要达到的目标是达到或保持被保护对象的安全状态。也就是说，安全相关系统不论采取什么措施、通过什么步骤、执行什么动作，唯一要求其做到的，就是达到或保持被保护对象的安全状态。此处又引出安全状态（safe state）的概念，即：达到安全时，被保护对象的状态。（注：从潜在危险情况到最终安全状态，被保护对象可能经过几个中间的安全状态。有时，仅当被保护对象处于连续控制下才存在一个安全状态。这样的连续控制可能是短时间的或是不确定的一段时间。）

## 二、安全状态

安全状态[16]是非常重要、十分有用、不可或缺的一个概念。在安全工作中，我们必须找到被保护对象的这个安全状态，一旦有事，安全工作就应使被保护对象进入到安全状态。针对不同的被保护对象，安全状态也是不同的。如：车床工作状态是飞速旋转，安全状态是停车；压力容器的安全状态是其中的压力小于危险的压力值；核反应堆的安全状态是落棒，即一旦发现危险情况，将核反应棒插入堆芯，从而停止反应。

安全状态定义中的"注"也是不能忽略的内容。被保护对象从潜在的危险情况到最终的安全状态，在有些情况下是可以一步到位的，在有些情况下做不到一步到位，需经过一些中间过程。在这种情况下，我们除了要知道最终的安全状态，还要找到中间过渡性的安全状态。如：飞机工作状态是正常飞行，安全状态是落在地上，飞机在天上发生危险情况时不可能一步到位落在地上，此时先以某种方式飞行是相对安全的，这就是所谓的中间安全状态。

## 三、要求模式

那么安全相关系统到底是如何执行安全功能的？会遇到哪些类型的要求模式（操作模式）呢？

### 1. 要求模式

将被保护对象导入预定的安全状态的安全功能，仅当要求时才执行。电气/电子/可编程电子安全相关系统只在要求发生时才对被保护对象或被保护对象的控制系统产生影响。此时如电气/电子/可编程电子安全相关系统失效，不能执行要求的安全功能，则可能使被保护对象偏离安全状态。

要求模式又分为低要求模式和高要求模式。低要求模式，指被保护对象对安全相关系统提出运行要求的频率不大于每年 1 次；高要求模式，指被保护对象对安全相关系统提出运行要求的频率大于每年 1 次。

**2. 连续模式**

安全功能将被保护对象保持在安全状态是正常运行的一部分。也就是说，电气/电子/可编程电子安全相关系统持续控制 EUC，并且 E/E/PE 安全相关系统的危险失效将导致危险事件，除非其他安全相关系统或其他风险降低措施介入。如机器的速度控制、锅炉的燃烧控制。

安全相关系统执行处于低要求或高要求模式功能安全的一个系统结构示例如图 1-2 所示。在这个例子中，EUC 和 EUC 控制系统的危险失效将对 E/E/PE 安全相关系统提出要求，如图 1-3、图 1-4 所示。

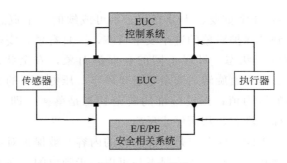

图 1-2　系统结构

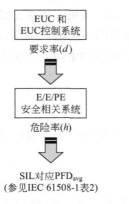
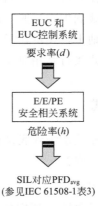

图 1-3　低要求模式下的系统操作　图 1-4　高要求模式下的系统操作

$PFD_{avg}$—要求时平均危险失效概率

安全相关控制系统执行处于连续模式安全功能的系统结构示例如图 1-5 所示。相应的系统操作如图 1-6 所示。

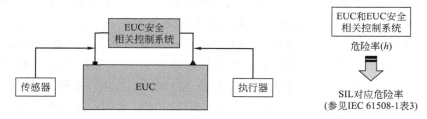

图 1-5　连续模式下系统结构　　　　图 1-6　连续模式下的系统操作

在不同行业，依据基础功能安全标准制定的技术标准对操作模式的类型及定义会有偏差。例如，机械领域通常为高要求模式，而过程控制领域大部分是低要求模式。汽车行业中汽车安全气囊子系统则存在高要求和低要求两种安全功能，低要求安全功能是在车辆发生碰撞时打开安全气囊，高要求安全功能是防止安全气囊意外打开。过程控制领域精细化工行业有些特殊场合通常会把高要求模式与连续模式组合在一起，如精细化工间歇反应釜的温度压力保护要求。

## 四、安全完整性

安全完整性[16]（safety integrity）是指在规定的时间段内在规定的条件下安全相关系统成功执行所规定安全功能的概率，是对安全相关系统行为的基本要求。针对安全相关系统执行安全功能可靠性水平的描述，通常划分为 4 种安全完整性水平。安全完整性越高，安全相关系统在要求时未能执行规定的安全功能或者未能达到规定的状态的概率就越低。安全完整性由硬件安全完整性和系统性安全完整性构成。在确定安全完整性时，应包括所有导致非安全状态的失效原因（随机硬件失效和系统性失效），如硬件失效、软件导致的失效和电磁干扰导致的失效。某些类型的失效，尤其是随机硬件失效，可用危险模式失效下的平均失效频率或安全相关系统未能按要求运作的概率来量化，但安全完整性还取决于许多不能精确量化只可定性考虑的因素。

功能安全的实质，是用保证功能的存在来保证安全的存在。所以，保证功能存在的概率就是对相应的安全等级的保障。在功能安全中，安全相关系统首先要有安全功能，再就是该安全功能能保证以一个什么样的概率存在。这就是安全完整性。

安全产品与非安全产品的区别就在于安全完整性，这也是在完成同样功能的情况下安全产品比非安全产品贵几倍甚至几十倍的原因所在。安全产品安全功能的安全完整性越高，其不能执行安全功能的概率就越低，但同时所需的资源也越多。在 IEC 61508 标准中，将安全相关系统的安全完整性分为 4 个等级，分别是 SIL 1、SIL 2、SIL 3、SIL 4。对应的要求是：在低要求模式下，SIL 1 的安全相关系统可以保证在要求其起作用时其不能起作用的概率在 1/10～1/100 之间，以此类推，SIL 2 是 1/100～1/1000 之间，SIL 3 是 1/1000～1/10000 之间，SIL 4 是 1/10000～1/100000 之间；在高要求模式或连续模式下，SIL 1 的安全相关系统可以保证其每小时的平均危险失效概率在 $10^{-5}～10^{-6}\,h^{-1}$ 之间，以此类推，SIL 2 是 $10^{-6}～10^{-7}\,h^{-1}$ 之间，SIL 3 是 $10^{-7}～10^{-8}\,h^{-1}$ 之间，SIL 4 是 $10^{-8}～10^{-9}\,h^{-1}$ 之间。

## 五、故障安全原则

安全功能和安全完整性构成了安全相关系统的两大支柱，还有一不可或缺的支柱，就是故障安全原则[16]。安全相关系统自身是由各部件（要素）构成的。每个要素都存在失效率，尽管可控制在很小值，但仍有失效可能。另外，有些难以抗拒的外部因素（如供电、供气中断，地震导致的损坏、雷击导致的损坏等）也会造成安全相关系统的失效。当内部或外部原因使安全相关系统失效时，被保护的对象应按预定的顺序达到安全状态，这就是故障安全原则。所以安全相关系统一定要设计成在自身出现失效时被保护对象能按预定的顺序达到安全状态。有了这样的机制，从理论上讲，安全相关系统就可将被保护对象置于全闭环的保护之中。

对三大支柱做一简要总结，对安全相关系统行为的要求就是：

① 有一个安全功能，使被保护对象一旦有意外就能进入安全状态；

② 保证每个安全功能以一个概率来实现（最起码是在要求模式下不能实现的概率小于 1/10，在连续模式下不能实现的平均危险失效概率小于 $10^{-5}\,h^{-1}$）；

③ 一旦自身失效，应使被保护对象按预定顺序达到安全状态。

# 第五节　安全相关系统——安全生命周期

安全生命周期是指从方案的确定阶段开始到所有的电气/电子/可编程电子安全相关系统、其他技术的安全相关系统或外部风险降低设备等不再可用时为止，在这个时间周期内发生为实现安全相关系统所必需的活动，这个时间周期叫安全生命周期。

安全生命周期是用系统的方式建立的一个框架，用以指导过程风险分析、安全相关系统的设计和评价。安全生命周期（图1-7）包括了系统的概念、范围与定义、危险和风险分析、安全要求、计划编制、实现、安装和试运行、安全确认、操作、维护和维修、停用或处理等各个阶段。通过这种一环扣一环的安全框架，安全生命周期中的各项活动紧密地联系在一起；又因为对于每一个环节都有十分明确的要求，使得各个环节的实现又相对独立，可以由不同的人负责，各个环节间只有时序方面的互相依赖。由于每一个阶段都是承上启下的环节，因此如果某一个环节出了问题，其后所进行的阶段都要受到影响，所以当某一个环节出了问题或者外部条件发生了变化时，整个安全生命周期的活动就要回到出问题的阶段，评估变化造成的影响，对该环节的活动进行修改，其

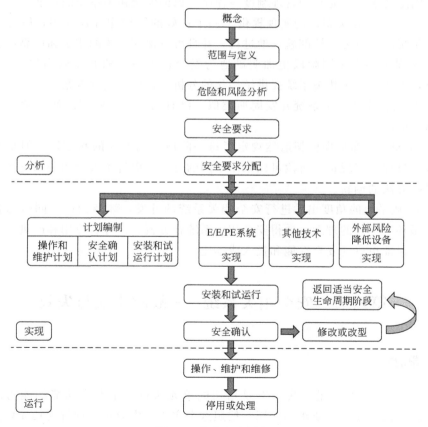

图 1-7 安全生命周期

至重新进行该阶段的活动。因此，整个安全相关系统的实现活动往往是一个渐进的、迭代的过程。

安全相关系统从无到有整个过程的始终，都不能忽视其中任何一个环节。比如说，如果在系统设计时出现了疏漏，那么根据这种有缺陷的设计所实现、安装的安全相关系统，即使实现的水平再高、再可靠，也无法保障安全功能的实现。因此，只有在安全相关系统概念提出开始直到系统停用的整个生命周期内，每一步都按照标准要求严格去做，才能提高所有的操作条件和失效模式下的安全置信度，安全问题必须从系统的角度，在生命周期的所有阶段中综合考虑。

综上，安全生命周期带来的好处可以归纳如下：

① 有效避免安全相关系统的系统失效。系统失效与质量管理、安全管理及技术安全等条件相关。安全生命周期管理模式，在安全相关系统的安全生命周期内配备了一套完整的管理制度与程序，保证安全相关系统的功能安全。

② 为安全相关系统的实现提供了一个良好的结构化开发框架，使得安全相关系统的开发可以按部就班地进行，并且可以保证系统的质量和可靠性。

③ 能够按照不同阶段更加明确地为安全相关系统的开发应用建立文档、规范，为整个安全相关系统提供结构化的分析、设计和实现方案。

④ 与传统非安全系统开发周期类似，已有的开发、管理的经验和手段都能够被应用。

⑤ 安全生命周期框架虽然规定了每一阶段活动的目的和结果，但是并没有限制过程，实现每一阶段可以采用不同的方法，促进了安全相关系统实现各个阶段方法的创新。

⑥ 从系统的角度出发进行安全相关系统的开发，涉及面广，同时蕴含了一种循环、迭代的理念，使得安全相关系统在分析、设计、应用和改进中不断完善，保证更好的安全性能和投入成本比。

# 第六节　安全相关系统——故障错误与失效

## 一、概念

IEC 61508 标准的"失效"是指功能单元执行一个要求功能的能力的终止，或功能单元不按要求起作用。按照这个定义，失效可以理解为功能单元丧失了其执行所要求功能的能力；和/或功能单元虽提供某项功能，但不是所要求的功能，也就是提供了错误的功能。还可从另一角度来理解失效，即：设立功能单元的目的是让其执行要求的功能，安全相关系统作为一个功能单元，其目的是排除特定的行为，或避免某个特定的行为，这些行为的出现就是失效。这样一来，失效就被分为两类：随机的（在硬件中）；系统的（在硬件或软件中）。前者称随机硬件失效；后者称系统性失效[17]。

失效的主体是一个功能单元。功能单元，是能够完成规定目标的软件实体、硬件实体，或两者相结合的实体。功能单元是通过完成规定功能达到预定目标的，它可能是一个或一组软件、一个或一组硬件，以及软件和硬件的组合。如果某个功能的实现需要有人参与，则该功能单元就包括人在内。

一个功能单元的基本模型如图 1-8 所示。FU 代表功能单元，L 代表层级，$i$ 代表 1、2、3、4 等数字。在图 1-8 中，功能单元可被看作是一个由多层构成的层级结构，每一层都可依次称作功能单元。在 $i$ 层（图中的第 2 层方框），"原因"可能是本层功能单元自身错误（偏离正确的值或状态），如不纠正或避免，则可能导致这一功能单元的失效，结果使其进入失效"F"状态，即失效状态，意味着该功能单元不能执行要求的功能。$i$ 层功能单元的失效"F"状态，可能依次表现为 $i-1$ 层（图中的第 1 层方框）功能单元自身的故障，如不纠正或避免，则可能导致 $i-1$ 层功能单元的失效。同时，$i$ 层功能单元也是由更基础的 $i+1$ 层功能单元构成的。

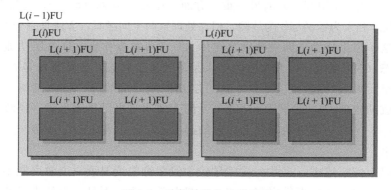

图 1-8　功能单元构造示意图

例如，设立一个系统作为功能单元，该功能单元的功能是：当压力容器中的压力达到 $K$ 时，打开压力容器上的阀门，释放压力。功能回路如图 1-9所示。

如把该系统看作是一个功能单元，这一功能单元又是由 3 个更基础的功能单元：压力传感器、逻辑控制器和阀门构成。同时，这 3 个基础功能单元又由

图 1-9　功能回路示意图

更基础的功能单元（如零件）构成。图 1-9 中传达出的重要信息是失效控制有可能根据情况从不同的层次入手，但无论如何，失效控制都需从最基础的做起。

按照 IEC 61508 标准的观点，失效是由故障和/或错误引起的，所以控制失效须从故障和错误下手。故障是指可能导致功能单元执行要求功能的能力降低或丧失其能力的异常状况。对于故障有两点要引起注意：一是故障会导致功能的丧失，也可能仅导致功能的能力降低。功能的完全丧失意味着失效，功能的能力降低但未失效即是故障，这是控制失效的有效缓冲地带。二是故障表现为无能力，一般来说故障的起因是自身问题；故障的起因如是外部问题，或故障的起因是人使用的错误，则认为是外部保障问题，不作故障论。但在功能安全领域，无论什么起因，无能力都是须控制的，都作为故障。所以对于故障的控制，不仅是对内部的控制，也包括对外部保障的控制，以及对人的各种有可能的错误的控制。

错误是指计算、观测和测量到的值或条件与真值、规定的或理论上正确的值或条件的差异。人为错误，也可称为失误，是引发非期望结果的人的动作或不动作。人为错误是引起失效的另一重要方面。在 IEC 61508 标准中，为说明起因，有时将故障和人为错误都作为故障，但在处理这两类问题时，方法是完全不同的。

在这个因果链中，同一件事（实体 X）即可被看作是 $i$ 这一层功能单元的失效状态（"F" 状态），其失效的结果是落入这个状态，也可看作是 $i-1$ 这一层功能单元失效的起因，即 $i-1$ 这一层功能单元的故障。也就是说，从功能单元构成的角度看，低一层级功能单元的失效同时也可认为是高一层级功能单元的故障，是高一层级功能单元失效的起因。从这个角度看，故障与失效可以是一件事。

在以上的描述中，失效由故障导致，但在有些情况下，失效可能不由内部故障引起，而由外部事件引起，如闪电或电磁干扰。而且，失效也可能在没有前期失效（故障）的前提下存在。如设计错误就是这种故障的例子。此外，人为使用不正确造成的问题，也会导致功能单元的失效。

## 二、失效率

IEC 61508 的"失效率"是指：一个实体（单个元器件或系统）的可靠性

参数 $[\lambda(t)]$，即 $\lambda(t)\,\mathrm{d}t$ 表示该实体在 $[0,t]$ 之间未发生失效情况下，在 $[t,t+\mathrm{d}t]$ 内发生失效的概率。所谓失效率是指工作到某一时刻尚未失效的产品，在该时刻后，单位时间内发生失效的概率。一般用符号 $\lambda$ 表示，因为失效率是时间 $t$ 的函数，所以也可表示为 $\lambda(t)$，称为失效率函数，有时也称为故障率函数或风险函数。

产品的失效率随时间而变化的规律可用失效率曲线表示，有时形象地称为浴盆曲线，如图 1-10 所示。

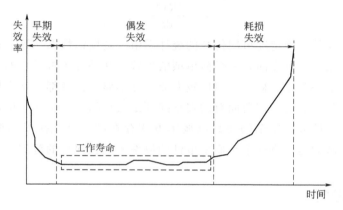

图 1-10　失效率曲线（浴盆曲线）

失效率随时间变化可分为 3 个阶段。早期失效期：失效率为递减型。此阶段是产品使用的早期，失效率较高而下降很快。失效主要是由于设计、制造、贮存、运输等形成的缺陷，以及调试、跑合、启动不当等人为因素所造成。使产品失效率达到偶发失效期的时间（$t_0$）称为交付使用点。偶发失效期：失效率基本恒定，波动不大。在此阶段，失效主要由非预期的过载、误操作、意外的天灾及一些尚不清楚的偶然因素所造成。由于失效原因多属偶然，故称为偶发失效期。偶发失效期是能有效工作的时期，这段时间称为工作寿命（有效寿命）。为降低偶发失效期的失效率，从而延长工作寿命，应注意提高产品研发制造质量和使用维护水平。耗损失效期：失效率是递增型。在此阶段，失效率上升较快，失效主要原因是产品老化、疲劳、磨损、蠕变、腐蚀等，是耗损的原因所引起的，故称为耗损失效期。针对耗损失效的原因，应注意检查、监控、预测耗损开始的时间，可使用维修、维护、更换配件等方法，使失效率不上升，尽可能延长偶发失效期。当然，如修复花费很大，与效果相比较不合算，则不如报废更为经济。

理论上，我们只使用产品的偶发失效期。一般用加快老化的办法，使产品度过早期失效期后才交付用户使用；用维护、维修等方法，延长产品的偶发失效期；用到期报废的办法，避免使用产品的耗损失效期。

数学上，$\lambda(t)$ 是每单位时间 $[t,t+dt]$ 上失效的条件概率，其与可靠性函数（即 0 到 $t$ 内未发生失效的概率）密切相关，可由公式表示：

$$R(t)=\exp\left[-\int_0^t \lambda(t)dt\right] \tag{1-1}$$

反之可由可靠性函数表示：

$$\lambda(t)=-\frac{dR(t)}{dt}\times\frac{1}{R(t)} \tag{1-2}$$

失效率及其不确定度可用传统的统计学由现场反馈数据估算，在工作生命期间（即老化后至报废前）一个简单项的失效率几乎等于常量，即 $\lambda(t)=\lambda$。

失效率是一个重要概念，但比较专业，并不要求读者都必须掌握。但要求读者了解并掌握的是我们所面对的安全问题是概率问题，不能简单地用绝对有或绝对没有来理解。安全问题是以概率方式存在的，且往往以小概率方式存在。我们要做的是，将这个小概率事件的概率控制在允许的范围内。

## 三、失效控制

理解了失效率的概念，就有基础来理解各类失效的控制方法。失效控制[17-21]，目标就是将失效率降低到可容忍的程度之下。

安全相关系统的失效分为：随机硬件失效、系统性失效、使用的错误导致的失效、供给的失效、服务错误导致的失效、自然的外部事件导致的失效、人为非故意的外部事件导致的失效、人为故意破坏导致的失效等。安全相关系统与普通系统的重要差别之一，是安全相关系统具有一个可声明的优于安全完整性等级 1（SIL1）的安全完整性（即失效控制的程度）。因此，任何安全相关系统都必须具有失效控制机制，将失效率控制在其声明的安全完整性之内。引发失效的原因不论是从什么地方来，都须进行考虑和控制。比如，对产品使用的错误，对于一般产品人们会说："对不起，你用错了，请再看看说明书，或接受一次培训。"但对于安全相关系统就不行，必须对"合理可预见的误用"（由于已知的人为习惯而导致的未按照供方预想的方式对产品、过程和服务的使用）进行分析。如果分析结果显示其造成的失效率与该安全相关系统所声明的失效率不匹配，则应配备相应措施，使其误用的概率降低到可以接受的程度。其方法可以是强制性的培训，也可以是在说明书中强调培训的重要作用，以及如未培训则对产品免责。也可以设计一个机制，使"合理可预见的误用"

不会发生（发生概率小于可接受的程度），如加锁和加密以防止误用，或设计一个类似误用提示确认的机制，即便发生了"合理可预见的误用"也不会导致失效，比如误用提示确认。换个角度说，使用的过程应被看作是安全相关系统的必要组成部分。

再比如，产品如需水、电、气等的供给，如果供给中断，则产品会失效。对于一般产品，人们会认为这是供给的问题，而不是产品本身失效。但对于安全相关系统，则必须分析供给中断的可能性与安全相关系统声明的安全完整性是否配备，否则应采取措施，使供给中断的概率降低到可接受的程度。换个角度说，供给应被看作是安全相关系统的必要组成部分。

另外，还须考虑外部事件，如雷击、电磁兼容性（EMC）、地震等。对于外部事件，一般要考虑其频率和强度，如抗拒 7 级、8 级或 9 级地震，要根据风险要求来定。这里存在一个取舍问题，抗拒的等级越高当然越安全，但费用可能会不成比例地大幅增加。如将抗拒 9 级地震的等级降低到 8 级，费用会节省，但也意味着要承受相应的小概率、大强度的风险。日本福岛核电站事故就是一个典型的例子。换个角度说，对外部事件的抗击能力应被看作是安全相关系统的必要组成部分。有必要强调的是，抗击能力的选择是一个取舍问题，如何取舍，应按照国家法律法规进行，或在社会上取得共识（如用标准的方式规定）。

人为破坏也是要考虑的方面。对于人为破坏的防护，主战场还是人与人的较量，在此处，功能安全的角色作用是提供措施保障，使人为破坏的难度增加或提高防御的能力。

总之，考虑安全相关系统的失效控制思路是一个内化倾向的问题，有点像修行，只见己过，不见他非。自身失效一定要控制在允许水平，外部问题也应当作自身问题来控制，而且也须控制在允许水平以下。

## 四、随机硬件失效

随机硬件失效是指在硬件中，由一种或几种可能的退化机制产生的，按随机时间出现的失效。在各种部件中，存在以不同速率发生的许多退化机制，在这些部件工作不同的时间之后，这些机制可使制造公差引起部件发生故障，从而使包含许多部件的设备将以可预见的速率，但在不可预见的时间（即随机时间）发生失效。

随机硬件失效和系统性失效的主要区别是，由随机硬件失效导致的系统失效率（或其他合适的量度）可用合理的精确度来预计，但系统性失效就不能精确预计，因此系统性失效引起的系统失效率则不能精确地用统计法量化。由于随机硬件失效是零件磨损和退化等引起的，控制的方法与可靠性方法是一致的，主要包括以下方法。

（1）使用带可靠性数据的零件、部件、组件构建系统 只有系统构成的各个方面都有数据，才可能计算系统本身的失效率，从而达到控制失效率的目的。目前，市场上已经有安全组件可供选购，如安全 PLC（安全可编程逻辑控制器，指的是在自身或外围元器件或执行机构出现故障时依然能正确响应并及时切断输出的可编程逻辑控制器）、安全控制器、安全的现场总线（安全的工业通信网络）等。

（2）采用冗余设计 冗余是指对于执行一个要求功能的功能单元或对于表示信息的数据而言，除了够用之外还有多余。冗余主要用于提高可靠性或可用性。在此处，冗余仅指零部件能力使用方面的冗余，如只使用其 2/3 的能力。

（3）提高系统的故障裕度 故障裕度是指在出现故障或错误的情况下功能单元继续执行一个要求功能的能力。如图 1-11 的系统中，功能单元由 A、B、C 三个安全组件组成，任何一个安全组件出现故障，都会使系统功能失效，此时系统抗击故障的能力为零，即故障裕度为 0。

图 1-11 故障裕度为 0 的系统

如我们把系统设计成图 1-12，且逻辑上采用二取一的方式，此时在有一个功能单元出故障的情况下系统仍可完成其功能，系统抗击故障的能力为 1，即故障裕度为 1。一般来说，故障裕度提高，可使系统的安全完整性水平提高一级，如从 SIL 1 提高到 SIL 2。

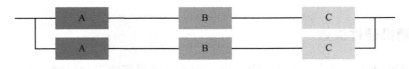

图 1-12 故障裕度为 1 的系统

（4）提高系统的诊断测试覆盖 系统的诊断测试覆盖通常用诊断覆盖率表示，它是指被自动在线诊断测试发现的危险失效分数，该分数是由诊断测试到的危险失效的危险失效率除以总危险失效率计算所得。由于安全相关系统往往处于待命状态（仅当事故要发生时才启动），且较高等级的安全相关系统往往都有冗余（针对安全相关防护系统和安全相关控制系统），其出现故障的时间段与要求其工作的时间段相互重合的概率较低（针对安全相关防护系统），或冗余的两个系统同时出现故障的概率较低（针对安全相关防护系统和安全相关控制系统）。这样一来，如果安全相关系统发生故障，且故障仅是一个独立事件，则这样的事故并不会立即产生灾难性后果。如能及时发现故障，并使其恢复正常状态，就不会对安全产生威胁。这就是诊断测试所起的作用。诊断覆盖率越高这个作用就越大。

（5）提高检验测试频率 检验测试是一种周期性测试，用以检测安全相关系统中危险的、隐藏的失效，以使其通过维修，把系统复原到正常状态。检验测试的有效性，取决于失效覆盖和修理的有效性。在实践中，100%的隐藏失效的探测很难达到，但探测100%的隐藏失效应该是一个目标。至少，所有要执行的安全功能应按E/E/PE安全相关系统的要求进行检查。如果使用分离通道，则应对每个通道分别进行检验测试。对于复杂的原理，应进行分析，以证明未被检验测试出的隐藏危险失效的可能性在E/E/PE安全相关系统安全生命周期内可忽略不计。

检验测试是安全相关系统在服役期内使用及维护的重要步骤。如果实施周期性测试，就特定安全功能而言，安全相关系统的PFD（要求时危险失效概率）会显示成一种锯齿形波，在一个大的概率范围内，从刚经过一次测试后的低点到下次测试前的最大值，如图1-13所示。安全相关系统的失效率会随着时间的推移逐渐变坏，经过检验测试后，可以回到原有水平或接近原有水平。

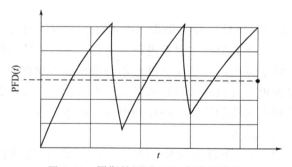

图1-13 周期性测试PFD锯齿形曲线

北方某企业一个盛满钢水的钢包从轨道尽头滑出，正在交接班的近30名工人顷刻遇难。在正常情况下，钢包是不会到达轨道尽头的，但也存在一定的小概率。也就是说，钢包到达轨道尽头是一种小概率事件，但一旦发生则危害极大。所以，从风险评估的角度，这属于不可容忍的风险。为降低风险，防止类似事故发生，企业之前已经在接近轨道尽头处安装了一个安全相关系统。该系统的作用是，一旦钢包碰到这个系统的触点，就会产生一个阻止的动作，防止钢包滑出轨道。但由于没有认真进行检验测试，系统已经失效了，并且未被发现，所以酿成惨剧。安全相关系统的特点是，平时是不起作用的，只有被保护对象提出要求时才产生动作，而被保护对象提出要求这一事件本身就是小概率事件，比如一年仅一次甚至几年才一次，在此期间，如果安全相关系统失效了，又不进行周期性的检验测试，这种隐患就无法被发现。由此可见，检验测试是安全相关系统能够保障安全的重要环节。

提高检验测试频率可以一定程度上提高 SIL 的水准，但检验测试频率的提高会受到使用的限制。如开车，现在的规定是新车每两年进行一次检验测试，我们可以接受；旧车每年进行两次检验测试，我们就会觉得很麻烦，宁可换台新的。在企业中，实际上往往把检验测试与设备大修安排在一起。

（6）积累使用的经验和数据　IEC 61508 标准出台前，安全产品需要经过实践的检验，有足够的数据证明是可行的才可使用，方法严谨、可靠，但阻碍了新产品、新技术进入安全领域。IEC 61508 标准出台后，新的安全产品只要全面符合标准，就是合格的。同时 IEC 61508 将已有实践数据支持的安全产品作为一类，称作"经使用证实"。

经过使用上述方法，使安全相关系统的随机硬件失效得以控制，使其变得完善。

## 五、系统性失效

IEC 61508 的"系统性失效"是指原因确定的失效，只有对设计或制造过程、操作规程、文档或其他相关因素进行修改后，才有可能排除这种失效。系统性失效涵盖了以下特征：一是仅仅进行正确维护而不加修改，无法排除失效原因；二是通过模拟失效原因可以导致系统性失效；三是人为错误引起的系统性失效，如安全要求规范的错误，硬件的设计、制造、安装、操作的错误，软件的设计和实现的错误等。

2011 年 7 月 23 日，浙江温州境内发生"7·23"甬温线特别重大铁路交通事故，造成了 40 人死亡、172 人受伤的惨剧。这起事故是由一系列事件导致。其原因之一是前一列动车因故临时停车；原因之二是铁路信号系统遭雷击并损坏，导致后一列动车未能接收到停车信号，从而未做停车处理，当司机行驶到可用肉眼发现前面的列车时，紧急制动已经来不及了，最终造成了事故。这是一个典型的系统性失效的案例，失效的关键在于安全相关系统的设计没有贯彻故障安全原则。

当今铁路高效安全运行的简单机制是，将铁路（一个方向）分为若干段，每一段铁路只允许一列火车运行，而每段铁路都由铁路信号系统分割以控制安全（见图 1-14）。

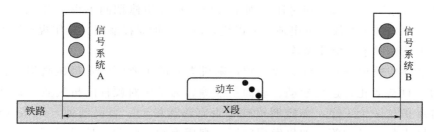

图 1-14　铁路信号系统分割控制安全示意图

当列车通过铁路信号系统 A，进入 X 段后，铁路信号系统 A 向后面的列车发出不可通行的信号；当列车通过铁路信号系统 B，驶出 X 段后，铁路信号系统 A 向后面的列车发出可通行的信号，允许下一列火车进入 X 段。

"7·23"事故的情况是：铁路信号系统 A 遭到雷击并损坏，损坏前向上位机发出的是可通行信号；前一列动车进入 X 段后临时停车。而该系统设计思路是，如果上位机定期向铁路信号系统进行数据更新时，铁路信号系统未发出数据，则以原数据复新。这样一来，已损坏的信号系统不会再发数据，上位机不断以原数据（即可通行信号）复新，后面的列车得到的就只能是可通行信号。所以，后面的列车在得到可通行信号的情况下进入了 X 段，结果发生了惨剧。显然这是一个设计上的错误，错误的原因是设计思路没有贯彻故障安全原则。

铁路信号系统是典型的安全相关系统，必须贯彻故障安全原则，如按故障安全原则设计，当探测到信号系统故障时，应将被保护对象（如列车）导入安全。所以说，由于上述设计错误导致的失效就是系统性失效。

又如，多年前我国铁路系统曾发生过这样一起事故，起因是：前一列火车正常进站停车，后一列火车正常行驶通过该站，此时铁路信号系统正在进行周期性检修。检修中，检修人员临时休息，离开了现场，结果后一列火车直接撞上前一列火车。正常情况应该是：当前一列火车正常进站停车、后一列火车正常行驶通过该站前，铁路信号系统应发出扳道岔的指令，让后一列火车从另一条铁路通过。由于该铁路信号系统正在进行周期性检修，不能对行驶过来的后一列火车产生应对；检修人员又离开了现场，不能采取应急处置，结果造成灾难性事故。在这个事故中，作为安全相关系统的铁路信号系统定期进行周期性检验测试是在铁路规章制度中明确规定的。进行周期性检修，应避开对铁路信号系统可能产生要求的时段，上述事故对此并没有提出要求，这是制度上的一个漏洞。这种由于制度漏洞导致的失效，就是系统性失效。由于这次事故，后来铁路部门修改了制度，增加了"周期性检修应避开对铁路信号系统可能产生要求的时段"的要求，同时还增加了检修人员在检修期间不得离开现场的要求。此后，这类事故未再出现。所以说，由于维护规程漏洞、操作规程错误导致的失效也属于系统性失效。

软件失效也是系统性失效。硬件随机失效的主要原因是机械磨损、材料应力、材料老化、连接松动、表面锈蚀等。为了应对硬件随机失效，设计了硬件维护这一个工序，如定期检查是否有连接松动、表面锈蚀，敲击部件、检查回声是否异常等。如果发现问题，则用上油、除锈、拧紧螺钉等方法加以改善。软件也设计了软件维护这个工序，从字面看与硬件维护是一样的，其实内涵全然不同。软件不会出现连接松动、表面锈蚀、机械磨损、材料应力、材料老化等问题，也无需上油、除锈。软件维护的重要内容应是自身功能实现的考核与完善、监视并维护与其他软件的相容性，以及对于网络及其他外来恶意攻击的防护，而这些工作往往是通过不断升级软件版本来实现的。

在这里要注意两点：一是系统性失效的根源主要是人的错误，是人的思虑不周。而克服系统性失效的办法，主要靠经验的积累，有时甚至是鲜血和生命的积累。针对具体的应用领域，事故经验的积累至关重要，任何事故一旦发生，重要的是找到事故的真正起因，只有这样，才可能研究有效避免事故再次出现的方法。二是并非存在系统性失效就等于出事故，系统性失效的存在只有当各种因缘聚合时，才可能出现事故。如"7·23"事故：铁路信号系统遭雷击并损坏，前一列火车非正常停车，铁路信号系统未按故障失效原则进行设计，导致该事故的系统性失效。三个环节聚合在一起，才导致了事故的发生。如果前项的任何一项不存在，则就不会造成事故。

我们要面对的安全问题大多是小概率事件，前面介绍过的失效率，并非要求安全生产管理人员成为数理统计和概率论的专家，但至少要知道安全问题是个概率问题，不是绝对的有或无，而是以什么样的概率存在的问题。系统性失效会提高事故的概率；而控制系统性失效则是为了降低事故概率。所以，安全相关系统在控制了硬件随机失效的同时，必须控制住系统性失效，使其失效率在一个可以接受的范围内。

随机硬件失效和系统性失效的主要区别，是由随机硬件失效导致的安全相关系统的失效率（或其他合适的量度）可用合理的精确度来预计。但系统性失效不能精确预计，因此系统性失效引起的安全相关系统的失效率就不能精确地用统计法来量化。所以，与随机硬件失效的控制不同，控制系统性失效的方法，是针对系统所需要的安全完整性水平，对安全相关系统安全生命周期的每个步骤规定必须采取的方法。如果标准中规定的方法都理解并有效实施了，则认为该系统达到了系统性失效的控制要求。对于这部分失效的控制程度，我们叫系统性安全完整性。系统性安全完整性通常不能量化，这一点与通常可量化的硬件安全完整性明显不同。

## 第七节　功能安全评估

功能安全评估过程可通过以下三个步骤来实现：评估受控过程的原始风险；建立可容忍风险的标准；判断能够满足可容忍风险标准的风险降低。功能安全评估的内容主要由分析阶段、实现阶段、运行阶段组成[22,23]。

### 一、分析阶段

分析阶段进行的功能安全评估内容主要包括：整体范围定义、过程安全信息获取、系统风险分析、整体安全要求分析等。

整体范围定义的目的是确定受控设备和受控设备控制系统的边界，以及规定危险和风险分析的范围（如过程风险、环境风险等）。在对整体范围进行定义时要考虑危险及风险分析范围内的所有物理设备、外部事件、事故的引发事件（如零部件失效、程序故障、人为错误）等。

定义了整体范围之后，应该获取的详细的过程安全信息有：所使用物质的类型和数量；需求设计中压力、温度和流量的参数值；需要的过程仪表及其相应的设计指标；控制策略及其相应的控制仪器；图形、图表及其他相关信息。

系统风险分析就是预测潜在的危险和风险，并分析危险会造成的相应后果及其发生概率。功能安全评估首先要了解与过程相联系的危险与风险，进行风险分析。常用的风险评估技术分为定性风险评估、定量风险评估和半定量风险评估。在过程工业中，常用的定性风险评估方法有：危险与可操作性分析法、安全检查表分析法、"如果……怎么办"法等；常用的定量风险评估方法有：故障类型及影响分析法、故障传播模型法等；常用的半定量风险评估方法有：保护层分析法。

根据上一步评估得出的风险值，评估风险是否在可容忍的范围内，如果不需要必要的风险降低，就不需要电气/电子/可编程电子安全相关系统。如果风险降低是必要的，那么需要采取电气/电子/可编程电子安全相关系统将过程风险降低到可容忍的范围内。因此，在整体安全要求分析阶段应该提出过程要求，即：那些降低风险的措施是可以通过电气/电子/可编程电子安全相关系统来实现的，并且根据分析的结果确定目标安全完整性水平。

安全完整性水平的选择方法有定性和定量两类。常用的定性方法有风险图法和风险矩阵法。

## 二、实现阶段

### 1. 硬件安全完整性的评估

实现阶段的功能安全评估的主要内容是对选择的安全仪表系统进行可靠性和安全性的评估，以确定系统能否满足目标安全完整性水平。

硬件安全完整性的评估首先要确定安全仪表功能的失效模式，即：危险失效或安全失效检测到的失效和未检测到的失效，以及分析安全仪表系统中每个设备的失效模式。每一个设备的失效模式都对应有安全仪表功能的失效模式。例如，压力变送器的输出冻结对应安全仪表功能的失效模式是危险失效，PLC设备的输入恒低对应安全失效。将设备的失效模式变为安全仪表功能的失效模式，就可以通过一些指标，如要求时失效概率、可靠性、平均无故障时间等，来评价安全仪表功能的可靠性。

针对安全仪表系统硬件安全完整性进行分析时可以采用很多技术，比如：因果图分析、故障树分析、马尔可夫模型和可靠性框图等。最常用的方法为可靠性框图和马尔可夫模型。

### 2. 系统性安全完整性的评估

为了实现硬件的安全完整性等级，除了要对硬件随机故障进行检验和确认之外，还要对系统硬件故障进行检验和确认。与硬件随机故障可以定量评估不同的是，系统硬件故障只能定性地给出。可以通过对以下三个部分的检查来达到系统的安全完整性：避免系统失效、故障控制和经使用证明。

根据引入故障的生命周期阶段，对安全仪表系统的失效进行分类：一类失效是由系统安装之前或系统安装之中的故障诱发；二类失效是由系统安装之后的故障诱发。因此，为了避免和控制上述情况发生时引起的失效，需要检查所有子系统是否采取了相应措施。

统计表明，在系统总故障中，只有5％的故障发生在控制器系统，控制器系统本身的可靠性远远高于外部设备的可靠性。在控制器系统的5％故障中，

90％发生在 I/O 卡上，只有 10％发生在控制器上。为了降低系统的故障率，应该采用技术和措施控制由硬件和软件设计引起的失效，控制由环境应力或影响引起的失效和控制操作过程的失效。

要证明一个系统或子系统是否可以用在安全领域、是否符合功能安全标准，那么可以通过两种途径实现：一是按照 IEC 61508《电气/电子/可编程电子安全相关系统的功能安全》的原则设计一个新系统；二是沿用以前已经使用并证明是安全的系统。如果沿用已经使用过的系统，那么就需要证明该系统是足够安全的，一旦该系统被证明是安全的，那么以后相同的系统就允许应用在同等安全的领域。可以从系统使用过的时间、估算失效概率、运行环境、安全手册、质量体系等方面证明系统是安全的。

## 三、运行阶段

运行阶段的评估主要包括：整体操作维护和修理、整体修改和改型等。

在运行阶段，系统除了要正常运作外，还需要执行所有的维护工作，包括周期性检验测试和维修。在该阶段需要检查的内容包括：检查编制的安全仪表系统的整体操作和维护计划；检查是否可持续满足安全仪表系统所需的功能；检查是否建立安全仪表系统的操作和维护文档等。为了保持系统始终处于良好的状态，需要定期对系统进行预防性的维护，在设备达到其使用寿命之前进行替换更新。

运行过程中出现问题时，可能需要进行整体修改和改型。在这时候必须考虑修改带来的影响，并返回到安全生命周期的相应环节进行修改和改型，但要保证对安全仪表系统进行改正、加固和适应之后保持要求的安全完整性水平不变。如果采用了新设备或技术，则必须重复 SIL 验证环节。并且，新的 SIL 水平必须超过以前的 SIL 水平。如果对安全仪表系统进行了修改，那么要检查每次修改活动是否都建立和保持了适用的文档记录，要检查修改是否在与安全仪表系统初始开发相同的专业水平、自动化工具、计划编制和管理程度下执行的修改，要检查修改之后安全仪表系统是否重新进行了验证和确认。

# 第八节　化工安全仪表系统发展趋势

在石油化工生产过程中，安全仪表系统的危险故障和安全故障都会给企业带来很大的经济损失，化工安全仪表系统不仅需要有很高的安全性，还需要有很好的可用性。如何设计化工安全仪表系统以适应功能安全要求值得继续研究。安全仪表系统的可靠性和安全性是有限的，在安全仪表系统正式投入工业现场使用之前，必须评估系统的可靠性和安全性，重点关注危险失效率（probability of failure on demand，PFD）、安全失效率（probability of failing safely，PFS）等指标。自 2014 年国家安全生产监督管理总局（现国家应急管理部）发布《国家安全监管总局关于加强化工安全仪表系统管理的指导意见》以来，社会上已有多款获得功能安全认证的三重化冗余、四重化冗余的逻辑控制器，各类获得功能安全认证的变送器、阀门、电磁阀、安全栅、继电器等产品，对我国推广应用化工安全仪表系统提供了强大的支撑。

目前国内化工装置上选用的逻辑控制器，生产制造商主要有德国 HIMA 公司、美国 Triconex 公司、美国 Honeywell 公司、日本 Yokogawa 公司、浙江中控、北京康吉森等。根据睿咨询 2019 年提供的数据，目前国内厂家的逻辑控制器在化工 SIS 市场占有率已超过国外公司的市场份额。

Tricon CX 系列逻辑控制器是美国 Triconex 公司的最新产品，其综合了 Tricon、Trident 等早期系统的优势，其控制器能处理 31 个 I/O 机架、186 个 I/O 模块和 5900 个物理 I/O。单一点对点网络中可连接多达 254 个节点，可实现超过 750000 个三重化 I/O 的管理。另外，I/O 部署可实现集中式和分散式应用。Tricon CX 系列逻辑控制器内置对用户透明的诊断和冗余管理，在故障条件下可保持 SIL 3；扫描速度快（20ms），控制器存储多达 60000 个 SOE，I/O 模块能提供 1ms SOE 时间戳；可直接 HART 集成并可贯通至资产管理系统。控制器支持多达 254 个节点的点对点通信，可实现与 DCS、SCADA 和 HMI 之间的全局互联互通。可在线更换处理器、通信设备和 I/O 模块；在线修改和变更、在线模块更换和热备用槽支持系统连续运行；可采用离线仿真实现更快速的应用测试；可对应用逻辑进行安全验证/二次验证，实现应用逻辑的自动测试与文档化。

HIMax 系统是德国 HIMA 公司的最新产品，其继承了先前 H41q 和 H51q 产品中四重化冗余可靠性技术，具有自诊断监控、故障切断处理（看门狗控制机制）、可调整扫描运算周期等特点。产品支持冗余配置、两重化、四重化等多重化配置；系统最多可配置 200 个 I/O 模块和 16 个机架，网络内可容纳 250 套系统；支持面板式安装和机架式安装，可选择三种不同的安装尺寸、两种不同的接线法；支持多重任务处理系统；用户可对每个任务定义循环时间。I/O 模块可自动存储 500 条诊断信息，处理器模块可自动存储 2500 条诊断信息；维护日志支持重装、下载、运行、停止、强制等所有操作信息的记录。

TCS-900 系统是浙江中控技术股份有限公司自主开发、具有自主知识产权的产品，可广泛应用在紧急停车系统（ESD）、燃烧管理系统（BMS）、火灾及气体检测系统（FGS）、大型压缩机组控制系统（CCS）等场合。TCS-900 系统逻辑结构图如图 1-15 所示。

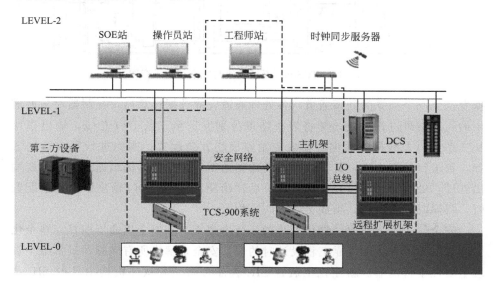

图 1-15　TCS-900 系统逻辑结构图

LEVEL-0—第一层，为实际的物理过程；LEVEL-1—第二层，为传感和操作物理过程的活动；
LEVEL-2—第三层，为监控和控制物理过程的活动

TCS-900 系统采用三重化（TMR）、硬件容错（HIFT）等可靠性技术，已通过 TÜV Rheinland 认证，达到 IEC 61508 SIL 3 要求。其具有双模块冗余结构、三重化表决架构、四阶梯降级模式 3-3-2-2-0、5 级表决机制和与 DCS 一体化等功能。TCS-900 系统由工程师站和安全控制站构成，控制站由控制器模块、安全输入模块及其端子板、安全输出模块及其端子板、网络通信模块等组成。

TCS-900 控制器和 I/O 模块具有三个独立的通道，控制站支持 5 级表决，控制器和 I/O 模块均支持冗余配置，两个冗余模块同时工作，无主备之分。冗余模式下，如果检测到某个模块出现故障时，控制站将自动选用健康模块的数据进行处理和运算，故障的模块支持在线更换。如图 1-16 所示。

输入模块内的三个通道同时采集同一个现场信号并分别进行数据处理，经表决后分别发送到三条 I/O 总线，控制器从三条 I/O 总线接收数据。如果输入模块冗余配置，则先进行冗余数据选择，再进行数据表决，并将表决后的数

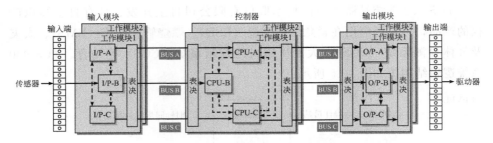

图 1-16　TCS-900 系统表决与冗余结构示意图

据发送到三个独立的处理通道，各处理通道完成数据运算后，控制器对三通道中的运算结果进行表决，并将表决结果分别发送至三条 I/O 总线，输出模块从三条 I/O 总线接收数据。如果控制器模块冗余配置，则先进行冗余数据选择，再进行数据表决，并将表决后的数据送至三个独立的输出通道进行数据输出处理，处理结果通过硬件电路表决后输出驱动信号。DO 输出模块冗余配置时，将同时驱动负载，组成 2×2oo3 结构。

安全仪表系统需要伴随化工装置运行十多年，其安全生命周期贯穿整个化工装置的生产，不能仅靠工程设计时的设计安全来解决所有问题，日常维护管理重要性不言而喻。新建化工装置 SIL 验证有第三方认证机构出具的 SIL 认证报告作为理论保证，而在役装置若在 3 年一次的 SIL 验证计算中仍使用证书数据，则导致的结果便是无论装置运行多少年，验证结果均无变化。以静态的失效数据作为依据，无法反映仪表阀门等设备由于工作寿命临近，失效暴增的情况，这无形中为装置的安全生产埋下隐患。在装置持续运行的过程中，由于仪表工作环境及工作时间的不同，工厂自己建立的针对不同型号仪表的故障数据库更能反映本企业所使用仪表的可靠性。随着装置运行时间的增加，仪表故障频率及数量都会发生相应的变化，因此在后续功能安全评估过程中考虑使用本企业仪表失效数据库的数据进行验证计算，这样能更直观地反映随着装置运行时间增加，仪表寿命及可靠性的变化，为企业安全仪表系统日常管理提供更可靠的支持。在役装置重点关注是建立在有效的仪表故障管理及有效的检验测试基础上的，使用动态的失效数据进行有效的 SIL 验证，才能保证装置的安全稳定运行。

周期性检验测试对化工安全仪表系统的长周期可靠运行也非常关键。由于安全仪表系统的特殊性，并不是所有的故障都能自我显现出来。因此，每个安全回路必须定期地测试和维护，确保系统对实际要求做出恰当的响应。检验测试的频率，应该在编制功能安全要求规格书（SRS）时确定。所有的测试，都要形成文档记录,这将保证审核活动能够顺利进行。通过审核,确定设计阶段的初始假设,例如失效率、失效模式及检验测试时间间隔等,和系统实际操作状况相比是否合理。在役装置的仪表管理应尽可能分析出检测仪表所有可能发生的失效,并对每种可能发生的失效制定针对性的检验测试方案,可要求仪表制造商提供相应支持。若在 SIL 验证周期内只进行了部分检验测试内容,则应采用不完美测试公式验证计算。100%的检测覆盖率仅在理论上存在,再详尽的检验测试都无法保证完成一次检验测试后的仪表能与新投运仪表的可靠性完全相同。仪表部件及电子线路随着时间推移存在着无法直观检测的老化情况,虽然无法直接检测,但其由于老化造成的失效在某种程度上是可预见的,如同一地区,相近时间建造的类似装置,仪表工作的外在环境条件是类似的,若在日常维护中发现了由于老化、腐蚀等原因造成故障的仪表,则应对相邻时间点安装仪表也进行相关方面重点关注,则可在发生类似故障时及时更新替换或维修故障仪表。对于有一定历史、替换过数次仪表的装置,则可在下一轮仪表替换周期临近时进行相关方面检查。以上这些日常管理,均需要安全仪表失效数据库的支持。化工企业在有条件的情况下应建立自己的安全仪表失效数据库,通过整理归档日常安全仪表系统运行维护及检验测试时发现的问题,累积日常使用中安全仪表系统的相关失效数据。

当今社会,随着信息技术的飞速发展,传统制造行业面临巨大挑战,新一轮工业革命的浪潮席卷而来。德国、美国等发达国家相继提出"工业 4.0"和"工业互联网"的概念,积极推动工业转型升级,促进经济发展。顺应时代发展的脉搏,我国也提出了"中国制造 2025"的战略举措,加快实现我国由工业大国向工业强国转变的步伐。化工行业面对数字化转型战略机遇,纷纷引入物联网、大数据、人工智能等新一代信息技术,发挥数字化、网络化、智能化优势,给企业创造价值,更好地实现本质安全[24]。如在设计阶段采取措施使生产设备或生产系统本身具有安全性,即使在误操作或设备发生故障的情况下也不会发生事故。但挑战也是巨大的。最大的挑战来自智能化系统的功能可靠性和功能安全性。试想一下,如果家里使用机器人保姆,它随时会因功能失效而停止工作,可能会因功能错乱攻击人,你还敢用它吗?所以,如果数字化、网络化、智能化的系统的功能可靠性和功能安全性难题不解决,智能制造就不可能被广泛接受和应用[25]。

## 参考文献

[1] 赵劲松,陈网桦,鲁毅 . 化工过程安全 [ M ] . 北京:化学工业出版社,2015.

［2］庞鹤．英国邦斯菲尔德油库爆炸火灾事故［J］．劳动保护，2018，（10）：61-63.

［3］电气/电子/可编程电子安全相关系统的功能安全 第1部分：一般要求［S］.GB/T 20438. 1—2017.

［4］电气/电子/可编程电子安全相关系统的功能安全 第2部分：电气/电子/可编程电子安全相关系统的要求［S］.GB/T 20438. 2—2017.

［5］电气/电子/可编程电子安全相关系统的功能安全 第3部分：软件要求［S］.GB/T 20438. 3—2017.

［6］电气/电子/可编程电子安全相关系统的功能安全 第4部分：定义和缩略语［S］.GB/T 20438. 4—2017.

［7］电气/电子/可编程电子安全相关系统的功能安全 第5部分：确定安全完整性等级的方法示例［S］.GB/T 20438. 5—2017.

［8］电气/电子/可编程电子安全相关系统的功能安全 第6部分：GB/T 20438. 2和GB/T 20438. 3的应用指南［S］.GB/T 20438. 6—2017.

［9］电气/电子/可编程电子安全相关系统的功能安全 第7部分：技术和措施概述［S］.GB/T 20438. 7—2017.

［10］ Functional safety of electrical/electronic/programmable electronic safety-related systems-Part 1-7［S］.IEC 61508-1～61508-7—2010.

［11］孟邹清．如何使用专用工具进行功能安全设计与评估［J］．仪器仪表标准化与计量，2008，（3）：18-20, 48.

［12］孟邹清．功能安全评估技术及工具化解决方案［J］．中国仪器仪表，2008，（4）：34-37.

［13］方来华．安全系统的功能安全的发展及实施建议［J］．中国安全生产科学技术，2012，（9）：85-90.

［14］冯晓升．什么是功能安全［J］．劳动保护，2013，（1）：122-123.

［15］冯晓升．功能安全的实现：安全相关系统［J］．劳动保护，2013，（2）：124-125.

［16］冯晓升．安全相关系统：行为和要求［J］．劳动保护，2013，（3）：114-115.

［17］冯晓升．基本概念 安全相关系统：故障错误与失效［J］．劳动保护，2013，（4）：114-115.

［18］冯晓升．安全相关系统：失效控制与失效率［J］．劳动保护，2013，（5）：108-109

［19］冯晓升．安全相关系统：失效率与失效控制方法论［J］．劳动保护，2013，（7）：114-115.

［20］冯晓升．安全相关系统：失效控制方法论［J］．劳动保护，2013，（9）：116-117.

［21］冯晓升．安全相关系统：系统性失效及其控制方法［J］．劳动保护，2013，（10）：112-113.

［22］方来华．亟需建立功能安全保障体系［J］．现代职业安全，2014，（4）：46.

［23］史学玲．功能安全解析及其标准建设探讨［J］．自动化博览，2016，（2）：26-28.

［24］俞文光，陈建玲，孙勤江．流程工业安全智能工厂：从概念走向现实［J］．仪器仪表标准化与计量，2018，（2）：23-25.

［25］孟邹清．新工业形态下功能安全技术发展及安全一体化概述［J］．仪器仪表标准化与计量，2020，（1）：12-16.

# 功能安全管理

  功能安全管理的目的是通过有效的项目管理和质量控制过程来实现安全相关系统的功能安全。通常,功能安全管理需要覆盖安全仪表功能的整个生命周期的各个阶段。在早期的功能安全管理体系中,人们主要关注在所有涉及工艺设备设计、维护和操作方面的人员能力上。随着认识的深入和经验的积累,针对安全完整性、安全完整性等级、安全仪表功能、可靠性等功能安全管理中核心要素,科学工作者们深入系统研究,已形成相对完整的理论技术体系,同时国内外企业或组织纷纷出台标准或者规范文件,进一步明确了技术内容与要求。

## 第一节 概 述

  《电气/电子/可编程电子安全相关系统的功能安全 第 4 部分:定义和缩略语》(GB/T 20438.4—2017,IEC 61508-4 等同采用)中功能安全定义为:整体安全中与 EUC 和 EUC 控制系统相关的部分,它取决于 E/E/PE 安全相关系统和其他风险降低措施正确执行其功能[1,2]。功能安全是将工程和管理融合在一起,专注于在使用、生产或储存危险化学品有关的过程中预防灾难性意外事故的发生,特别是爆炸、火灾以及有毒物质的释放。

  《过程工业领域安全仪表系统的功能安全》 (GB/T 21109—2007,IEC 61511 等同采用)中功能安全定义为:与工艺过程和基本过程控制系统有关的整体安全的一部分,依赖于安全仪表系统和其他保护层正确的实施其功能[3,4]。功能安全是整体安全中的一部分。过程工业中紧急停车系统、火气系统都属于功能安全在具体场合的应用。在过程工业领域,功能安全研究的是如何保障安全仪表系统实现足够的风险管控能力,而安全仪表系统常常被称为企业安全生产的最后一道防线。根据 GB/T 21109，安全仪表系统（SIS）是传感器（即检测单元）、逻辑运算器（即控制单元）和最终元件（即执行单元）的任意组合。SIS 的特点是在工艺装置（EUC）正常运行时其处于休眠状态，持续监测工艺参数和运行状态，一旦生产过程出现危险状况，SIS 将发出告警信息或直接执行预定程序，立即将装置导入安全状态，防止事故的发生、降低事故带来的危害及其影响，将风险控制在可接受范围内。

降低风险可以通过不同机制来实现，每一种机制形成一层保护，通过多层保护来防止事故发生。这些保护层形成环来保护工业现场，被称为洋葱模型，如图 2-1 所示。

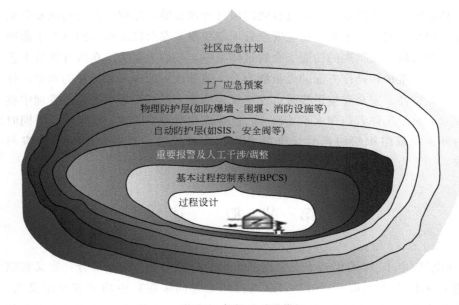

图 2-1　保护层洋葱模型

良好的过程设计和基本过程控制系统（BPCS）能够降低风险的概率，重要报警及人工干涉/调整、安全仪表系统/安全阀等能够防止危险事件发生，防爆墙、围堰、消防设施和应急响应能够减小事故的严重性。

在石油或化工生产运行过程中，并不是出现故障就一定会发生危险，如某管道门站发生天然气泄漏，在最初阶段只有少量泄漏的天然气并不会导致严重后果，随着时间的推移，泄漏量越来越多，当遇到静电或火源等情况时，极有可能引发火灾，若达到爆炸极限则会发生爆炸，造成严重事故[5]。若出现工艺和设备故障、控制系统紊乱、人员来不及响应等情况，需要通过安全仪表系统及时地自动执行安全功能，防止事故的发生，避免人员伤害、财产损失、环境污染。

2000 年 5 月，国际电工委员会（International Electrotechnical Commission，IEC）正式发布功能安全基础标准《电气/电子/可编程电子安全相关系统的功能安全》（IEC 61508），奠定了功能安全技术研究和应用的基础。在 2003 年，IEC 发布过程工业领域功能安全的应用标准《过程工业领域安全仪表系统的功能安全》（IEC 61511），推动了安全仪表系统和功能安全技术在各个过程行业的落地和应用。上述两项标准分别在 2010 年和 2016 年修订发布了第二版。我国已将上述标准等同转化为 GB/T 20438 和 GB/T 21109。

20 多年来，随着功能安全在各领域的应用，已经形成一个标准族群。它主要从 3 个方向展开研究。

（1）预期功能安全 预期功能安全是系统性失效的一部分，它要求全面识别受控设备中的所有危险，并把风险控制在可容忍范围之内。在这个前提下建立安全相关系统的所有功能，并用全生命周期管理来保证系统执行这些功能的可靠性。当受控设备中包含了智能化系统时，这个要求就极具挑战。这是目前面临的新问题。

（2）硬件随机性失效避免 组成安全相关系统的硬件系统必须具有足够的可靠性、足够的容错能力和诊断覆盖率。

（3）系统性失效避免 要避免所有可能导致系统性失效的错误和故障，如软件功能安全、环境适应性、检测到故障时的系统行为等。

功能安全标准规定了各种原则、方法，是多个行业多年经验的总结，对于提高复杂控制系统与安全保护系统执行功能的可靠性具有十分重要的指导意义。

# 第二节　安全完整性及安全完整性等级

## 一、安全完整性

IEC 61508 的"安全完整性"（safety integrity）是指在规定的时间段内和规定的条件下安全相关系统成功执行规定的安全功能的概率。本定义针对安全相关系统执行安全功能的可靠性。其中：

① 安全完整性越高，安全相关系统在要求时未能执行规定的安全功能或未能实现规定的状态的概率就越低。

② 安全完整性等级有 SIL 1、SIL 2、SIL 3、SIL 4 四个等级。

③ 在确定安全完整性时，应包括所有导致非安全状态的失效原因（随机硬件失效和系统性失效），如硬件失效、软件导致的失效和电磁干扰导致的失效。某些类型的失效，尤其是随机硬件失效，可以用危险失效模式下的平均失效频率或安全相关保护系统未能在要求时动作的概率来量化，但是安全完整性还取决于许多不能精确量化只可定性考虑的因素。

④ 安全完整性由硬件安全完整性和系统性安全完整性构成。

在过程工业领域，安全相关系统一般即指安全仪表系统（SIS）。而安全仪表功能（SIF）就是由 SIS 执行的安全功能。由定义可知，安全完整性与 SIS 执行 SIF 的失效概率密切关联。

根据不同的起因，SIS 的失效可以分为随机硬件失效和系统性失效。为了对安全完整性进一步分析，研究提高安全完整性的方法，需要对这两种失效的起因和特性进行分析。随机硬件失效，即在硬件中由各种退化机制引起，以随机事件发生的失效。如由各种硬件元器件老化引起的失效、机械部件正常磨损引起的失效等。系统性失效是由于设计缺陷、安装不当、管理不善或维护不当等问题引起的失效。表 2-1 对随机硬件失效和系统性失效的起因、性质、发生时间、失效概率计算方法等特点进行比较。

**表 2-1　随机硬件失效和系统性失效的比较**

| 项目 | 随机硬件失效 | 系统性失效 |
| --- | --- | --- |
| 起因 | 自然退化失效 | 设计缺陷、维护管理不当、环境应力等因素 |
| 性质 | 自然规律，不可避免 | 有明确的起因和结果，可以改正 |
| 发生时间 | 在使用过程中 | 整个安全生命周期内 |
| 发生位置 | 仅位于 SIS 的硬件单元 | SIS 相关的所有软、硬件，以及操作步骤、管理条例、规范等 |
| 失效概率计算方法 | 可以使用统计和概率的方法，以及系统可靠性分析理论计算其失效概率 | 无定量方法，只能定性评估 |

在安全完整性中，与随机硬件失效有关的部分称为硬件安全完整性，与系统性失效有关的部分称为系统性安全完整性。表 2-2 对硬件安全完整性和系统性安全完整性的评估方法、提高方法进行比较和分析。可见，前者要求 SIS 在实现过程中使用达到一定安全完整性的设备或使用一定的冗余结构，并对设计方案的安全性进行计算验证；后者要求在整个生命周期内，都要遵循一定的步骤及要求开展相关工作。

表 2-2 硬件安全完整性和系统性安全完整性的比较

| 项目 | 硬件安全完整性 | 系统性安全完整性 |
|---|---|---|
| 定义 | 与随机硬件失效有关的安全完整性的一部分 | 与系统性失效有关的安全完整性的一部分 |
| 评估方法 | 要求时平均失效概率 | 无定量方法，只能定性评估 |
| 提高安全完整性的方法 | 使用安全等级更高的设备、冗余和诊断、周期性检验测试等方法 | 只能通过对 SIS 设计、实现、运行、维护以及其他相关因素进行修改 |

安全完整性等级（safety integrity level，SIL）是衡量一个安全仪表系统的功能安全的综合指标。它首先由美国仪表协会 1996 年发布的 ISA-S84.01 提出，该标准将过程工业中安全仪表系统分为 3 级；德国 DIN 10250 标准对过程工业安全仪表系统分为 8 级（AK1～AK8）；IEC 61508 将安全相关系统的安全完整性等级统一划分为 4 级；IEC 61511 将过程工业的安全仪表系统亦划分为 4 级[6]。

SIL 4 等级是最高，而 SIL 1 等级是最低。SIL 越高，对安全仪表系统安全性能要求就越高，对其实现安全功能的概率的要求就越高。执行某个 SIF 的 SIS 其安全完整性必须达到该 SIF 的 SIL 要求。表 2-3 为低要求操作模式下各 SIL 对应的 $PFD_{avg}$ 和 RRF 范围。$PFD_{avg}$ 在数值上等于目标风险降低因子（RRF）的倒数。

表 2-3 低要求操作模式下 SIL 定义

| 安全完整性等级（SIL） | 要求时危险失效平均概率（$PFD_{avg}$） | 目标风险降低因子（RRF） |
|---|---|---|
| 4 | $\geqslant 10^{-5} \sim < 10^{-4}$ | $>10000 \sim \leqslant 100000$ |
| 3 | $\geqslant 10^{-4} \sim < 10^{-3}$ | $>1000 \sim \leqslant 10000$ |
| 2 | $\geqslant 10^{-3} \sim < 10^{-2}$ | $>100 \sim \leqslant 1000$ |
| 1 | $\geqslant 10^{-2} \sim < 10^{-1}$ | $>10 \sim \leqslant 100$ |

过程工业如炼油、化工、油气、制药等工艺流程上广泛采用紧急停车系统和火气系统，其要求的安全完整性等级一般为 SIL 1～SIL 3。在过程工业中，要求安全完整性等级达到 SIL 4 的仅有几个特例，比如海上采油平台的井口压力安全防护系统[7]。

对于重大危险源，如储罐区、库区等，其需要监控的危险因素量较少且相对比较稳定，安全仪表系统的安全完整性等级根据罐内贮存介质的危险特性不同而有较大差别，如高高液位报警系统，其安全完整性等级可能从 SIL 1 到 SIL 3。表 2-4 列出了不同重大危险源通常采用的安全仪表系统的安全完整性等级。

表 2-4　重大危险源与安全仪表系统等级对照表

| 安全完整性等级<br>（SIL） | 重大危险源 | 典型安全仪表系统 |
|---|---|---|
| 4 | 长输压力管道<br>压力容器 | 高完整性压力保护系统 |
| 3 | 工业压力管道<br>燃气公用管道<br>易燃/易爆/有毒物质储罐区（储罐） | 可燃有毒气体泄漏报警<br>紧急停车系统<br>火气系统 |
| | 火灾/爆炸/<br>中毒危险化学品生产场所 | 可燃有毒气体泄漏报警<br>紧急停车系统<br>火气系统 |
| 2 | 压力容器 | 可燃有毒气体泄漏报警<br>紧急停车系统<br>火气系统 |
| | 锅炉 | 燃烧管理系统 |
| | 易燃/易爆/有毒物质储罐区（储罐） | 高高液位报警系统<br>可燃有毒气体泄漏报警<br>紧急停车系统 |
| | 移动式压力容器 | 道路运输监控系统 |
| 1 | 易燃/易爆/有毒物质储罐区（储罐）<br>重点监管危险化学品生产场所 | 高高液位报警系统<br>可燃有毒气体泄漏报警<br>紧急停车系统 |

## 二、安全仪表功能

IEC 61508 中安全功能（safety function）定义为：针对特定的危险事件，为实现或保持 EUC 的安全状态，由 E/E/PE 安全相关系统或其他风险降低措施实现的功能。

IEC 61508 中安全仪表功能（safety instrumented function，SIF）定义为：具有某个特定 SIL 的用以达到功能安全的安全功能，它既可以是一个仪表安全保护功能，也可以是一个仪表安全控制功能。

本书主要定义了四类安全功能：避免、预防、控制以及限制（或降低/减缓）。对于安全功能的分类及详细定义见表 2-5。

安全功能需要通过安全屏障来实现，以避免或防止事件或控制或限制事件的发生。安全屏障是物理和工程系统或人在特定的过程或管理控制过程中的行为。安全屏障直接服务于安全功能。因此，安全屏障可以是操作者的行为、预

表 2-5 安全功能的分类和定义

| 安全功能 | 定义 | 举例(事故树、事件树) | 备注 |
|---|---|---|---|
| 避免 | 阻止事件发生 | 避免容器自身的影响 | "避免"安全功能只作用在各类事件的上游,以使这些事件不会发生,通过抑制造成事件的内在条件来避免事件的发生,一般通过添加被动的、永久的物理屏障等,这种安全功能不依赖于任何其他安全功能 |
| 预防 | 阻碍,在事件发生的方式上做阻碍 | 在事故树中,预防容器的腐蚀;<br>在事件树中,预防液体汽化 | "预防"安全功能只作用在事件的上游,以降低该事件的发生频率(但不会绝对避免),这种安全功能只会降低事件发生的(一个或多个数量级)频率 |
| 控制 | 在事故树中,控制=将系统带回到"安全"状态。<br>在事件树中,控制=使事件处于控制下,并回归到"安全"状态 | 在事故树中,控制储罐满溢;<br>在事件树中,控制液体扩散 | "控制"安全功能可在事故树中的上游(响应可能导致事件的偏差)。"控制"的安全功能还可在事件树中的下游(事件发生但可以阻止)。该安全功能常与检测结合使用 |
| 限制(或降低/减缓) | 限制=限制事件的时间和/或空间,或减少事件的大小,或减轻影响 | 在故障树中,限制反应器超压<br>在事件树中,限制泄漏的时间来限制液体汽化量 | "限制"或"降低"或"减缓"的安全功能作用在事件树中的下游。事实上,这些事件必须被限制或减少或减轻发生。它没有提供控制。检测有时是"限制"安全功能的一部分。<br>限制功能有三种不同类型的限制方式。它们旨在限制能量或危险物质的量 |

防系统、紧急控制系统、物理系统、与安全相关的系统等。物理和工程系统以及人的行为,有时是可以互换的或共同维护安全功能有效性的安全措施。

根据安全屏障的性质及其存在形式将安全屏障分为 4 类。

(1)无源屏障 屏障一直在运作(永久性),不需要人的操作、能源或信息来源。无源屏障可以是物理性屏障、永久性屏障或本质安全设计等。实践中无源屏障除了被用于限制或抑制或预防能量外,还可以用于人员。无源屏障类型与示例见表 2-6。

表 2-6 无源屏障类型与示例

| 功能类型 | 例子 |
|---|---|
| 限制或保护性物理障碍,防止从现有位置传出去(泄漏)或者传输到现有位置(渗透) | 墙、门、建筑、限制性的物理门禁、栏杆、围栏、过滤器、围堰、事故罐、阀门、整流器等 |
| 抑制或者预防运动或传输 | 安全带、笼子、限制物理运动、空间距离(海湾、沟)等 |
| 耗散能量、保护、淬火、灭火 | 气囊、坍塌区、喷淋头、洗涤器、过滤器等 |

（2）活性屏障　活性屏障在行为发生之前需要满足预先设置的条件。因此，这些屏障一般是通过自动或手动操作，或者通过（硬件）激活来实现其功能的。活性屏障一般是由检测-诊断-行动一系列动作组成。这个系列可以使用硬件、软件或人的行为来进行。活性屏障类型与示例见表2-7。

**表2-7　活性屏障类型与示例**

| 功能类型 | 例子 |
| --- | --- |
| 阻止运动或行动（机械、硬件） | 锁、物理连锁、设备匹配、刹车等 |
| 阻止运动或行动（逻辑的、软件） | 密码、输入代码、行动顺序、前提、生理匹配（指纹、酒精含量）等 |
| 阻碍行动（时空的） | 距离（远距离使人难以达到）、持续（持续按钮）、同步等 |

（3）人为屏障　这类屏障的有效性依赖于操作者对为达到目的进行的操作的熟知程度。这类屏障通常不需要实体的存在，仅依靠使用者的知识来达到目的，如规定、安全原则、安全文化、法规等；有时也会以有形的形式存在，如一本书或者留言。人类的行为是广义的解释，包括通过所有感官的观察、沟通、思想、身体活动和规则、原则等，人为屏障可能是检测-诊断-动作这一系列动作的一部分。人为屏障类型与示例见表2-8。

**表2-8　人为屏障类型与示例**

| 功能类型 | 例子 |
| --- | --- |
| 监视、监督 | 检查（自我检查或者他人检查，如目视检查）、检查表、警示等 |
| 规定、禁止 | 法规、限制、规定（条件性的或者非条件性的）、道德等 |

（4）标识屏障　这些屏障是设置者为达到目的所做的必要解释。具有某种智能行为，如路边的栏杆既是活性屏障，也是标识屏障。所有的标识和信号都是标识屏障，尤其是视觉和听觉信号、警示及警示装置等都属于标识屏障。标识屏障类型与示例见表2-9。

**表2-9　标识屏障类型与示例**

| 功能类型 | 例子 |
| --- | --- |
| 计数器、阻止或者阻碍行动（视觉、触觉干预设计） | 功能代码（颜色、形状、空间设置）、分界、标志和警告 |
| 调节行动 | 指示、程序、注意事项/条件、对话等 |
| 指示系统状态或条件（信号或标志） | 标志（如交通标志）、信号（视觉的、听觉的）警告、警铃等 |

续表

| 功能类型 | 例子 |
|---|---|
| 许可或者授权 | 工作许可、工作单 |
| 沟通、人际关系的依赖 | 间距、批准(在线或线下的)了解 |

安全屏障是用来预防事故发生、控制事故发展、降低事故后果的安全措施，为了保证其正常的运行，安全屏障通常要符合以下条件：

（1）充分性　即能够按照设计要求来预防事故。如果一个屏障不足以预防事故的发生，那么必须考虑建立其他的屏障。

（2）可用性　所有必要的功能必须能被检测。

（3）坚固性　即能够阻止极端事件，如火灾、洪水等，且屏障不能因其他屏障的存在而失去功能。

（4）专业性　屏障不能被其他事故触发，屏障也不能破坏其保护的对象。

## 三、安全生命周期

IEC 61508 中安全生命周期（safety life cycle）定义为：安全相关系统实现过程中所必需的活动，这些活动从项目的概念阶段开始，直至所有的 E/E/PE 安全相关系统和其他风险降低措施停止使用为止的时间周期。严格地讲，用"功能安全生命周期"这个术语更准确。安全生命周期模型见图 2-2～图 2-4（可参考 GB/T 20438.1）

安全生命周期使用系统的方式建立的一个框架，用以指导过程风险分析、安全系统的设计和评价。IEC 61508 是关于安全系统的功能安全的国际标准，其应用领域涉及许多工业部门，比如炼油、化工、冶金、物流、船舶、铁路、机械加工等。安全生命周期包括了系统的概念、定义、分析、安全需求、设计、实现、验证计划、安装、验证、操作、维护和停用等各个阶段。对于以上各个阶段，标准根据它们各自的特点规定了具体的技术要求和安全管理要求。对于每个阶段规定了该阶段要实现的目标、包含的范围和具体的输入与输出，并规定了具体的责任人。其中每一阶段的输入往往是前面一个阶段或者前面几个阶段的输出，而这个阶段所产生的输出又会作为后续阶段的输入，即成为后面阶段实施的基础。比如，标准规定了整体安全要求阶段的输入就是前一阶段——风险分析所产生的风险分析的描述和信息，而它所产生的对于系统整体的安全功能要求和安全完整性等级要求则被用来作为下一阶段——安全要求分配的输入。

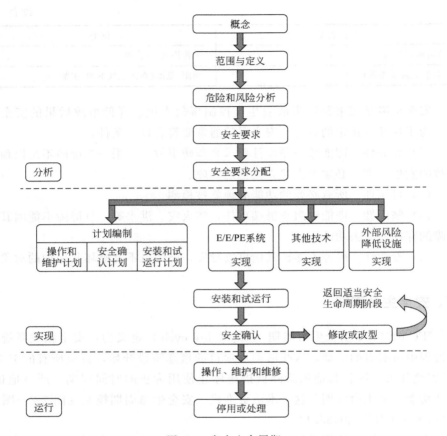

图 2-2 安全生命周期

注：1. 为清楚起见，与功能安全验证、功能安全管理以及功能安全评估有关的活动未在图中显示。

2. "其他技术""外部风险降低设施"所表示的阶段不在 E/E/PE 安全相关系统范围之内。

　　通过这种一环扣一环的安全框架，标准将安全生命周期中的各项活动紧密地联系在一起；又因为对于每一环节都有十分明确的要求，使得各个环节的实现又相对独立，可以由不同的人负责，各环节间只有时序方面的互相依赖。由于每一个阶段都是承上启下的环节，因此如果某一个环节出了问题，其后所进行的阶段都要受到影响，所以标准规定，当某一环节出了问题或者外部条件发生了变化，整个安全生命周期的活动就要回到出问题的阶段，评估变化造成的影响，对该环节的活动进行修改，甚至重新进行该阶段的活动。因此，整个安全系统的实现活动往往是一个渐进的、迭代的过程。

　　标准中安全生命周期管理的对象包括了系统用户、系统集成商和设备供应商。标准中的安全生命周期与一般概念的工程学术语不同。功能安全标准中，

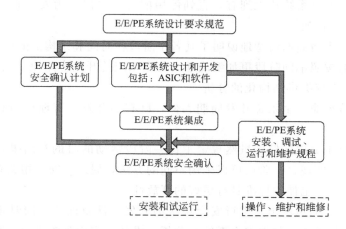

图 2-3　E/E/PE 系统安全生命周期（实现阶段）

注：本图仅表示 E/E/PE 系统安全生命周期部分。完整的 E/E/PE 系统安全生命周期，
还应包括后续阶段相关内容。

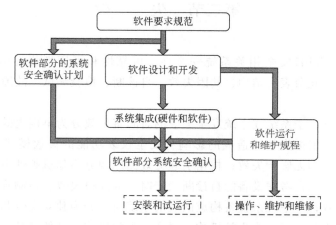

图 2-4　软件系统安全生命周期（实现阶段）

注：本图仅表示软件系统安全生命周期部分。完整的软件系统安全生命周期，
还应包括后续阶段相关内容。

在评估风险和危险时，安全生命周期是评价和制定安全相关系统设计的一个重要方面。也就是说，不同功能的安全系统其安全生命周期管理程序是不同的，一些变量如维护程序、测试间隔等，可以通过计算，实现安全、经济的最优化。

综上，安全生命周期的概念有以下几个特点。

① 包括安全系统从无到有，直到停用的各个阶段，为安全系统的开发应用建立了一个框架。

② 安全生命周期清楚地说明了其各个阶段在时间和结构上的关系。

③ 能够按照不同阶段更加明确地为安全系统的开发应用建立文档、规范，为整个安全系统提供结构化的分析。

④ 与传统非安全系统开发周期类似，已有的开发、管理经验和手段都能够被应用。

⑤ 安全生命周期模型虽然规定了每一阶段活动的目的和结果，但是并没有限制过程，实现每一阶段可以采用不同的方法，促进了安全相关系统实现阶段方法的创新，也使得标准具有更好的开放性。

⑥ 从系统的角度出发进行安全系统的开发，涉及面广，同时蕴含了一种循环、迭代的理念，使得安全系统在分析、设计、应用和改进中不断完善，保证更好的安全性能和投入成本比。

# 第三节 失 效

影响 E/E/PE 安全相关系统安全性、可靠性和可用性指标的因素很多，如失效模式、冗余表决结构、共因失效、自诊断、检验测试、故障裕度与结构约束[8]。

根据设备、子系统或系统发生失效的时间将失效分为早期失效、随机失效和老化失效；根据失效所造成的影响将安全仪表功能的失效模式分为危险失效、安全失效和无影响失效；根据引起失效的原因分为随机硬件失效、系统性失效和共因失效；考虑设备的自诊断功能时分为通报失效、检测到的失效和未检测到的失效；考虑冗余设备构成的表决系统时又分为独立失效和相关失效。

不同的失效方式称为失效模式。通常在失效模式定义的基础上才可能进行 E/E/PE 安全相关系统的可靠性建模。本节所说的失效模式为广义的失效模式，它涵盖了从各种角度分类的失效类别。通过分析，明确了工作寿命期内的硬件随机失效是本书可靠性定量研究的基础；就 E/E/PE 安全相关系统来说，我们关注危险失效和安全失效及造成安全功能失效的原因、分类，各种失效原因对应的安全功能失效评估模型。

对 E/E/PE 安全相关系统要求时平均危险失效概率（$PFD_{avg}$）及每小时平均危险失效频率（PFH）的计算，实际上是可靠性理论在功能安全领域的应用。在可靠性理论中，"浴盆"（bathtub）曲线是对设备、模块或元件的失效率在其整个寿命期内变化情况的一种非常重要的描述，如图 2-5 所示。

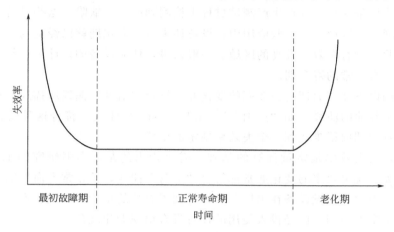

图 2-5 "浴盆"曲线

## 一、早期失效、随机失效和老化失效

设备在运行过程中会受到来自环境的应力，即环境对其施加的影响，如化学的、机械的、电气的或物理的影响。当其自身的强度不能抵抗这些应力的时候就会出现设备的失效。由图 2-5 中可以看出设备在其寿命周期内的失效分为三个阶段：最初故障期、正常寿命期和老化期。这些阶段对应于三种失效方式。

（1）早期失效 设备在最初故障期发生的失效为早期失效，失效率由大减小。这是因为生产出的设备中有一些存在生产缺陷，随着它们不断地暴露出来，失效率就逐渐下降。

（2）随机失效 在去掉具有生产缺陷的设备之后，失效率相对保持不变，进入设备的正常寿命期，在该期间设备多发生由于工作应力引起的随机失效。如果设备只有很少的生产缺陷，而强度又很高，那么发生随机失效的概率将非常低。正常寿命期内的随机失效率为常数，它是可靠性研究中所需的失效数据。

（3）老化失效 随着使用时间的增长，设备自身的强度开始下降，进入老化报废阶段，失效率也随之逐渐上升（老化期）。

可以看出，在最初故障期，设备具有随时间下降的失效率；在正常寿命期，设备具有随时间相对恒定不变的常数失效率；在老化期，设备具有随时间增大的失效率。

"浴盆"曲线可能有几种变形的情况。某些情况下可能不存在最初故障期，因为一些设备几乎不存在生产测试过程未检测到的生产缺陷，这些设备就没有失效率降低的区域。在某些应用中，设备还未进入老化期就已经得到了更新换代，因此就没有失效率升高的区域。一般来讲，任何设备的设计生产都应该保证设备具有正常的寿命期。

有的设备在寿命期内失效率的变化并不符合"浴盆"曲线所描述的这种特征，而是其他的曲线，如"过山车"（roll coaster）曲线。符合这种特征的设备在其寿命期内很难找到一个失效率稳定的阶段。

设备的失效率是定量计算的基础。需要指出的是，本书研究的 E/E/PE 安全相关系统失效率的变化通常都符合"浴盆"曲线，其正常寿命期的失效率为常数。因此，假设设备在出厂前已经得到了充分的检验和测试、设备在应用时处于正常寿命期、已经投入使用的设备没有出现老化现象。

然而实际应用中，针对某个具体行业或某个具体工厂，设备的失效率很可能不是常数，而是随时间变化的早期失效率或老化失效率。郭海涛学者对非常数失效率和对已服役多年却未进行失效数据收集的设备的失效率估计进行了研究。

## 二、危险失效、安全失效和无影响失效

IEC 61511 中把危险失效定义为那些有潜力使 E/E/PE 安全相关系统失去安全功能执行能力的失效。这个定义与人们在实践中对危险失效的理解是一致的。定义中的潜力是否存在，取决于组成 E/E/PE 安全相关系统的设备之间的结构关系。冗余结构的系统会减少这种导致危险状态的潜力，因为冗余结构里 1 个硬件设备失效不易导致整个 E/E/PE 安全相关系统的失效。

IEC 61511 中把安全失效定义为那些没有潜力导致 E/E/PE 安全相关系统失去安全功能执行能力的失效。即不属于危险失效的都是安全失效，该定义包括了造成过程误停车在内的多种失效。但是在实践中，人们往往只把造成 E/E/PE 安全相关系统误动作的一类失效称为安全失效。本书中对安全失效的定义是那些没有潜力造成 E/E/PE 安全相关系统失去安全功能执行能力的，但是有潜力造成 E/E/PE 安全相关系统误动作的失效。

设备的某些失效可能对 E/E/PE 安全功能无任何影响，这样的失效定义为无影响失效（NONC）。它既不会降低 E/E/PE 安全功能的执行能力，也不会增加 E/E/PE 安全相关系统的误动作，不影响 E/E/PE 安全相关系统的可靠性，对其进行分析没有实际意义。但是，无影响失效会影响单个设备的安全

失效分数值（safe failure fraction，SFF），从而可能会影响设备的应用。总而言之，从系统角度研究无影响失效没有意义。因此，从影响 E/E/PE 安全功能角度划分设备级的失效模式如图 2-6 所示。

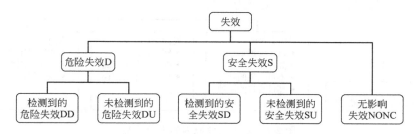

图 2-6　设备级失效模式划分图

实际应用中，人们不但希望 E/E/PE 安全相关系统是安全的，而且也希望 E/E/PE 安全相关系统的误动作率越低越好，以尽量减少或避免因 E/E/PE 安全相关系统的误动作对正常生产过程的影响。可见，安全功能的误动作率与系统的可用性及成本密切相关，因此，对 E/E/PE 安全相关系统误动作率进行定量分析也很有意义。IEC 61508、IEC 61511 关注的重点是安全性，并没有涉及与误动作率相关的问题。

## 三、随机硬件失效、系统性失效和共因失效

对于一个 E/E/PE 安全相关系统来说基本的失效是物理失效和功能失效。或者说是随机硬件失效和系统性失效。两者最根本的区别是：发生物理失效的设备根本不能执行功能，而发生系统性失效的设备是能够操作的，但不能执行其预定的功能。IEC 61508-4 也将 E/E/PE 安全相关系统的失效分为随机硬件失效和系统性失效，但该标准定义的随机硬件失效只指由于机能退化而导致的随机硬件失效，而不包含由于过大环境应力而导致的设备失效。但是两年后发布的 IEC 61508-6 使用"硬件失效"没有"随机"二字，而且 IEC 61508-6 附录 D 中描述共因失效可能源于设计或规范等系统错误或外部应力导致的随机硬件失效，这里的随机硬件失效的范畴与原定义不同，包含了外部应力导致的硬件失效。本书仍然沿用 IEC 61508-4 的分类，并对系统性失效进一步分类，如图 2-7 所示。

随机硬件失效：设备的操作条件在系统设计范围内，仅由设备自然机能退化引起的失效，如老化失效。

系统性失效：不是由随时间的自然机能退化引起，而是由特定原因引起的

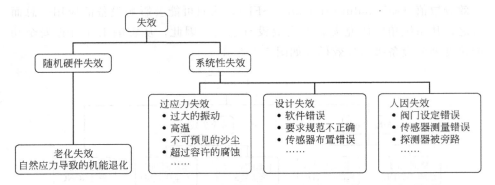

图 2-7    基于失效原因的失效分类

失效。这类失效一般通过修改设计或操作程序来减少。

根据系统性失效产生的原因，系统性失效又进一步分为以下三类。

（1）过应力失效    设备承受了设计范围外的过应力而产生的失效。这个过应力可能由外部原因引起或者由内部影响因素导致。例如过大振动对过程传感器的损坏或者不可预见的沙尘造成的阀门失效。

（2）设计失效    广义地把系统投入运行之前引入的失效称为设计失效，包括软件错误、系统说明规范的缺陷、制造缺陷或者安装不规范带来的失效。例如由于气源压力不足导致的阀门失效、气体探测器安装位置错误。

（3）人因失效    由于人员在操作、维护和测试中的错误引起的失效。例如维护完后忘记拆除旁路措施或者将测量仪表前后隔离阀仍置于关闭位置，或在修改程序逻辑时增加了新的模块，但逻辑控制器不能满足程序停车要求。

一般来讲，系统性失效增加了冗余设备构成的 E/E/PE 安全相关系统的安全功能失效概率，例如系统的共因失效。而随机硬件失效是一种独立失效，一般认为其不会导致共因失效。需要指出的是，有些失效类别的划分不明显，造成某些失效可能不易归于图 2-7 所示的某类别中。如老化失效和过应力失效往往不易区分。

共因失效是由于相同的原因导致一个以上的组件、模块或者设备发生失效。这些因素可能是内在原因，也可能是外部原因。有关共因失效的内容将在本章第五节详细讨论。

## 四、通报失效、检测到的失效和未检测到的失效

根据设备的自诊断功能又将安全仪表功能的失效模式分为检测到的失效和未检测到的失效。顾名思义，被设备自诊断功能检测到的失效称为检测到的失效；未

被设备自诊断功能检测到的失效称为未检测到的失效。因此设备的自诊断能力决定了检测到的失效率和未检测到的失效率。通常用诊断覆盖率来衡量设备的自诊断能力。诊断覆盖率表示一次失效被自诊断检测到的概率。可以由式(2-1)来表示：

$$c = \sum \lambda_D / \sum \lambda \qquad (2\text{-}1)$$

式中，$c$ 为诊断覆盖率；$\sum \lambda_D$ 为所有检测到的失效率之和，这里的 "D" 代表 "检测到"，即 detected；$\sum \lambda$ 为失效率总和。

设备的自诊断功能可以检测设备状态，在设备出现失效时发出警告，使设备能够尽快得到维修。然而，自诊断功能不会百分之百检测到设备危险失效。因此，设备危险失效分为检测到的危险失效率（$\lambda_{DD}$）和未检测到的危险失效率（$\lambda_{DU}$）。对安全失效也可以做相似的分解。设备的总危险失效率 $\lambda_D$ 和总安全失效率 $\lambda_S$，则有：

$$\lambda_D = \lambda_{DD} + \lambda_{DU} \qquad (2\text{-}2)$$
$$\lambda_S = \lambda_{SD} + \lambda_{SU} \qquad (2\text{-}3)$$

某些设备的失效会导致自诊断功能不能正常工作。把不能检测和通报设备诊断状态的失效称为通报失效。通报失效有可能是被诊断设备自身的一种失效，也可能是用于自动诊断功能的另一设备的失效。

## 五、独立失效和相关失效

在多个设备构成的冗余结构中，往往存在独立失效和相关失效两种情况。本书将由自然应力导致的单一设备的随机硬件失效（见图 2-7）定义为独立失效，即单一设备的失效不影响系统中其他相同的设备。

相关失效是指在同一时间或规定时间段内，由于系统间或单元间的空间、环境、设计、人为失误等原因而引起的两个或多个设备失效的状态。其原因可分为两大类：造成系统设备失效的原因（或环境）是相同的或非独立的，特别是当原因（或环境）相同而系统设备的失效特性也完全相同时，将发生系统中的共因失效；独立原因（或环境）造成的设备失效在系统中传播，导致系统设备的传递失效。所以，共因失效属于相关失效，是相关失效最主要的一种形式。所有系统性失效，如过应力失效、设计失效和人因失效，从根本上来说是相关失效。本书中讨论的相关失效指共因失效。

# 第四节　冗余表决结构

为了提高 E/E/PE 安全相关系统的可靠性或可用性，利用更多的设备构成冗余结构是实际应用中经常采用的方法[9]。E/E/PE 安全相关系统的冗余由两部分组成：其一是逻辑控制器本身的冗余；其二是传感器和执行器的冗余。常见的冗余表决结构有 1oo1、1oo2、2oo2、1oo3、2oo3、1oo2D，下面将分别详细介绍。

# 一、1oo1 结构

1oo1 结构只有一个单独的通道，诊断测试只报告发现的故障，但不改变输出。通道的任何危险失效都会导致危险事件出现时安全功能不能正确执行。其物理结构如图 2-8 所示。

图 2-8　1oo1 物理结构

# 二、1oo2 结构

1oo2 结构包括两个并联通道，每一个通道都可以使安全功能得到执行。假设诊断测试只能对发现的故障进行报告，不能够改变输出的状态或表决的输出。因此，只有两个通道都发生危险失效才会导致整个表决组失效。1oo2 表决结构适用于安全性要求较高的情况。其物理结构如图 2-9 所示。

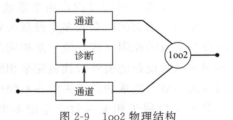

图 2-9　1oo2 物理结构

# 三、2oo2 结构

2oo2 结构包括两个并联通道，两个通道一起作用才能够使得安全功能得到执行。假设诊断测试只能对发现的故障进行报告，不能够改变输出的状态或表决的输出，因此，两个通道中只要有一个发生危险失效就会导致整个表决组在要求时失效。2oo2 表决结构适用于安全性要求一般，而可用性要求较高的情况。其物理结构如图 2-10 所示。

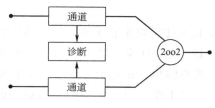

图 2-10　2oo2 物理结构

## 四、1oo3 结构

1oo3 结构包括三个通道，每一个通道都可以使安全功能得到执行。假设诊断测试只能对发现的故障进行报告，不能够改变输出的状态或表决的输出，因此，只有三个通道都发生危险失效才会导致整个表决组失效。1oo3 表决结构适用于安全性很高的情况，但增大了安全失效发生的机会。其物理结构如图 2-11 所示。

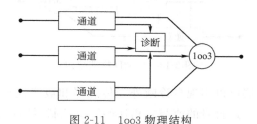

图 2-11　1oo3 物理结构

## 五、2oo3 结构

2oo3 结构包括三个通道，采用多数表决的方式来确定输出。假设诊断测试只能对发现的故障进行报告，不能够改变输出的状态或表决的输出。当只有一个通道出现执行安全功能的信号时并不会触发安全功能的执行，必须至少有两个通道的信号有效才能触发安全功能的执行。2oo3 结构的安全性和可用性保持相对均衡，适用于安全性、可用性均较高的情况。其物理结构如图 2-12 所示。

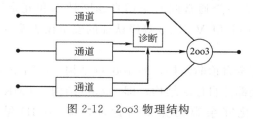

图 2-12　2oo3 物理结构

## 六、1oo2D 结构

另一种可同时提高 E/E/PE 安全相关系统的可靠性和可用性的结构是采用自诊断通道,如 1oo2D、2oo3D 等。带 "D" 的结构的输出与其他结构的略有不同,诊断功能可以改变输出。正如 IEC 61508-6 中所述,1oo2D 系统由并联的两个通道组成。在正常工作期间,必须两个通道同时提出安全功能要求,系统安全功能才能够得到执行。此外,如果诊断测试发现两个通道之一出现了故障,输出表决将会改变,使得整体输出跟随未发生故障的另一通道。如果诊断测试发现两个通道都出现了故障,或者检测到两个通道的信号相矛盾且不能确定哪个通道故障时,输出将会转到安全状态。任何一个通道都能够通过一种独立于另一个通道的方式获取另一个通道的状态。如图 2-13 所示。

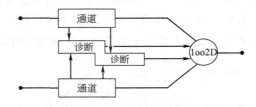

图 2-13　1oo2D 物理结构

除了逻辑控制器可以实现自诊断外,传感器和最终执行元件(如电磁阀)的一些失效也可以通过自身的或与之相连的逻辑控制器实现。

一般表决结构的诊断通常只具备报警的功能,如图 2-8~图 2-12 所示表决结构中的诊断模块,其诊断不能改变输出状态或改变输出应该跟随的信号通道。而以字母 "D" 结尾的表决结构的自诊断模块还能够控制表决组的输出,改变输出应该跟随信号通道,如图 2-13 中的诊断模块。例如,诊断通道与逻辑控制器通道互相独立,但诊断通道连接到逻辑控制器通道上,并能够控制输出。当诊断电路检测到逻辑控制器发生失效时,将使控制器的输出开路,导致系统发生安全失效。也就是说,诊断通道将被检测到的危险失效转换成安全失效。

目前,安全仪表系统通常同时采用自诊断技术和冗余结构。世界上符合 IEC 61508 标准并获得 TÜV SIL 3 等级认证的安全仪表系统主要有以下 3 种主流 CPU 结构:

① 冗余容错完全自诊断结构,即 1oo2D 结构(诊断率 99.99%);

② 三重化表决部分自诊断结构,即 2oo3D 结构(TMR,诊断率 70%);

③ CPU 双重化冗余容错完全自诊断,即 2oo4D 结构(QMR,诊断

率 99.99％)。

IEC 61511 中定义冗余为使用多个设备或子系统来执行同一种功能。正如前所述，为了提高 E/E/PE 安全相关系统的可靠性或可用性，系统的逻辑控制器、传感器和执行器通常分别采用多个设备构成冗余表决结构。冗余表决逻辑记为"MooN"，表示"M out of N"，即从 N 中取 M，常见的冗余表决结构有 1oo2、2oo2、1oo3、2oo3。冗余表决结构在提高系统安全性或可用性的同时会增加系统的误动作率，即增加系统的安全失效；同时还会引入共因失效的问题。共因失效将在后续章节进行详细分析。

IEC 61511 在对冗余的定义中指出，冗余可以是同型冗余，也可以是异型冗余。在实际应用中，冗余系统的确往往由不同类型的设备构成，例如 2 个不同型号的传感器构成 1oo2 表决结构，或者 3 个不同类型的阀门构成 1oo3 表决结构。另外，在实际应用中还常会出现"多重"冗余结构，例如 2 个 CPU 构成 1oo2 表决结构，而每个 CPU 又有 3 个输入卡，每一个卡是 2oo3 表决结构，这样从系统总体来看，输入卡已构成多重表决结构。而原来的 $PFD_{avg}$ 计算模型没有考虑到这些特殊结构，因此，需要建立更加通用的可靠性计算模型，有兴趣的读者可查阅其他相关书籍。

另外，冗余表决结构之所以可以提高系统的可用性或可靠性，就是因为其具有一定的硬件故障容错能力，或者称为具有一定的硬件故障裕度。但是反过来，系统的目标 SIL 对其结构又有一定的约束作用，后续章节将分析冗余系统的故障裕度和结构约束这两个特性。

# 第五节　共 因 失 效

## 一、产生原因

共因失效是由于相同的原因导致一个以上的组件、模块或者设备发生失效，所有导致失效的因素都可以是某个共因失效的原因。这些因素可能是内在原因，例如设计错误或者制造错误，也可能是外部原因，例如维护错误、操作失误、环境应力等。设计错误是共因失效的主要原因，大多数设计错误都是软件设计错误，软件的复杂性增加了共因设计错误的可能性。操作错误或者维护错误也是共因失效的原因，因为冗余系统的各部分通常使用相同的操作程序和维护程序。

共因失效通常发生在冗余系统中，使系统冗余的可靠性和可用性打了折扣。例如，冷却风扇的失效引起的高温环境会使两个冗余的逻辑控制器失效。共因失效已成为冗余系统发生失效的主要原因，因此，计算冗余结构的系统安全功能失效时应考虑共因失效。

共因失效率大小与系统表决结构和系统是否具有自诊断功能以及是否采用了减少共因失效的措施均有关。目前，各种共因失效的估算方法仅与随机硬件失效有关，没有考虑系统性失效对共因失效的影响。另外，$\beta$ 因子模型和多重 $\beta$ 因子模型分别侧重自诊断和表决结构对共因失效的影响，尚没有一个能够综合考虑系统表决结构、自诊断和减少共因失效直接和间接措施的共因失效因子综合计算模型。

## 二、影响因素

共因失效因系统采用冗余结构而产生，但系统设计时往往采用相应的避免共因失效的措施，如对冗余设备进行隔离、采用多样化冗余、增强设备的可靠性等。对共因失效建模分析时应结合系统实际情况综合考虑这些影响共因失效的因素[10,11]。

（1）冗余表决结构　共因失效率与系统结构有关，即与系统的通道数有关，例如，对于 3 通道系统，如果 2 个通道发生共因失效，第 3 个通道不一定必须发生失效，第 3 个通道发生共因失效的概率也许只有 30%，即影响所有 3 个通道的共因失效率可能小于影响 2 个通道的共因失效率，对于不同的表决系统，例如 1oo2、1oo3 和 2oo3 系统，它们的共因失效率存在细微差别。

（2）自诊断　自诊断可以说是从增强设备的可靠性方面减少共因失效的发生。虽然共因失效是由单原因引起的，但是它们不会在所有冗余设备中同时出现。也就是说，即使只是冷却风扇出了故障，所有冗余设备也都可能会出故障而发生共因失效。但所有设备变热的速度不同或者它们的临界温度不同，因此，不同设备发生失效的时间各不相同。如果 E/E/PE 安全相关系统采用了自诊断技术，且诊断覆盖率较高，则单一设备故障对共因失效的贡献将大大减少；而且多通道之间可以交叉监测，从而减少非同步发生的共因失效。

（3）减少共因失效的直接措施　隔离和多样性对降低共因失效作用较为显著，因此将它们作为降低共因失效的直接措施。如果 E/E/PE 安全相关系统设计时对冗余设备进行物理或电气隔离，且冗余处理器的软件采用异步操作，那么产生共因失效的可能性将减小；多样化冗余也将会大大降低系统性失效中的共因失效成分。不同设计方案或不同制造过程的设备构成冗余系统，不会发生同样的共因失效。

（4）减少共因失效的间接措施　正如本章第三节所述，环境应力、设计及人员管理等导致系统性失效的因素往往是导致设备或系统发生共因失效的原因。因此，控制和避免系统性失效的措施是降低共因失效的间接措施。另外，制造商对构成 E/E/PE 安全相关系统的设备提出的使用时措施也是降低共因失效的间接措施。例如 E/E/PE 安全相关系统采用了哪些 IEC 61508-2 提出的控制和避免系统性失效的措施，以及制造商提出的措施的落实情况等。综上所述，为全面量化共因失效率大小，以上所有共因失效的影响因素均应在共因失效建模时予以考虑。

## 三、估算方法

共因失效广泛存在于各类系统中，严重影响冗余系统的安全作用，使得系统的安全性模型变得更加复杂。共因失效的定量计算主要是使用特定的共因参数来定量解释共因失效的影响[12]。目前，估算共因失效率的方法均基于随机硬件失效率。虽然共因失效与随机硬件失效的直接关系并不十分明确，但是实际中发现随机硬件失效的确可以间接导致共因失效。随着随机硬件失效率的增高，系统需要维护的频次增加，而维护过程可能带来人因造成的系统共因失效；随机硬件失效率的增加意味着 E/E/PE 安全相关系统越复杂，系统越不易被了解且不易实施测试，从而导致系统发生共因失效的概率增加。

（1）$\beta$ 因子模型　最简单的 $\beta$ 因子模型只采用 1 个共因失效因子 $\beta$ 来表示共因失效率占单个设备失效率的比例。不考虑自诊断对减少共因失效的作用，则共因失效率和非共因失效率分别为：

$$\lambda_C = \beta\lambda \tag{2-4}$$

$$\lambda_N = (1-\beta)\lambda \tag{2-5}$$

式中，$\lambda$ 为单个设备失效率；$\lambda_C$ 为共因失效率；$\lambda_N$ 为非共因失效率。

IEC 61508-6 的附录 D 给出的 $\beta$ 因子模型考虑了自诊断对减少共因失效的作用，并将共因失效因子分为未检测到的危险共因失效因子（$\beta$）和检测到的危险共因失效因子（$\beta_D$），危险共因失效率 $\lambda_{DC}$ 为：

$$\lambda_{DC} = \beta\lambda_{DU} + \beta_D\lambda_{DD} \tag{2-6}$$

式中，$\lambda_{DU}$ 为单通道中未检测到的危险失效率；$\lambda_{DD}$ 为单通道中检测到的危险失效率；$\beta$ 和 $\beta_D$ 依据 IEC 61508-6 的附录 D 列出的检查表来估算确定。检查项目涉及了隔离、多样性等设计技术以及设计过程和人员管理等共因失效原因。

Goble 明确指出 $\beta$ 因子是共因失效强度的衡量指标，并引用其他文献中提

出的简化的 $\beta$ 因子估计方法，该方法也是通过检查表对系统实现方案进行定性评价来估算 $\beta$ 因子。该检查表比 IEC 61508-6 附录 D 中给出的检查表简单许多，只考虑了物理隔离、电气隔离和多样性。R. A. Humphreys 的 $\beta$ 因子估计方法考虑了导致共因失效的人为因素等，更适用于高强度系统。IEC 61508-6 就是采用了 Humphreys 的方法，该方法得到的 $\beta$ 因子值更大。

$\beta$ 因子模型将随机硬件失效同共因失效联系起来，只考虑了与硬件失效有关的共因失效，而整个 E/E/PE 安全相关系统的共因失效取决于系统的复杂性（尤其是软件的数量），并不仅仅取决于硬件，因此，$\beta$ 因子模型具有一定的局限性。例如，对任何 MooN 的表决结构，$\beta$ 因子模型的共因失效率都是一样的，而没有考虑到系统表决结构对共因失效的影响，显然这是不合理的。

（2）多重 $\beta$ 因子模型　多重 $\beta$ 因子模型在 $\beta$ 因子模型基础上增加了表决结构修正因子（$C_{MooN}$），$C_{MooN}$ 独立于 $\beta$，其值只与具体的表决结构有关。对于任何 MooN 表决系统，则有

$$\beta_n = \beta C_{MooN}; \quad M < N, N \geqslant 3, n \geqslant 2 \tag{2-7}$$

模型中，除 $\beta$ 外，还有 $\beta_2$，$\beta_3$，$\cdots$，$\beta_n$ 等因子。$\beta_2$ 表示两个设备因共因而失效条件下，第三个设备因共因而失效的概率。$\beta_3$，$\beta_4$，$\cdots$，$\beta_n$ 等因子的意义以此类推。

（3）多错误冲击模型　多错误冲击模型比 $\beta$ 因子模型更加复杂，但是它也能区分共因失效设备的个数。数学模型如下：

$$\lambda(k) = \gamma P_k; \quad k = 0, 1, 2, \cdots, n \tag{2-8}$$

$$\gamma = n\lambda / M \tag{2-9}$$

$$M = P_1 + P_{2 \times 2} + P_{3 \times 3} + \cdots + P_{n \times n} \tag{2-10}$$

式中，$\lambda(k)$ 为 $k$ 个设备因共因而失效的失效率；$P_k$ 为每次冲击 $k$ 个设备失效的概率；$\gamma$ 称为冲击率。

通过以上对共因失效原因和特点及其估算方法的分析可知，共因失效率大小与 E/E/PE 安全相关系统结构的复杂性和系统是否具有自诊断功能以及是否采用了降低共因失效和系统性失效的措施均有关。目前，各种共因失效率的估算方法仅与硬件失效率有关，没有考虑系统性失效对共因失效的影响，这是不完整的。另外，$\beta$ 因子模型和多重 $\beta$ 因子模型分别侧重自诊断和表决结构对共因失效率的影响，尚没有一个综合考虑了 E/E/PE 安全相关系统表决结构、自诊断和减少共因失效直接及间接措施的修正作用的共因失效评估模型。

有兴趣的读者可以翻阅其他专业书籍，进一步了解共因失效因子综合评估模型的建立方法[13,14]。

# 第六节　硬件故障裕度与结构约束

E/E/PE 安全相关系统硬件所能达到的最高 SIL 受限于硬件故障裕度和执行该安全功能的系统的安全失效分数。从另一角度来说，这实际上对设备或子系统提出了结构约束，即根据设备类型及其安全失效分数和设备所在子系统的硬件故障裕度来确定设备、子系统能够用于哪个 SIL 的 E/E/PE 安全相关系统。Van Beurdenl 等认为在安全完整性等级验证中只计算要求时危险失效平均概率是不够的，IEC 61508 中定义的结构约束也应该予以考虑，以避免出现过于乐观的失效率数据导致在不适当冗余设计情况下得到较高的SIL。

安全完整性等级验证时应考虑结构约束的问题，以避免出现过于乐观的失效率数据导致在不适当冗余设计情况下得到较高的 SIL；安全失效分数的计算应考虑无影响失效[15]。

## 一、硬件故障裕度

硬件故障裕度（hardware fault tolerance，HFT）是针对系统硬件来说的，它是指在能够正常行使安全功能的情况下系统结构配置能够容忍的危险失效数目。对安全控制功能而言，传感器、逻辑控制器和最终执行元件子系统都应该具有最低的硬件故障裕度。硬件故障裕度要求表示了设备或子系统的最低冗余水平。确定硬件故障裕度时应考虑以下 3 个方面：

① 不考虑可能控制故障影响的措施，例如诊断；

② 单个故障直接导致单个或多个连续故障的发生时，应视为单一故障；

③ 如果能够证明涉及子系统 SIL 的故障发生的可能性很低，则可以排除此类故障，并形成证明文件。

另外，需要指出的是，硬件故障裕度与冗余是两码事，1oo3、2oo3、3oo3的设备冗余数都是 3，但它们的硬件故障裕度却分别为 2、1、0，硬件故障裕度 $N$ 意味着 $N+1$ 个故障会导致系统全部安全功能的丧失。冗余的设备有时只是为了提高过程的可用性，而不是为了提高过程的安全性。

IEC 61511 中要求故障裕度的最低水平应该是系统目标 SIL 的函数，即以达到功能安全为目的的冗余必须与安全仪表功能的目标 SIL 相联系。根据表2-12 可知，为了达到 SIL 2 安全等级，最低硬件故障裕度应为 1，这就要求必须使用 2 个变送器，并且这 2 个变送器只需其中 1 个动作就能够执行安全功能，即 1oo2 配置。

## 二、结构约束

结构约束是除硬件失效概率外在某个特定应用中使用某个设备的附加约束。即根据设备类型及其安全失效分数（SFF）和设备所在子系统的硬件故障裕度来确定子系统能够用于哪种 SIL。IEC 61508 分别定义了 A 类相关系统和 B 类相关系统的结构约束，如表 2-10、表 2-11 所示。

表 2-10　IEC 61508 中对 A 类安全相关系统的结构约束

| 安全失效分数 /% | 硬件故障裕度（HFT）[1] | | |
| --- | --- | --- | --- |
| | 0 | 1 | 2 |
| ＜60 | SIL 1 | SIL 2 | SIL 3 |
| 60～90 | SIL 2 | SIL 3 | SIL 4 |
| 90～99 | SIL 3 | SIL 4 | SIL 4 |
| ＞99 | SIL 3 | SIL 4 | SIL 4 |

[1] HFT 为 $N$，意味着 $N+1$ 故障将导致安全功能的丧失。

表 2-11　IEC 61508 中对 B 类安全相关系统的结构约束

| 安全失效分数 /% | 硬件故障裕度（HFT）[1] | | |
| --- | --- | --- | --- |
| | 0 | 1 | 2 |
| ＜60 | 不允许 | SIL 1 | SIL 2 |
| 60～90 | SIL 1 | SIL 2 | SIL 3 |
| 90～99 | SIL 2 | SIL 3 | SIL 4 |
| ＞99 | SIL 3 | SIL 4 | SIL 4 |

[1] HFT 为 $N$，意味着 $N+1$ 故障将导致安全功能的丧失。

IEC 61511 虽然没有使用结构约束的概念，但对现场仪表及非可编程逻辑控制器、可编程逻辑控制器分别规定了最低硬件故障裕度，即对上述设备能够应用于哪个等级的（子）系统提出了约束条件，如表 2-12、表 2-13 所示。

表 2-12　现场设备、非可编程逻辑控制器的最低硬件故障裕度

| SIL | 最低 HFT | SIL | 最低 HFT |
| --- | --- | --- | --- |
| 1 | 0 | 3 | 2 |
| 2 | 1 | 4 | 参照 IEC 61508 的特别规定 |

表 2-13　可编程逻辑控制器的最低硬件故障裕度

| SIL | 最低 HFT | | |
|:---:|:---:|:---:|:---:|
| | SFF＜60％ | 60％≤SFF≤90％ | SFF＞90％ |
| 1 | 1 | 0 | 0 |
| 2 | 2 | 1 | 0 |
| 3 | 3 | 2 | 1 |
| 4 | 参照 IEC 61508 的特别规定 | | |

## 三、安全失效分数

不论是已知设备类型、安全失效分数和硬件故障裕度来确定设备组成的子系统的 SIL，还是根据设备类型、安全失效分数和 SIL 来确定子系统所需的硬件故障裕度，都要计算设备的安全失效分数（safety failure fraction，SFF）。安全失效分数定义为安全失效和检测到的危险失效率占总失效率的比例（注意，这里的安全失效采用 IEC 61508 中的定义，包含无影响失效）。

安全失效分数（SFF）为：

$$SFF = (\lambda_S + \lambda_{NONC} + \lambda_{DD})/\lambda \tag{2-11}$$

式中，$\lambda_S$ 为安全失效率；$\lambda_{NONC}$ 为无影响失效率；$\lambda_{DD}$ 为总检测到的危险失效率；$\lambda$ 为总失效率。

# 第七节　可靠性建模

建立可靠性模型是可靠性分析技术的主要内容。不管建模的最终结果是何种模型，可靠性建模的过程都应该遵循一种系统的方法。这个过程通常应该包括以下几个步骤。

① 定义所需要的目标功能。清楚保障安全需要哪些安全仪表功能，安全仪表功能涉及了哪些设备，定义它们以及安全仪表功能的失效状态。哪些设备是要在可靠性模型中予以考虑的，哪些设备是要在建模过程中排除在外的。

② 获取失效率和失效模式数据。建立包括所有设备及其失效模式的检查表，取得系统中设备的失效率与失效数据。

③ 明晰设备与系统工作方式。清楚每一个设备的每一种失效模式会对整个系统的工作造成什么影响。一般可通过失效模式影响和诊断分析（FMEDA）完成。

④ 建立可靠性模型。这个过程中要保证所有的设备及其相关的失效模式都被包含在模型当中。

可靠性模型体现的是系统与单元之间的可靠性逻辑关系。系统从上至下可依次分为：子系统、设备、模块、组件、零部件。除了零部件外，任何层次的产品都可以称为系统，而单元是系统的下级组成部分。

可靠性模型主要用于 E/E/PE 安全相关系统设计完成后或安装完成试运行后或已运行多年后，要对其进行功能安全评估，以确定其安全功能所能达到的安全完整性等级[16,17]。常用的主流方法有失效模式与影响分析（FMEA）、可靠性框图、故障树分析和马尔可夫（Markov）模型等。

## 一、失效模式与影响分析

失效模式与影响分析（failure mode and effect analysis，FMEA）是一种用来确定潜在失效模式及其原因的分析方法。它实际上是 FMA（故障模式分析）和 FEA（故障影响分析）的组合。它对各种可能的风险进行评价、分析，以便在现有技术的基础上消除这些风险或将这些风险减小到可接受的水平。

FMEA 是一项自下向上（归纳型）的故障分析技术。通常系统是由各种各样的零部件和元器件组成，每个零部件和元器件都有一个或多个故障模式，如图 2-14 所示。

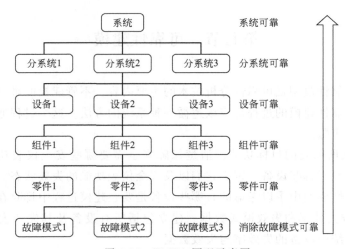

图 2-14　FMEA 原理示意图

FMEA 认为：构成系统的所有零部件和元器件都不发生故障，则整个系统是可靠的，保证零部件和元器件所含有的故障模式都不发生，就能保证零部件和元器件不发生故障，从而保证系统的可靠性。因此，FMEA 的根本任务就是对系统的故障模式进行控制，以满足系统的可靠性要求。

FMEA 通过对系统的分析完成对 FMEA 表格的填写，完成失效模式和影响分析。表 2-14 给出了一个 FMEA 示例。

表 2-14 中，通过对系统的分析和一系列评价数表格确定出严重度（$S$）、频度（$O$）和探测度（$D$）的值后，即可获得系统的风险顺序数（RPN）和建议纠正措施：风险顺序数（RPN）＝严重度数（$S$）×失效产生频度数（$O$）×探测度（$D$）。风险顺序数是 FMEA 分析中的一个重要参数，RPN 越大，说明所产生失效模式的影响越大。

对失效 RPN 值排序，应首先对排列在最前面的关键项目采取纠正措施。如果失效模式的后果会危害生产、操作人员，就应采取纠正措施，通过消除或控制其起因来阻止失效模式的发生，或者明确规定适当的操作人员保护措施。事先花时间很好地进行综合的 FMEA，能够容易、低成本地对系统或过程进行修改，从而减少或消除因未修改而带来的更大损失。

在 FMEA 的基础上可扩展为 FMEDA，依据故障影响的严重程度和出现故障概率的结果进行量化，包括了重要性分析。故障概率的估算直接来自利用 FMEA 估算数据对可靠性的预测。通过参考具体的规模，估计结果的严重性，找到那些能够对系统产生较大危害性的故障模式，对这些故障模式实施有重点、有针对性的控制，使它们的故障发生概率在可接受的范围内，提高系统的可靠性。

FMEA 方法适合在设计开发或运行初期时新系统的评估，该方法能够尽量找出可能失效模式对系统的影响频率和程度，在系统开发设计或工程设计初期及时改进，以免造成更大的损失。然而，对于在现场已经投运多年的安全仪表系统，如果仅使用该方法，将有较大的缺陷和局限性，主要体现在：系统结构复杂，要完成 FMEA 表格需输入的数据量极大，在现行工作条件和工作时间下无法完成；系统从各模块失效到最终影响系统稳定运行，中间过程不是直接的关系，还存在诸多的影响因子，若采用此方法分析，准确性难以保证；对于维修和维护等无法加入定量评估中。

## 二、可靠性框图

可靠性框图（reliability block diagram，RBD）是一种传统的可靠性分析方法，它用图形的方式来表示系统内部件的串并联关系，而且将表决方式的连接关系也转换为串并联的方式，具有简单、清晰、直观的特点。一个可靠性框图的示例如图 2-15 所示。

表 2-14　FMEA 示例

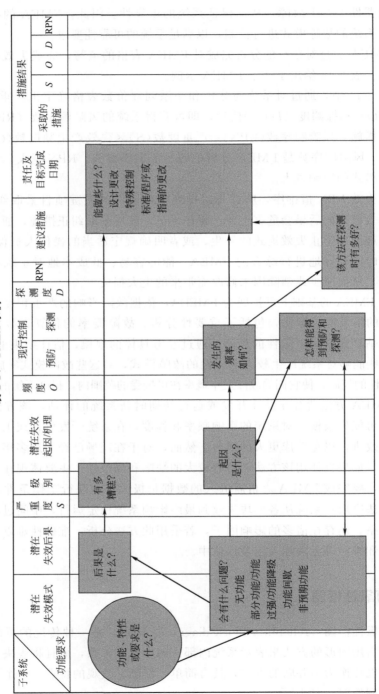

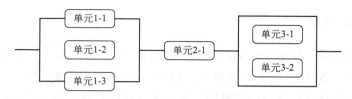

图 2-15　可靠性框图示例

不同的定性分析技术可以用来建立 RBD。第 1 步是建立系统完好的定义。接下来将系统划分为适合于可靠性分析使用的功能块。有些功能块可以表示系统的子结构，反过来又可以用其他 RBD（系统简化）来表示。

对于 RBD 的量化评估，可使用不同的方法。依据结构类型、布尔代数、真值表和/或方法以及割集分析法，可以通过对基本的部件的数据计算，用于对系统可靠性和可用性数值的预测。

可靠性框图的结构代表了系统中故障的逻辑作用关系，单个单元代表单个部件的故障或子系统的故障或是其他的对整个系统故障有影响的事件，对于子系统又可以用更低层次的框图来表达，因此在可靠性分析中是一种最为常见的方法。

RBD 是现在进行定量可靠性分析最常用的方法，包括 IEC 61508 在内的很多国际标准在需要进行可靠性定量分析的部分都采用了此方法，RBD 与 FTA 一样具备了完成可靠性定量分析的所有功能，该方法不但能够计算系统和子系统的不可用度、不可靠度等参数，还能进行一系列的重要度计算[14]。总的来说，RBD 结构直观、明确，在功能上也能满足评估的要求，是风险评估中较好的一种备选方法。

GB/T 20438.6《电气/电子/可编程电子安全相关系统的功能安全　第 6 部分：GB/T 20438.2 和 GB/T 20438.3 的应用指南》附录 B 中使用可靠性框图法给出了 5 种表决结构的平均故障工作时间和要求时危险失效平均概率（$PFD_{avg}$），并给出了 $PFD_{avg}$ 的计算示例，但没有给出具体的推导过程，不能满足 SIL 的实际验证应用。清华大学的郭海涛学者提出了一种简化的可靠性框图的 SIL 验证方法，解决了在设计与 IEC 61508《电气/电子/可编程电子安全相关系统的功能安全》中不同的安全仪表系统时安全完整性等级的验证问题，具有良好的推广适用性。但是他们都假设检验测试是理想的，即检验测试覆盖率为 100%。然而由于未知的失效模式等原因，检验测试往往是不理想的、非完善的。

### 三、故障树分析

故障树分析（fault tree analysis）是根据布尔逻辑用图表示系统的特定故障（称为顶上事件）。它是对故障发生的基本原因进行推理分析，然后建立从结果到原因描述故障的有向逻辑图。故障树分析的基本原理是把所研究系统中最不希望发生的故障状态或故障事件作为故障分析的目标，然后在系统中寻找直接导致这一故障发生的全部因素，将它们作为不希望发生的故障的第一层原因事件，接着再以这一层中的各个原因事件为出发点，分别寻找导致每个原因事件发生的下一级的全部因素，以此类推，直至追查到那些原始的故障机理或概率分布都是已知的因素为止。故障树分析可以通过上行法和下行法求最小割集，也可以通过概率运算求出顶端事件发生的概率。

故障树分析方法能解决事件树和可靠性框图不能解决的复杂的逻辑关系，具有直观、应用范围广泛和逻辑性强等特点。清华大学的阳宪惠和郭海涛以基于可编程电子系统的控制器为例，用故障树分别对冗余结构为1oo1、1oo2、2oo2、2oo3、1oo1D、1oo2D 的逻辑控制系统进行安全失效和危险失效分析，计算其 PFD 和 PFS。但当系统的性能需要实时分析时，故障树分析也不尽如人意，这就需要马尔可夫模型。

### 四、马尔可夫模型

马尔可夫是 19 世纪俄国数学家，从事概率论的研究工作，他定义了"马尔可夫过程"，在该过程中，未来变量取决于现在变量，而与原来的状态无关。若变量为离散随机变量，这样的马尔可夫过程称为马尔可夫链，即可靠性工程中常用的马尔可夫模型[17,18]。马尔可夫模型定义系统中全部互斥的成功/失效状态，这些状态由带有编号的圆圈来表示。系统由一种状态以某种概率转移到另一种状态，无论发生失效还是进行维修，状态之间的转换用箭头转移弧表示，并标注相应的失效率或维修率，从而描述了系统随时间变化的行为。E/E/PE 安全相关系统失效的指数概率密度（常数失效率）正好能够符合马尔可夫模型的这种无记忆性质；而且在工业领域中大部分系统都是可维修的，因此，用马尔可夫模型来分析 E/E/PE 安全相关系统的行为和可靠性是很合适的[19]。

对马尔可夫模型进行分析计算时往往考虑的共因失效是基于单 $\beta$ 因子，假设系统的 $N$ 个通道具有完整的对称性，且所有通道具有相同的常数失效率。下面以 1oo1 单通道结构为例进行分析，这种结构包括一个单通道，若发生任何一种危险失效（包括检测到的和未检测到的）则系统就会发生危险失效。

考虑到实际应用中的诸多因素，计算过程的输入参数包括：

检测到的危险失效率 $\lambda_{DD}$，$h^{-1}$；

未检测到的危险失效率 $\lambda_{DU}$，$h^{-1}$；

检测到的安全失效率 $\lambda_{SD}$，$h^{-1}$；

未检测到的安全失效率 $\lambda_{SU}$，$h^{-1}$；

维修率 $\mu_{O}$，$\mu_{O} = 1/\mathrm{MTTR}$，$h^{-1}$；

系统启动时间 $T_{SD}$，$h$；

系统启动率 $\mu_{SD}$，$\mu_{SD} = 1/T_{SD}$，$h^{-1}$。

1oo1 结构的马尔可夫模型如图 2-16 所示。

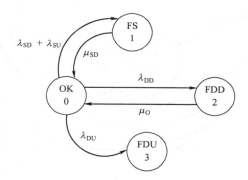

图 2-16　1oo1 结构的马尔可夫模型

系统中状态 0 代表正常；状态 1 表示安全失效状态；状态 2 表示检测到的危险失效状态，并可以维修；状态 3 表示未检测到的危险失效状态。1oo1 系统的状态转移矩阵 $\boldsymbol{P}$ 为：

$$\boldsymbol{P} = \begin{bmatrix} 1-(\lambda_S + \lambda_D) & \lambda_{SD} + \lambda_{SU} & \lambda_{DD} & \lambda_{DU} \\ \mu_{SD} & 1-\mu_{SD} & 0 & 0 \\ \mu_{O} & 0 & 1-\mu_{O} & 0 \\ 0 & 0 & 0 & 1 \end{bmatrix}$$

1oo2 结构的马尔可夫模型如图 2-17 所示。

系统存在 3 个能够执行安全功能的状态。在状态 0，两个通道都正常运行；在状态 1 和 2，一个通道发生危险使得输出短路（使能），系统能够继续正常运行是因为另一个通道仍然能够使输出开路（非使能）。状态 3、4 和 5 是系统的失效状态：在状态 3，系统发生安全失效；在状态 4，系统发生检测到的危险失效；在状态 5，系统发生未检测到的危险失效。共因失效会导致系统

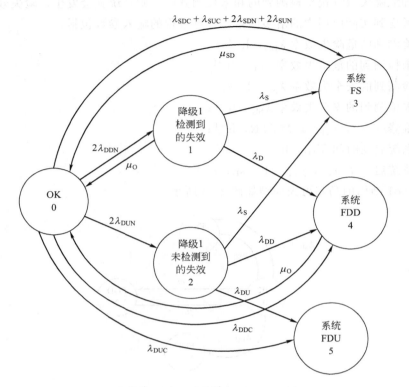

图 2-17　1oo2 结构马尔可夫模型

FS—安全失效状态；FDD—检测到的危险失效状态；FDU—未检测到的危险失效状态

由状态 0 直接到达状态 4 或状态 5。

假设维修过程会检查并修复系统的所有失效，状态 4 通过维修会回到状态 0。否则，状态 4 必须拆分为两个状态：一个是两个通道都发生检测到的危险失效；另一个是一个通道发生检测到的危险失效，另一个通道发生未检测到的危险失效。前者通过维修回到状态 0，后者通过维修回到状态 2。

1oo2 结构的状态转移矩阵 $\boldsymbol{P}$ 为：

$$\boldsymbol{P} = \begin{bmatrix} 1-\sum & 2\lambda_{DDN} & 2\lambda_{DUN} & \lambda_{SC}+2\lambda_{SN} & \lambda_{DDC} & \lambda_{DUC} \\ \mu_O & 1-\sum & 0 & \lambda_S & \lambda_D & 0 \\ 0 & 0 & 1-\sum & \lambda_S & \lambda_{DD} & \lambda_{DU} \\ \mu_{SD} & 0 & 0 & 1-\mu_{SD} & 0 & 0 \\ \mu_O & 0 & 0 & 0 & 1-\mu_O & 0 \\ 0 & 0 & 0 & 0 & 0 & 1 \end{bmatrix}$$

式中，$\sum$ 为矩阵元素所在行除该元素外其他元素之和。

2oo2 结构的马尔可夫模型如图 2-18 所示。

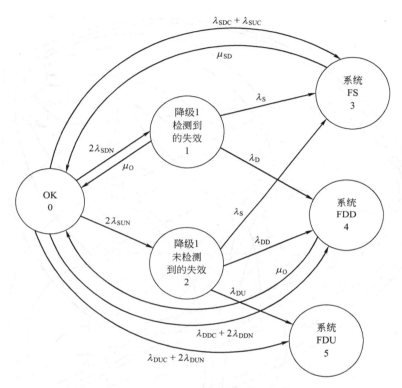

图 2-18　2oo2 结构的马尔可夫模型

状态 0、1 和 2 系统能够成功运行；状态 3，系统发生安全失效，输出开路；状态 4 和 5，系统发生检测到的危险失效和未检测到的危险失效。这个马尔可夫模型与 1oo2 结构的马尔可夫模型比较可以看出在安全与危险失效上两者具有部分对称性。

2oo2 结构的状态转移矩阵 $\boldsymbol{P}$ 为：

$$
\boldsymbol{P}=\begin{bmatrix}
1-\sum & 2\lambda_{\text{SDN}} & 2\lambda_{\text{SUN}} & \lambda_{\text{SC}} & \lambda_{\text{DDC}}+2\lambda_{\text{DDN}} & \lambda_{\text{DUC}}+2\lambda_{\text{DUN}} \\
\mu_{\text{O}} & 1-\sum & 0 & \lambda_{\text{S}} & \lambda_{\text{D}} & 0 \\
0 & 0 & 1-\sum & \lambda_{\text{S}} & \lambda_{\text{DD}} & \lambda_{\text{DU}} \\
\mu_{\text{SD}} & 0 & 0 & 1-\mu_{\text{SD}} & 0 & 0 \\
\mu_{\text{O}} & 0 & 0 & 0 & 1-\mu_{\text{O}} & 0 \\
0 & 0 & 0 & 0 & 0 & 1
\end{bmatrix}
$$

式中，$\sum$ 表示矩阵元素所在行除该元素外其他元素之和。

2oo3 结构的马尔可夫模型如图 2-19 所示。

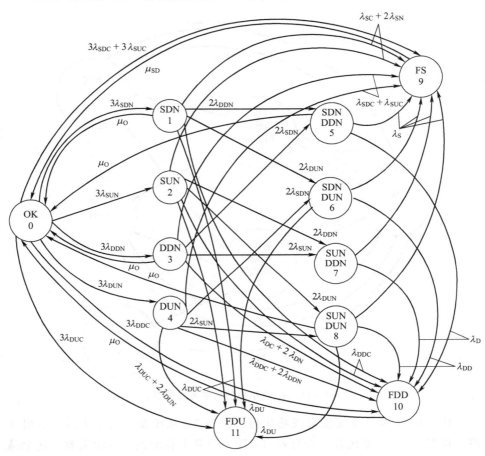

图 2-19　2oo3 结构的马尔可夫模型

系统初始状态时全部 3 个通道的运行状态均为正常状态。3 个通道的 4 种模式的失效会导致系统离开初始状态。对于 2 个通道存在 3 种组合方式：AB、AC 和 BC，表示 3 组共因失效。在状态 1，一个通道出现检测到的安全失效；在状态 2，一个通道出现未检测到的安全失效；在状态 1 和 2，系统降级为 1oo2 结构；在状态 3，一个通道出现检测到的危险失效；在状态 4，一个通道出现未检测到的危险失效；在状态 3 和 4，系统降级为 2oo2 结构。在状态 1、2、3、4，系统尚未失效。

在状态 1 和 2 系统仍处于运行状态，正常通道再次出现安全失效将使系统安全失效，而正常通道出现危险失效将使系统又降一级；在状态 3 和 4，系统运行在 2oo2 配置；当出现正常通道的危险失效，系统将会危险失效，而正常通道出现安全失效也将使系统又降一级。假设系统修理时所有的故障单元会被修复，因此，所有的修复将使系统回到状态 0。

2oo2 结构的状态转移矩阵 $\boldsymbol{P}$ 为：

$$\boldsymbol{P}=\begin{bmatrix} 1-\Sigma & 3\lambda_{SDN} & 3\lambda_{SUN} & 3\lambda_{DDN} & 3\lambda_{DUN} & 0 & 0 & 0 & 0 & 3\lambda_{SC} & 3\lambda_{DDC} & 3\lambda_{DUC} \\ \mu_O & 1-\Sigma & 0 & 0 & 0 & 2\lambda_{DDN} & 2\lambda_{DUN} & 0 & 0 & \lambda_{SC}+2\lambda_{SN} & \lambda_{DDC} & \lambda_{DUC} \\ 0 & 0 & 1-\Sigma & 0 & 0 & 0 & 0 & 2\lambda_{DDN} & 2\lambda_{DUN} & \lambda_{SC}+2\lambda_{SN} & \lambda_{DDC} & \lambda_{DUC} \\ \mu_O & 0 & 0 & 1-\Sigma & 0 & 2\lambda_{SDN} & 0 & 2\lambda_{SUN} & 0 & \lambda_{SC} & \lambda_{DC}+2\lambda_{DN} & 0 \\ 0 & 0 & 0 & 0 & 1-\Sigma & 0 & 2\lambda_{SDN} & 0 & 2\lambda_{SUN} & \lambda_{SC} & \lambda_{DDC}+2\lambda_{DDN} & \lambda_{DUC}+2\lambda_{DUN} \\ \mu_O & 0 & 0 & 0 & 0 & 1-\Sigma & 0 & 2\lambda_{SDN} & 0 & \lambda_S & \lambda_D & 0 \\ \mu_O & 0 & 0 & 0 & 0 & 0 & 1-\Sigma & 0 & 0 & \lambda_S & \lambda_{DD} & \lambda_{DU} \\ \mu_O & 0 & 0 & 0 & 0 & 0 & 0 & 1-\Sigma & 0 & \lambda_S & \lambda_D & 0 \\ 0 & 0 & 0 & 0 & 0 & 0 & 0 & 0 & 1-\Sigma & \lambda_S & \lambda_{DD} & \lambda_{DU} \\ \mu_{SD} & 0 & 0 & 0 & 0 & 0 & 0 & 0 & 0 & 1-\Sigma & 0 & 0 \\ \mu_O & 0 & 0 & 0 & 0 & 0 & 0 & 0 & 0 & 0 & 1-\Sigma & 0 \\ 0 & 0 & 0 & 0 & 0 & 0 & 0 & 0 & 0 & 0 & 0 & 1 \end{bmatrix}$$

式中，$\Sigma$ 表示矩阵元素所在行除该元素外其他元素之和。

由以上分析可以知道，尽管马尔可夫模型在描述系统不同状态的动态转移过程时具有很大的灵活性，但随着状态的增加，其转移矩阵的维数将急剧增加，造成分析过程复杂及计算空间爆炸的问题，因此构造大型的马尔可夫模型将会非常费时、费力，求解也将非常困难，实际应用时大都忌讳马尔可夫模型的复杂程度[19,20]。约翰逊（Johnson）和巴特勒（Butler）开发了一种高级抽象语言，用以描述具有故障容忍能力的系统，从而达到建模的目的。豪特曼斯（Houtermans）等提出了另外一种方法，使用了一种中间模型来进行物理系统到马尔可夫模型的过渡。该中间模型包括一个可靠性框图和一个表决表，其中表决表的作用是用来分辨危险失效和安全失效。清华大学的郭海涛研究了马尔可夫模型优化求解的方法，该方法通过减少迭代次数来减少马尔可夫求解的计算量。同时，郭海涛提出了马尔可夫自动建模方法，首先建立一个马尔可夫模型框架，然后将共因失效和维修策略引入框架之中，从而形成一个完整的马尔可夫模型。自动建模与优化求解算法的结合能够对安全仪表系统的各种设计方案进行快速建模与计算。另外，马尔可夫模型反映系统设备之间的可靠性关系不如故障树分析和可靠性框图直观。

## 五、其他方法

混合计算是将可靠性框图和马尔可夫模型或者故障树分析相结合对系统进

行分析。混合计算结合了不同计算方法的特点，可以在计算之前对系统做出一定的变换，从而达到简化的目的。Knegtering 和 Brombacher 根据系统的可靠性框图对系统的可靠性模型进行变换，将系统的某些状态进行合并从而使马尔可夫模型中的状态减少，建立微马尔可夫模型，以简化求解马尔可夫模型的计算。因为混合计算对系统进行了变换，所以系统就不再直观地反映实际系统，不易于使用。

J. L. 罗伊（J. L. Rouroye）等对各种 SIL 验证方法，如专家分析、FMEA、故障树分析、部件统计分析法、可靠性框图、混合法、马尔可夫模型及改进的马尔可夫模型进行了比较，并指出使用同样的"输入"数据，不同的分析计算方法得到了不同的 SIL。部件统计分析法、可靠性框图及混合法的计算结果较低，马尔可夫模型及改进的马尔可夫模型考虑了较多的失效状态，计算结果比较合理。

Stein Huauge 等提出了一种叫作 PDS 的方法来量化安全仪表系统的安全功能失效概率和安全仪表系统造成的误停车损失。PDS 考虑了各种失效的原因，如硬件、软件、人员、环境应力；该方法涵盖了由随机硬件失效和系统性失效导致的系统安全功能失效，而 IEC 61508 中只量化了随机硬件失效，没有考虑安装错误、设备选择不当等系统性失效以及人员和管理因素，而人因失误占 SIS 失效概率的 51%；PDS 方法还明确阐述了共因失效和不同测试类型（自诊断和人工检验测试）的影响；该模型区分了几种系统失效模式，如失效导致不动作（危险）、误动作（误停车）和非关键（无影响）失效。有兴趣的读者可以进一步翻阅相关专业书籍[15]。

# 第八节　系统安全失效概率及误动作率

在实际应用中，人们不但希望安全仪表系统是安全的，而且是可用的，即希望安全仪表系统的安全失效概率（probability of failing safety，PFS）或误动作率（spurious trip rate，STR）越低越好，以尽量减少或避免因安全仪表系统的误动作而影响正常生产过程所造成的经济损失，如气体探测器在区域内没有气体泄漏时发出报警、液位传感器显示高液位而实际液位在正常范围内。可见，安全失效概率或误动作率与系统的可用性及成本密切相关。然而，IEC 61508、IEC 61511 只关注于系统危险失效，并没有涉及与系统安全失效相关的问题。因此，对安全仪表系统安全失效概率或误动作率进行定量研究也很有意义。Stein 等用误动作率来表示安全仪表系统的安全失效大小，并给出了

STR 定量计算模型。阳宪惠等计算了安全仪表系统的 PFS，但尚有不足：未考虑自诊断未检测到且检验测试环节没有开展检测的安全失效情形将在系统整个寿命期随时导致系统误动作。因此，需要对安全仪表系统的可用性进行深入研究以得到更为准确的系统安全失效概率。

## 一、安全失效影响因素分析

2010 年版 IEC 61508 中将安全失效定义为导致或增加安全功能的误动作从而使受控设备进入或保持安全状态的失效。此次修订明确了安全仪表系统安全失效就指安全仪表功能误动作，而不包含其他非危险失效。这一定义正符合人们在实践中的认知，即把造成安全仪表系统误动作的这一类失效称为安全失效。以下分别从冗余表决结构、共因失效、检测到的安全失效、未检测到的安全失效、降级工作等方面对安全仪表系统安全失效进行定性分析。

### 1. 冗余表决结构

为了提高安全仪表系统的可靠性或可用性，系统的逻辑控制器、传感器和执行器通常分别采用多个设备构成冗余表决结构。不同表决结构的安全性和可用性不同，如 1oo2 表决结构适用于安全性要求较高的情况；2oo2 表决结构适用于安全性要求一般，而可用性要求较高的情况；1oo3 表决结构适用于安全性很高的情况，但增大了安全失效发生的机会；2oo3 结构的安全性和可用性保持相对均衡，适用于安全性、可用性均较高的情况。另外，由于冗余系统变得更为复杂，系统的部件、组件、设备发生失效（包括安全失效）的可能性增加，尤其系统公共部分造成的共因失效会增加系统的误动作率，即增加系统的安全失效概率。

### 2. 共因失效

如本章第五节所述，安全仪表系统采用冗余结构时通常会发生共因失效的问题，共因失效不但会导致部件、设备或系统的危险失效，而且会导致部件、设备或系统的安全失效。因此，建立安全仪表系统误动作定量模型时应考虑共因失效因子。然而，安全性和可用性对安全仪表系统的结构可能有不同要求，因此，根据 IEC 61508-6 中的方法确定危险失效和安全失效的共因失效因子可能不同，表决结构修正因子也将不同。共因失效的影响因素较多，如系统冗余表决结构、自诊断、减少共因失效的措施等。

### 3. 检测到的安全失效

通过诊断测试发现的 SIS 硬件安全失效可以立刻得到修复并恢复运行，平均恢复时间包括检测失效的时间、开始维修之前已过去的时间、维修的有效时间和设备进入运行前的时间，即 IEC 61508 中的平均恢复时间（MTTR）。检测到的安全失效 $\lambda_{SD}$ 大小及其平均恢复时间直接影响安全仪表系统的安全失效概率值。

#### 4. 未检测到的安全失效

对于复杂安全仪表系统来说，无论是诊断测试还是检验测试，都很难达到100％地发现硬件失效，而且检验测试的目的是要发现自诊断未能检测到的危险失效而并不去发现安全失效，这样，未检测到的安全失效 $\lambda_{SU}$ 是无法消除的，它会在系统的寿命期中一直存在，并随时导致 SIS 发生误动作。$\lambda_{SU}$ 一旦导致 SIS 误动作，SIS 将被维修并恢复运行，该时间对应的是平均修理时间（MRT）。未检测到的安全失效是导致安全仪表系统发生安全失效的另一主要因素，其对应的可能发生安全失效的时间为系统寿命期（SL）。

#### 5. 降级工作

冗余结构的安全仪表系统无论发生检测到的安全失效还是未检测到的安全失效，在测试和维修期间，系统可能会降级工作，如 2oo2 变为 1oo1、2oo3 变为 1oo2，但不影响安全仪表系统的可用性，因此计算安全仪表系统的安全失效概率时不予考虑。

#### 6. 系统重启时间

系统重启时间指安全仪表系统误动作后再启动所经历的时间，记为 SD。计算系统安全失效概率时，无论是检测到的安全失效还是未检测到的安全失效，只要是导致整个安全仪表系统误动作的安全失效所对应的时间均为系统重启时间（SD）。通常，共因失效会导致安全仪表系统误动作。然而，计算冗余结构某个通道的安全失效概率时，则需分别考虑检测到的安全失效和未检测到的安全失效，即独立的检测到的安全失效或未检测到的安全失效以及它们分别对应的可能发生安全失效的时间。

## 二、系统安全失效概率的定量评估

通过上述定性分析可知，安全仪表系统的误动作主要由自诊断检测到的安全失效（$\lambda_{SD}$）和自诊断未检测到的安全失效（$\lambda_{SU}$）导致。为了简化系统安全失效概率的计算模型，对危险失效和安全失效的共因失效因子不做区分，而假设它们相等，不再考虑表决结构修正因子[16]。如果安全仪表功能的回路为冗余结构而且设备均逐一测试和维修，则可忽略由于测试和维修危险失效导致的系统不可用。

### 1. 常用表决结构安全失效概率计算模型

（1）1oo1 结构　1oo1 结构是由单一设备构成的，只有一个通道。如果该通道发生检测到的安全失效或未检测到的安全失效，则 SIS 将发生误动作，SIS 重启时间为 SD。1oo1 结构的 PFS 可靠性框图如图 2-20 所示。

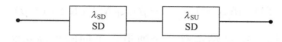

图 2-20　1oo1 结构的 PFS 可靠性框图

根据图 2-20，则有式（2-12）：

$$PFS_{avg} = \lambda_{SD} \times SD + \lambda_{SU} \times SD \tag{2-12}$$

（2）1oo2 结构　1oo2 结构有两个通道，可靠性较高。如果该结构任一通道发生安全失效 $\lambda_{SD}$ 或 $\lambda_{SU}$，则会造成 SIS 误动作，SIS 重启时间为 SD。两个通道还会因共因失效而同时失效，从而导致 SIS 误动作。1oo2 结构的 PFS 可靠性框图如图 2-21 所示。

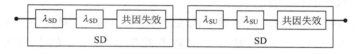

图 2-21　1oo2 结构的 PFS 可靠性框图

根据图 2-21，得出 1oo2 结构的 $PFS_{avg}$ 近似如式（2-13）所示：

$$PFS_{avg} = 2(1-\beta)\lambda_{SD} \times SD + \beta\lambda_{SD} \times SD + 2(1-\beta)\lambda_{SU} \times SD + \beta\lambda_{SU} \times SD \tag{2-13}$$

（3）2oo2 结构　2oo2 结构有两个通道，可用性较高。如果该结构任一通道发生安全失效 $\lambda_{SD}$ 或 $\lambda_{SU}$，系统将降级为 1oo1 结构继续运行，不影响 SIS 的可用性；如果该结构两个通道同时发生独立的安全失效，则 SIS 将误动作；另外，两个通道还会因为共因失效而同时失效，从而导致 SIS 误动作。SIS 重启时间为 SD。

该结构两个通道同时发生独立的安全失效，可以是同时发生 $\lambda_{SD}$ 或 $\lambda_{SU}$；或一个通道发生 $\lambda_{SD}$，而同时另一个通道发生 $\lambda_{SU}$。$\lambda_{SD}$ 的平均恢复时间为 MTTR，而 $\lambda_{SU}$ 在系统寿命期中随时可能导致系统发生误动作，其对应的可能发生时间为系统寿命期（SL）的一半。

综上所述，2oo2 结构的 PFS 可靠性框图如图 2-22 所示。

根据图 2-22，得出 2oo2 结构的 $PFS_{avg}$ 近似如式（2-14）所示：

图 2-22  2oo2 结构的 PFS 可靠性框图

$$\mathrm{PFS}_{\mathrm{avg}} = \beta\lambda_{\mathrm{SD}}\mathrm{SD} + \beta\lambda_{\mathrm{SU}}\mathrm{SD} + \left[(1-\beta)\lambda_{\mathrm{SD}}\mathrm{MTTR} + (1-\beta)\lambda_{\mathrm{SU}}\frac{\mathrm{SL}}{2}\right]^2 \quad (2\text{-}14)$$

（4）2oo3 结构　2oo3 结构有三个通道，可同时提高系统的可靠性和可用性，是实践中经常采用的结构。如果该结构任一个通道发生安全失效，则系统会降级至 1oo2 结构继续运行，不影响 SIS 的可用性；如果该结构任意两个通道同时发生安全失效，则 SIS 发生误动作；如果该结构三个通道同时发生安全失效，则 SIS 发生误动作；同时，还应考虑共因失效会导致三个通道同时失效，从而导致 SIS 误动作。SIS 重启时间为 SD。

该结构任意两个通道同时发生安全失效分为以下两种情况。

① 任意两个通道由于检测到的共因失效或未检测到的共因失效而同时失效，从而导致 SIS 误动作；

② 任意两个通道同时发生独立的安全失效，可以是同时发生 $\lambda_{\mathrm{SD}}$ 或 $\lambda_{\mathrm{SU}}$；或一个通道发生 $\lambda_{\mathrm{SD}}$，而同时另一个通道发生 $\lambda_{\mathrm{SU}}$。$\lambda_{\mathrm{SD}}$ 的平均恢复时间为 MTTR，$\lambda_{\mathrm{SU}}$ 对应的可能发生时间为系统寿命期（SL）的一半。

综上所述，2oo3 结构的 PFS 可靠性框图如图 2-23 所示。

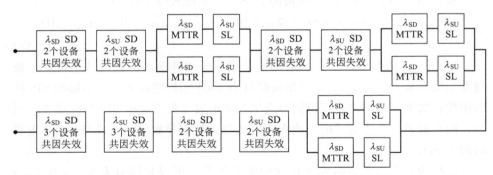

图 2-23  2oo3 结构的 PFS 可靠性框图

根据图 2-23，得出 2oo3 结构的 $\mathrm{PFS}_{\mathrm{avg}}$ 近似如式（2-15）所示：

$$\mathrm{PFS}_{\mathrm{avg}} = 3\beta\lambda_{\mathrm{SD}}\mathrm{SD} + 3\beta\lambda_{\mathrm{SU}}\mathrm{SD} + 3\left[(1-\beta)\lambda_{\mathrm{SD}}\mathrm{MTTR} + (1-\beta)\lambda_{\mathrm{SU}}\frac{\mathrm{SL}}{2}\right]^2 +$$
$$0.3\beta\lambda_{\mathrm{SD}}\mathrm{SD} + 0.3\beta\lambda_{\mathrm{SU}}\mathrm{SD} \quad (2\text{-}15)$$

### 2. 系统安全失效概率的综合评估模型

同理，一个安全仪表系统的整体安全失效概率是由传感器、逻辑控制器和最终执行元件三个子系统的安全失效概率构成，即

$$PFS_{SYS} = PFS_S + PFS_L + PFS_{FE} \tag{2-16}$$

式中，$PFS_{SYS}$为安全仪表系统的一个安全功能的安全失效概率；$PFS_S$为传感器子系统的安全失效概率；$PFS_L$为逻辑控制器子系统的安全失效概率；$PFS_{FE}$为最终执行元件子系统的安全失效概率。

### 3. 应用示例

危险化学品压力储罐保护系统如图2-24所示，该系统由2oo3的压力变送器子系统、1oo2的逻辑控制器子系统和1oo2的阀门子系统构成。如果罐中的压力超过限值，则压力变送器将被触发并通过逻辑控制器发送关断信号给切断阀阀门$V_1$和$V_2$。假设其中一个阀门在维修或测试期间被旁路，另一个阀门仍能够继续工作以保证生产继续进行。该示例不期望的事件是在不超压情况下由于压力储罐保护系统误动作而导致储罐生产系统误停车。

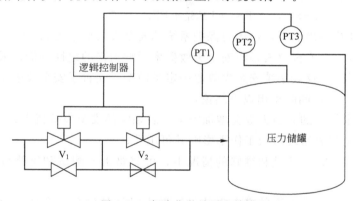

图 2-24 危险化学品压力储罐

该压力保护系统的寿命（SL）为10年，SIS误动作后的重启时间（SD）为24h，设备平均恢复时间（MTTR）为8h。该压力保护系统的可靠性数据如表2-15所列。

表 2-15 保护系统的可靠性数据

| 设备名称 | $\lambda_D$/$(10^{-6}h^{-1})$ | $\lambda_S$/$(10^{-6}h^{-1})$ | $\lambda_{SD}$/$(10^{-6}h^{-1})$ | $\lambda_{SU}$/$(10^{-6}h^{-1})$ | $\lambda_{DD}$/$(10^{-6}h^{-1})$ | $\lambda_{DU}$/$(10^{-6}h^{-1})$ | $\beta$/% | $c_\tau$/% |
|---|---|---|---|---|---|---|---|---|
| 压力变送器 PT | 0.8 | 0.5 | 0.2 | 0.3 | 0.2 | 0.3 | 3 | 95 |
| 逻辑控制器 L | 1.0 | 1.0 | 0 | 1.0 | 0.06 | 0.1 | 2 | 98 |
| 阀门 V（执行阀和电磁阀） | 4.0 | 4.6 | 0 | 4.6 | 1.82 | 2.9 | 2 | 95 |

注：$c_\tau$为检验测试覆盖率。

以下分别计算压力变送器子系统、逻辑控制器子系统等的安全失效概率。

（1）压力变送器子系统

$$PFS_{avg\text{-}PT}(2oo3) = 3\beta\lambda_{SD}SD + 3\beta\lambda_{SU}SD + 3\left[(1-\beta)\lambda_{SD}MTTR + (1-\beta)\lambda_{SU}\frac{SL}{2}\right]^2 +$$
$$0.3\beta\lambda_{SD}SD + 0.3\beta\lambda_{SU}SD$$
$$= 4.84\times10^{-4}$$

（2）逻辑控制器子系统

$$PFS_{avg\text{-}L}(1oo2) = 2(1-\beta)\lambda_{SD}SD + \beta\lambda_{SD}SD + 2(1-\beta)\lambda_{SU}SD + \beta\lambda_{SU}SD$$
$$= 4.75\times10^{-5}$$

（3）阀门子系统

$$PFS_{avg\text{-}V}(1oo2) = 2(1-\beta)\lambda_{SD}SD + \beta\lambda_{SD}SD + 2(1-\beta)\lambda_{SU}SD + \beta\lambda_{SU}SD$$
$$= 2.19\times10^{-4}$$

（4）系统整体安全失效概率　　该压力保护系统安全失效概率由压力变送器、逻辑控制器和阀门三个子系统的安全失效概率构成，即：

$$PFS_{SYS} = PFS_S + PFS_L + PFS_{FE} = 7.505\times10^{-4}$$

上述计算结果表明，该压力保护系统的安全失效概率为$7.505\times10^{-4}h^{-1}$。

基于以上对安全仪表系统安全失效概率影响因素的定性分析，采用可靠性框图建立了安全仪表系统安全失效概率定量模型，完善了安全仪表系统可靠性评估理论[21,22]，同时得出以下结论：

① 冗余结构的共因失效会增加安全仪表系统的安全失效概率；

② 安全仪表系统降级工作不影响其可用性；

③ 在设备逐一测试和维修的情况下，可忽略由于测试和维修危险失效导致的 SIS 不可用；

④ 独立的未检测到的安全失效可能发生时间是设备寿命期，而不是检验测试间隔；

⑤ 独立的未检测到的安全失效对 SIS 发生安全失效概率的贡献最大。

## 三、误动作率（安全失效率）定量评估

IEC 61508 只关注于系统安全功能失效，然而安全仪表系统可能在过程没有要求时发生误动作，即安全失效。另外，安全仪表系统在设备修复和测试期间均会发生系统误动作，并与安全仪表系统在修复和测试期间的工作方式有关。为简单起见，本书只定量了安全仪表系统在被动休眠期的误动作率（安全失效率）。

正如本章第三节所述，本书定义的安全失效即指误动作，系统的安全失效

或误动作用单位时间内发生的概率来衡量，单位为每小时（$h^{-1}$），因此，用误动作率（spurioug trip rate，STR）来表示安全仪表系统的安全失效率大小，而不使用"误动作概率"。

### 1. 误动作率(安全失效率)计算模型

安全仪表系统的冗余表决结构对系统误动作率有影响，因此 STR 计算时应考虑表决结构修正因子 $C_{MooN}$；另外，因为系统安全功能失效概率和系统误动作率对安全仪表系统的结构可能有不同要求，因此，根据 IEC 61508-6 中的方法确定危险失效和安全失效的共因失效因子可能不同，但为了简化系统误动作率的计算模型，本书中不做区分，而假设安全失效与危险失效的共因失效因子相等；再者，安全失效和危险失效的检验测试覆盖率也会有所不同，但为了计算模型简化起见，本书亦假设安全失效与危险失效的检验测试覆盖率相等。

如果单一设备存在一个未检测到的安全失效 $\lambda_{SU}$，对于单一设备，考虑检验测试覆盖率 $c_\tau$ 后，则有：

$$STR = c_\tau \lambda_{SU} \tag{2-17}$$

同理，对于 $1ooN$ 表决结构，如果其中一个设备发生危险失效，那么整个系统就会发生安全失效，考虑检验测试覆盖率 $c_\tau$ 后，则有：

$$STR \approx N c_\tau \lambda_{SU} \tag{2-18}$$

对于冗余设备构成的 $MooN$（$M>1$）表决结构，共因失效将会引起系统误动作，安全失效率（误动作率）的近似公式为：

$$STR \approx C_{(N-M+1)ooN} \beta c_\tau \lambda_{SU} \quad (MooN; 2 \leqslant M \leqslant N; N=2,3,4) \tag{2-19}$$

式中，$C_{(N-M+1)ooN}$ 是表决结构修正因子。

不同表决结构的误动作率的计算公式详见表 2-16。

表 2-16 不同表决结构的误动作率

| 表决结构 | 误动作率 |
| --- | --- |
| 1oo1 | $c_\tau \lambda_{SU}$ |
| 1oo2 | $2c_\tau \lambda_{SU}$ |
| 2oo2 | $\beta c_\tau \lambda_{SU}$ |
| 1oo3 | $3c_\tau \lambda_{SU}$ |
| 2oo3 | $C_{2oo3} \beta c_\tau \lambda_{SU}$ |
| 3oo3 | $C_{1oo3} \beta c_\tau \lambda_{SU}$ |
| $1ooN; N=1,2,3$ | $N c_\tau \lambda_{SU}$ |
| $MooN; 2 \leqslant M \leqslant N; N=2,3,4$ | $C_{(N-M+1)ooN} \beta c_\tau \lambda_{SU}$ |

同理，一个安全仪表系统安全失效仍然是由传感器、逻辑控制器和最终执行元件三个子系统的安全失效构成，即

$$STR_{SYS} = STR_S + STR_L + STR_{FE} \tag{2-20}$$

式中，$STR_{SYS}$ 为安全仪表系统的一个安全功能的安全失效率（误动作率）；$STR_S$ 为传感器子系统的安全失效率；$STR_L$ 为逻辑控制器子系统的安全失效率；$STR_{FE}$ 为最终执行元件子系统的安全失效率。

**2. 应用示例**

本节应用图 2-24 示例计算该压力保护系统的误动作率。本例假设设备的安全失效与危险失效的共因失效因子相等，修正后的共因失效因子（$\beta^{**}$）如表 2-17 所列。同理，假设安全失效和危险失效的检验测试覆盖率也相等，采用危险失效的检验测试覆盖率（$c_\tau$）并采用修正后的安全失效率（$\lambda_{SU}$）。

**表 2-17　修正后设备共因失效因子与安全失效率**

| 设备名称 | $\beta^{**}/\%$ | $\lambda_{SU}/(10^{-6}h^{-1})$ |
|---|---|---|
| 压力变送器 PT | 0.96 | 0.2 |
| 逻辑控制器 L | 0.85 | 0.6 |
| 阀门 V(执行阀和电磁阀) | 0.4 | 2.9 |

系统误动作率的计算如下所示：

（1）压力变送器子系统

$$\begin{aligned} STR_T &= C_{2oo3}\beta c_\tau \lambda_{SU} \\ &= 2.4 \times 0.0096 \times 0.95 \times 0.2 \times 10^{-6} \\ &= 4.4 \times 10^{-9}(h^{-1}) \end{aligned}$$

（2）逻辑控制器子系统

$$\begin{aligned} STR_L &= 2c_\tau \lambda_{SU} \\ &= 2 \times 0.98 \times 0.6 \times 10^{-6} \\ &= 1.2 \times 10^{-6}(h^{-1}) \end{aligned}$$

（3）HIPPS 阀门子系统

$$\begin{aligned} STR_{FE} &= 2c_\tau \lambda_{SU} \\ &= 2 \times 0.95 \times 2.9 \times 10^{-6} \\ &= 5.5 \times 10^{-6}(h^{-1}) \end{aligned}$$

（4）系统安全失效率（误动作率）　一个安全仪表系统的安全失效仍然是由传感器、逻辑控制器和最终执行元件三个子系统的安全失效构成，即：

$$STR_{SYS} = STR_S + STR_L + STR_{FE}$$
$$= 4.4 \times 10^{-9} + 1.2 \times 10^{-6} + 5.5 \times 10^{-6}$$
$$= 6.7 \times 10^{-6} (h^{-1})$$

根据以上计算结果，该压力保护系统的安全失效率（误动作率）为 $6.7 \times 10^{-6} h^{-1}$，约 $0.06a^{-1}$，也就是说该压力保护系统 100 年期间可能会发生 6 次误动作。

## 参考文献

[1] IEC 61508 Functional Safety of Electrical/Electronic/Programmable Electronic Safety-related Systems [S]. Geneva: IEC, 2010.

[2] 电气/电子/可编程电子安全相关系统的功能安全 [S]. GB/T 20438—2017.

[3] IEC 61511 Functional Safety: Safety Instrumented Systems for the Process Industry Sector [S]. Geneva: International Electrotechnical Commission, 2016.

[4] 过程工业领域安全仪表系统的功能安全 [S]. GB/T 21109—2007.

[5] 石油化工安全仪表系统设计规范 [S]. GB/T 50770—2013.

[6] Paul D, Cheddie H L. 安全仪表系统工程设计与应用 [M]. 张建国，李玉明，译. 北京: 中国石化出版社，2017.

[7] 张建国. 安全仪表系统在过程工业中的应用 [M]. 北京: 中国电力出版社，2010.

[8] 丁辉，靳江红，汪彤. 控制系统的功能安全评估 [M]. 北京: 化学工业出版社，2016.

[9] 阳宪惠，郭海涛. 安全仪表系统的功能安全 [M]. 北京: 清华大学出版社，2007.

[10] Goble W M. 控制系统的安全评估与可靠性 [M]. 2 版. 白焰，董玲，杨国田，译. 北京: 中国电力出版社，2008

[11] 刘建侯. 功能安全技术基础 [M]. 北京: 机械工业出版社，2008.

[12] 靳江红. 安全仪表系统安全功能失效评估方法研究 [D]. 北京: 中国矿业大学，2010.

[13] Torres-Echeverria A C, Martorell S, Thompson H A. Modelling and optimization of proof testing policies for safety instrumented systems [J]. Reliability Engineering and System Safety, 2009, 94: 838-854.

[14] Mary Ann Lundteigen, Marvin Rausand. Spurious activation of safety instrument-ed systems in the oil and gas industry: Basic concepts and formulas [J]. Reliability Engineering and System Safety, 2008, 93: 1208-1217.

[15] Center for Chemical Process Safety. 保护层分析——简化的过程风险评估 [M]. 白永忠，党文义，于安峰，译. 北京: 中国石化出版社，2010.

[16] 陈存银. SIS 系统安全完整性等级设计方法及应用. [D]. 北京: 北京化工大学，2013.

[17] IEC 61165 Application of Markov techniques [S]. Geneva: IEC, 2005.

[18] Rouvroye J L. Enhanced Markov Analysis as a Method to Assess Safety in the Process Industry [M]. Eindhoven: Technische Universiteit Eindhoven, 2001.

[19] 李忠杰. 基于马尔可夫模型的安全仪表功能安全评估研究 [J]. 自动化与仪器仪表，2018，

（2）：16-19.

［20］ 吴宁宁．基于 Markov 模型的安全仪表系统可靠性建模方法研究［D］．杭州：浙江大学，2010.

［21］ 赵东风，阚钰烽，韩丰磊．基于保护层分析法的安全完整性等级评估方法研究及应用［J］．石油化工自动化，2019，（1）：49-53.

［22］ 俞文光，吴少国，柏立悦，等．安全仪表系统 SIL 验证方法选择与实施［J］．电工技术，2018，（24）：130-131，133.

第三章

# 安全保护层和保护层分析

一个典型的化工过程包含各种保护层，如本质安全设计、基本过程控制系统（BPCS）、报警与人员干预、安全仪表功能（SIF）、物理保护（安全阀等）、释放后保护设施、工厂应急响应和社区应急响应等。这些保护层降低了事故发生的频率。在开展化工过程工艺危害分析时，保护层是否足够、能否有效防止事故的发生是企业技术人员最为关注的一个问题。目前，国内的大部分化工企业采用 HAZOP（危险与可操作性分析）技术系统识别过程工艺危害，对识别出的高风险场景事件采用 LOPA 技术确定保护层的完整性和有效性。

## 第一节　概　　述

保护层分析（layer of protection analysis，LOPA）是指通过分析事故场景初始事件、后果和独立保护层，对事故场景风险进行半定量评估的一种系统方法。LOPA 是一种半定量的风险评估技术，该方法主要是通过对假定事故场景每项保护措施的故障可能性进行赋值，通过具体的数学计算得出已有的安全措施可以将风险降低到什么程度、提出的安全措施应该将风险削减到什么程度，从而避免过保护或保护不足的情况。

20 世纪 80 年代末，美国化学品制造商协会出版了《过程安全管理标准责任》，书中建议将"足够的保护层"作为有效的过程安全管理系统的一个组成部分。1993 年，美国化工过程安全中心（CCPS）出版了《化工过程安全自动化指南》（CCPS，1993），书中建议将 LOPA 作为确定安全仪表功能完整性水平的方法之一。2001 年 CCPS 发布了 LOPA 分析指南 "Layer of Protection Analysis，Simplified Process Risk Assesslnent"，书中详细地讨论了 LOPA 的基本规则和应用[1]。2003 年，国际电工委员会（IEC）发布了 IEC 61511

"Functional Safety—Safety Instrumented Systems for the Process Industry Sector"，将 LOPA 技术作为确定安全仪表系统完整性等级（SIL）的推荐方法之一[2]。近年来，LOPA 技术在国外化工领域得到了越来越广泛的应用。一些国际知名石化企业，如陶氏化学（Dow）、壳牌（Shell）、杜邦（DuPont）及英国石油（BP）等，都建立了自己的 LOPA 程序，并对多套装置开展了 LOPA。在国内，AQ/T 3034—2010《化工企业工艺安全管理实施导则》对 LOPA 进行了简单介绍。IEC 61511 的等同采标 GB/T 21109.3—2007《过程工业领域安全仪表系统的功能安全　第 3 部分：确定要求的安全完整性等级的指南》将 LOPA 作为确定安全仪表系统 SIL 的推荐方法之一[3]。

　　化工行业具有高温高压、易燃易爆、有毒有害、连续作业、链长面广的特点，是典型的高危行业。化工企业为了防止事故的发生，往往设置了多重的保护，主要包括本质安全设计、基本过程控制系统（BPCS）、关键报警与人员干预、安全仪表功能（SIF）、物理保护（安全阀、爆破片等）、释放后物理保护、工厂和社区应急响应等多重保护。如何合理地进行保护层设置，使企业装置风险降低到企业可容忍风险标准之下，从而预防重大安全事故的发生，一直是工艺危害分析的核心问题之一。工艺危害分析流程如图 3-1 所示。定性的工艺危害分析方法对这个问题的决策往往来自个人的主观判断，分析结果可能会存在过保护或保护不足。过保护会造成资源的浪费，保护不足则会造成风险降低得不够，导致事故的发生。LOPA 技术则可以运用合理、客观、基于风险的方法回答这个关键问题。LOPA 是国际上通用的一种半定量的风险评估方法，是在定性危害分析的基础上进一步评估保护层的有效性，确保过程风险减少到可接受水平的系统方法。与定性危害分析方法相比，LOPA 消除了分析的主观性，其花费比完全的定量风险评估方法要少得多。

## 一、术语说明

　　术语说明如下[4]。

　　场景（scenario）是指可能导致不期望后果的一种事件或事件序列。每个场景至少包含初始事件及其后果两个要素。

　　初始事件（initiating event，IE）是指事故场景的初始原因。

　　后果（consequence）是事件潜在影响的度量，一种事件可能有一种或多种后果。

　　保护层（protection layer）是能够阻止场景向不期望后果发展的一种设备、系统或行动。

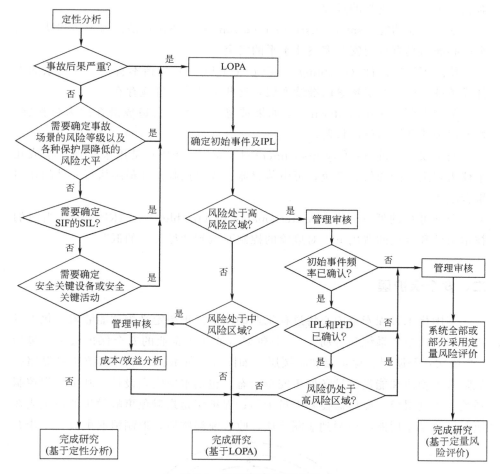

图 3-1　工艺危害分析流程

独立保护层（independent protection layer，IPL）是指能够阻止场景向不期望后果发展，并且独立于场景的初始事件或其他保护层的一种设备、系统或行动。

保护层分析（layer of protection analysis，LOPA）是通过分析事故场景初始事件、后果和独立保护层，对事故场景风险进行半定量评估的一种系统方法。

要求时危险失效概率（probability of failure on demand，PFD）是系统要求独立保护层起作用时，独立保护层发生失效，不能完成一个具体功能的概率。

风险评估（risk assessment）是将风险分析的结果和风险可接受标准进行

对比，进行风险决策的过程。

安全仪表功能（safety instrumented function，SIF）是指为了达到功能安全所必需的具有特定安全完整性水平的安全功能。

使能事件或条件（enabling event or condition）是指不直接导致场景的事件或条件，但是对于场景的继续发展，这些事件或条件应存在。

关键报警（critical alarm）是如果被忽视，可能会造成潜在的人员伤害、财产损失或环境污染的报警。

安全仪表系统（safety instrumented system，SIS）是用来实现一个或几个仪表安全功能的仪表系统，可由传感器、逻辑控制器和最终执行元件的任何组合组成。

合理可行的低（as low as reasonably practicable，ALARP）是在当前的技术条件和合理的费用下，对风险的控制要做到"尽可能的低"。

## 二、安全保护层

美国化工过程安全中心将过程工业的安全保护层定义为"能够阻止化工过程偏离的设备、系统和行动"。一个典型石油化工企业的安全保护层主要包括3个层次：预防层、保护层和减缓层，如图3-2所示。其中，预防层确保储存危险有害物质和能量的设备处于安全状态，包括本质安全设计、基本过程控制系统、关键报警、操作监控和人员干预；保护层是指避免事故发生的措施或在泄漏事故发生后能够检测到泄漏物质，收容泄漏物质，遏制泄漏事故进一步恶

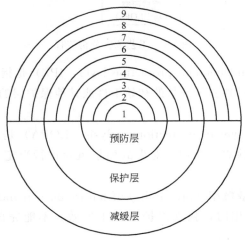

图 3-2　典型石油化工企业安全保护层（CCPS）

化，包括安全仪表系统；减缓层是指在事故发生后可以减轻事故后果采取的措施，包括机械防护减缓措施（如安全阀、爆破片、火炬系统等）、被动物理保护系统（如围堰、隔离系统等）。

（1）本质安全设计（process inherently safe design，PISD）　本质安全设计是指在工艺过程设计中，通过选择合适工艺过程和技术、设计特定的设备结构、设置合理的操作参数以及优化过程装置设备布置等因素，从本质上降低或消除潜在的过程风险，这是最直接、最根本的安全措施，同时也是最有效的降低安全成本的工程手段，应在工程设计早期阶段的危险和风险分析评估中优先考虑。

（2）基本过程控制系统（basic process control system，BPCS）　基本过程控制系统是执行基本过程控制功能的控制系统，它使生产过程的温度、压力、流量、液位等工艺参数维持在规定的正常范围之内。BPCS 是主动的、动态的，它必须根据系统的设定要求和生产过程的扰动状态不断动态运行，才能保持生产过程的连续稳定运行。

BPCS 的设计是为了使过程处在安全工作区域，在一定的条件下可以作为一种 IPL。BPCS 经常配置成具有安全保护作用，并且在安全仪表系统（SIS）之前做出反应。将 BPCS 作为安全保护层时的规定，其有两个限制条件：一是 BPCS 实现的风险降低因数（RRF）不大于 10；二是如果要求 BPCS 实现的 RRF 大于 10，那么该 BPCS 的设计和管理必须遵循 IEC 61508/IEC 61511 的相关要求。

（3）关键报警、操作监控和人员干预（critical alarm，operational monitoring and human intervention）　通过 PID 调节、过程报警和操作人员的操作，将过程参数控制在工艺过程正常范围内，当过程参数出现偏差达到报警值，操作人员根据情况采取相应的操作，使得工艺过程回到正常范围。

（4）安全仪表系统（safety instrumented system，SIS）　由传感器、逻辑控制器和最终执行元件组成，涵盖紧急停车系统（ESD）、火气系统（FGS）、燃烧炉管理系统（BMS）、安全联锁系统等。生产过程偏离严重时，系统将生产过程引导至安全状态。SIS 以安全完整性等级为指针，以安全生命周期为框架，规定了各阶段的技术活动和功能安全管理活动要求。安全仪表系统是重要的保护层，其安全仪表功能（SIF）是分等级的，不同等级的安全仪表系统降低风险的作用是不同的。而其他保护层削减风险的作用一般情况下是确定的。因此，尤其是从设计的角度来说，如果削减后的风险仍不可接受，还需要增加保护措施，主要可通过提高安全仪表功能安全完整性等级来实现。

（5）机械防护减缓措施（mechanical protection layer）　典型的如安全阀、

爆破片、火炬系统等。当 BPCS、SIS 等保护层失效时，机械防护减缓措施将发挥作用。

（6）被动物理保护系统（passive physical protection system）　典型的如围堰、隔离系统等，用于阻止泄漏扩散，降低泄漏后发生火灾爆炸等事故后果的严重程度。这些设施失效率较低，如果设计或维护得当，安全防护可靠性高。

（7）主动保护系统（active protection system）　典型的如自动喷淋冷却系统、泡沫灭火系统等。当检测到有毒有害气体或火焰时，系统自动启动，以减轻事故影响。

（8）厂区应急响应（plant emergency response）　主要指前述的保护层均失效或缺失导致事故发生后，启动企业级的应急响应程序，包括人员的紧急疏散、消防、医疗救助等应急管理程序。该保护层更多涉及危险状态时的人员管理而非技术措施。

（9）社区应急响应（community emergency response）　发生重大事故如火灾、爆炸、毒性气体泄漏等影响波及企业周边社区居民时，启动社区应急响应程序。应急响应程序的编制应遵循国家、地方和行业法规以及对工艺过程危险性的整体分析和环境影响评价。用于应急响应的报警和通信设备应避免受到火灾等重大危险事件的影响，与其他仪表设备相比，应该具有较高的独立性，并且要周期性测试。

以化工企业为例，其典型的保护层如表 3-1 所列。

表 3-1　化工企业典型保护层

| 保护层 | 描述 | 说明 | 示例 |
|---|---|---|---|
| 本质安全设计 | 从根本上消除或减少工艺系统存在的危害 | 企业可根据具体场景需要，确定是否将其作为 IPL | 容器设计可承受高温、高压等 |
| 基本过程控制系统（BPCS） | BPCS 是执行持续监测和控制日常生产过程的控制系统，通过响应过程或操作人员的输入信号，产生输出信息，使过程以期望的方式运行。由传感器、逻辑控制器和最终执行单元组成 | BPCS 可以提供三种不同类型的安全功能作为 IPL：①连续控制行动：保持过程参数维持在规定的正常范围以内，防止 IE 发生；②报警行动：识别超出正常范围的过程偏差，并向操作人员提供报警信息，促使操作人员采取行动（控制过程或停车）；③逻辑行动：行动将导致停车，使过程处于安全状态 | |

续表

| 保护层 | 描述 | 说明 | 示例 |
|---|---|---|---|
| 关键报警、操作监控和人员干预 | 关键报警、操作监控和人员干预是操作人员或其他工作人员对报警响应,或在系统常规检查后,采取的防止不良后果的行动 | 通常认为人员干预的可靠性较低,应慎重考虑人员行动作为独立保护层的有效性 | |
| 安全仪表功能(SIF) | 安全仪表功能通过检测超限(异常)条件,控制过程进入功能安全状态。一个安全仪表功能由传感器、逻辑控制器和最终执行元件组成,具有一定的 SIL | SIF 在功能上独立于 BPCS。SIL 分级可见 GB/T 21109 | ①安全仪表功能 SIL 1;②安全仪表功能 SIL 2;③安全仪表功能 SIL 3 |
| 物理保护 | 提供超压保护,防止容器的灾难性破裂 | 包括安全阀、爆破片等,其有效性受服役条件的影响较大 | ①单个弹簧式安全阀,处于清洁的服役环境,未出现过堵塞或污垢,安全阀前后无截止阀或截止阀的开/关是可以监控的状态;②双冗余弹簧式安全阀,处于清洁的服役环境,安全阀尺寸应满足危险场景发生时的泄放量要求,安全阀前后无截止阀;③为满足泄放要求安装多个安全阀;④单个弹簧式安全阀,处于潜在的堵塞的服役环境;⑤先导式安全阀,处于清洁的服役环境,未出现过堵塞或污垢;⑥和爆破片串联的弹簧式安全阀等 |
| 释放后保护设施 | 释放后保护设施是指危险物质释放后,用来降低事故后果(如大面积泄漏扩散、受保护设备和建筑物的冲击波破坏、容器或管道火灾暴露失效、火焰或爆轰波穿过管道系统等)的保护设施 | | 如防火堤、防爆墙或防爆舱、耐火涂层、阻火器、隔爆器、水幕、自动灭火系统等 |
| 厂区和社区应急响应 | 在初始释放之后被激活,其整体有效性受多种因素影响 | | 主要包括消防队、人工喷水系统、工厂撤离、社区撤离、避难所和应急预案等 |

安全保护层应是独立保护层，即不受其他保护层失效的影响。此外，还需要满足有效性（按照设计的功能发挥作用）、可审查性（确认保护层构成元件设计、安装、运行、维护良好）。独立保护层对事故发生的频率缩减和事故后果的减缓作用，如图 3-3 所示。

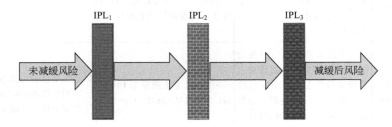

图 3-3　独立保护层风险控制机理

## 三、保护层分析用途和使用时机

（1）LOPA 一般用于
① 场景过于复杂，不能采用完全定性的方法做出合理的风险判断；
② 场景后果过于严重而不能只依靠定性方法进行风险判断。
（2）LOPA 也用于以下几种场景
① 确定安全仪表功能的安全完整性等级；
② 识别过程中安全关键设备；
③ 识别操作人员关键安全行为和关键安全响应；
④ 确定场景的风险等级以及场景中各种保护层降低的风险水平；
⑤ 其他适用 LOPA 的场景等（如设计方案分析和事故调查）。

## 四、保护层分析优缺点

国外企业的 LOPA 应用经验表明，LOPA 关注于场景的研究方法，可以发现那些已进行过多次危害分析的成熟工艺中存在的未被发现的安全问题。与定性方法相比，LOPA 提供了更具可靠性的风险判断，因为 LOPA 有更严格的记录，并给定了场景频率和后果的具体数值。此外，LOPA 客观的风险标准已证明可有效解决工艺危害分析结果的分歧，提高危害评估会议的效率。LOPA 可用于审查基本设计选择，并且可指导选择具有更低初始事件频率、更小事故后果或者更理想的独立保护层数量和类型的方案。LOPA 可以通过客观的方法，迅速地对备选方案进行定量比较，设计一个"本质更安全"的工艺过程。LOPA 可容易地确定过程风险是否能被接受。如果过程需要安全仪表功能，LOPA 可以确定所需的安全完整性等级，是安全系统生命周期中一个非常有价值的工具。LOPA 可用于识别那些保证过程风险在企业风险容忍标准内的关键设备，以及操作人员的关键安全行为和关键安全响应，可帮助企业决定操作、维护以及相关培训的重点放在哪些防护措施上，是执行过程安全管理的机械完整性或基于风险的维护系统的有力工具。与定量风险分析相比，LOPA 花费的时间较少，适用于对于定性风险评估来说过于复杂的场景。

## 五、保护层分析人员组成与工作准备

LOPA 应由一个小组完成，LOPA 小组成员可包括但不限于组长、记录员、操作人员、工艺人员、仪表工程师、安全工程师。根据需要，可要求工艺供应商、设备工程师、公用工程工程师、管道/机械/电气/催化剂专家以及其他专业工程人员参加 LOPA。如果 LOPA 是基于 HAZOP 分析的结果，LOPA 小组人员组成最好将 HAZOP 分析小组成员也纳入。

在使用 LOPA 前，应确定以下分析方法：

① 后果度量形式及后果分级方法；

② 后果频率的计算方法；

③ 初始事件频率的确定方法；

④ 独立保护层要求时危险失效概率（PFD）的确定方法；

⑤ 风险度量形式和风险可接受标准；

⑥ 分析结果与建议的审查及后续跟踪。

# 第二节　安全保护层分析使用流程

## 一、基本流程

保护层分析方法基本流程如图 3-4 所示[5]。

（1）场景识别与筛选　LOPA 通常评估先前危害分析研究中识别的场景。分析人员可采用定性（如 HAZOP）或定量的方法对这些场景后果的严重性进行评估，并根据后果严重性评估结果对场景进行筛选。

（2）选择事故场景　LOPA 一次只能选择一个场景，场景应是单一的"原因/后果对"。

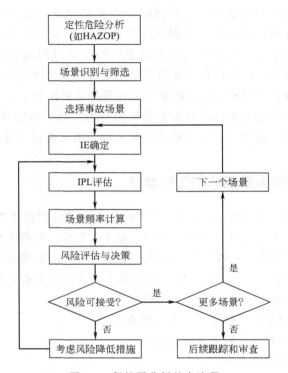

图 3-4 保护层分析基本流程

（3）初始事件（initiating event，IE）确定 初始事件包括外部事件、设备故障和人员行为失效。

（4）独立保护层评估 评估现有的防护措施是否满足 IPL 的要求，是 LOPA 的核心内容。

（5）场景频率计算 将后果、IE 频率和 IPL 的 PFD 等相关数据进行计算，确定场景风险。

（6）风险评估与决策 根据风险评估结果，确定是否采取相应措施降低风险。

（7）后续跟踪和审查 LOPA 完成后，对提出降低风险措施的落实情况应进行跟踪。应对 LOPA 的程序和分析结果进行审查。

## 二、场景识别和初始事件确定

### 1. 场景基本要求

场景应满足以下基本要求：

① 每个场景应至少包括引起一连串事件的初始事件和该事件继续发展所导致的后果两个要素；

② 每个场景必须有唯一的初始事件及其对应后果；

③ 除了初始事件和后果外，一个场景还可能包括使能事件或使能条件和防护措施失效；

④ 如果使用人员死亡、商业或环境损害作为后果，则场景还可能包括可燃物质被引燃的可能性、人员出现在事件影响区域的概率、火灾、爆炸或有毒物质释放的暴露致死率（在场人员逃离的可能性）等部分或全部因素或其他可能的修正因子。

**2. 场景信息来源**

场景识别信息来源于对新建、改建、扩建或在役生产装置的危害评估过程，包括危害分析结果、事故分析结果、工艺变更分析、安全仪表功能审查结果等，通常会采用 HAZOP 分析识别出的危险场景。

信息来源较常使用 HAZOP 所识别的存在较大风险的场景。HAZOP 中可导出的用于 LOPA 的数据详见表 3-2。HAZOP 分析过程中所提出的现有安全措施可能是不完整的，在开展 LOPA 时，需要重新仔细检查是否遗漏了现有的措施，被遗漏的这些安全措施可能是独立保护层。用于 LOPA 场景识别的信息来源还包括变更、事故事件、安全仪表功能审查、生产运行问题（包括意外行为或正常范围之外的操作条件等）。

**表 3-2　从 HAZOP 导出可用于 LOPA 的数据**

| LOPA 要求的信息 | HAZOP 所导出的信息 |
| --- | --- |
| 场景背景与描述 | 偏差 |
| 初始事件 | 引起偏差的原因 |
| 后果描述 | 偏差导致的后果 |
| 独立保护层 | 现有的安全措施 |

注：1. HAZOP 所导出的信息在应用于 LOPA 时应再次判断。如 HAZOP 分析中的现有安全措施是否为独立保护层。

2. 来自 HAZOP 分析的建议安全措施是否可作为独立保护层，也可在 LOPA 时再次判断。

当利用 HAZOP 分析结果进行 LOPA 时，两者之间的信息对应关系如图 3-5 所示。

**3. 场景筛选与开发**

对场景进行详细分析与记录，记录表格示例见表 3-3。对在记录过程中发现的或独立保护层和初始事件频率评估中发现的新场景，需要筛选开发新的场

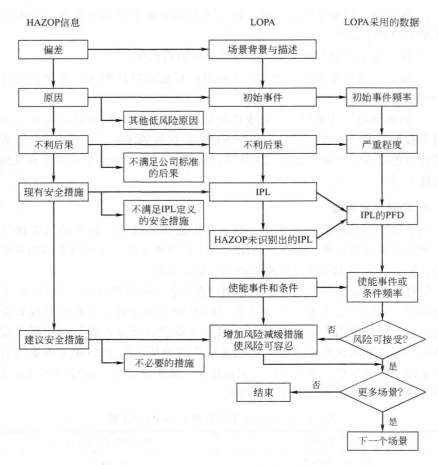

图 3-5　LOPA 与 HAZOP 信息对应关系

景作为另一起 LOPA 的对象。

**表 3-3　LOPA 记录表**

| 场景编号： | | 设备编号： | 场景名称： | |
|---|---|---|---|---|
| 日期： | | 场景背景与描述： | 概率 | 频率/$a^{-1}$ |
| 后果描述/分类 | | | | |
| 可容许风险<br>（分类/频率） | | 不可接受（大于） | | |
| | | 可以接受（小于或等于） | | |
| 初始事件<br>（一般给出频率） | | | | |
| 使能事件或使能条件 | | | | |

续表

| 日期： | 场景背景与描述： | 概率 | 频率/a$^{-1}$ |
|---|---|---|---|
| 条件修正（如果适用） | 点火概率 | | |
| | 影响区域内人员存在概率 | | |
| | 致死概率 | | |
| | 其他 | | |
| 减缓前的后果频率 | | | |

初始事件一般包括外部事件、设备故障和人员行为失效，具体分类见表 3-4。

表 3-4　初始事件类型

| 类别 | 外部事件 | 设备故障 | 人员行为失效 |
|---|---|---|---|
| 分类 | ①地震、海啸、龙卷风、飓风、洪水、泥石流和滑坡等自然灾害<br>②空难<br>③邻近工厂的重大事故<br>④破坏或恐怖活动<br>⑤雷击和外部火灾<br>⑥其他外部事件 | ①控制系统故障<br>a. 软件失效<br>b. 元件失效<br>c. 控制支持系统失效（如电力、仪表风）<br>②机械系统故障<br>a. 磨损<br>b. 腐蚀<br>c. 振动<br>d. 缺陷<br>e. 超设计限制使用<br>③公用工程故障<br>④其他故障 | ①操作失误<br>②维护失误<br>③关键响应错误<br>④作业程序错误<br>⑤其他行为失效 |

在确定初始事件时，应遵循以下原则：

① 审查场景中所有的原因，以确定该初始事件为有效初始事件；

② 应确认已辨识出所有的潜在初始事件，并确保无遗漏；

③ 应将每个原因细分为独立的初始事件（如"冷却失效"可细分为冷却剂泵故障、电力故障或控制回路失效），以便于识别独立保护层；

④ 在识别潜在初始事件时，应确保已经识别和审查所有模式（如正常运行、开车、停车、设备停电）和设备状态（如待机、维护）下的初始事件；

⑤ 当人的失效作为初始事件时，应制定人员失误概率评估的统一规则并在分析时严格执行；

⑥ 操作人员培训不完善、测试或检查不完善、保护装置不可用及其他类似事件不宜作为初始事件。

## 三、独立保护层识别

### （一）独立保护层的确定原则

并不是所有的保护层都可作为独立保护层。设备、系统或行动需满足以下条件才能作为独立保护层。

（1）有效性　按照设计的功能发挥作用，必须有效地防止后果发生。

① 应能检测到响应的条件。

② 在有效的时间内，应能及时响应。

③ 在可用的时间内，应有足够的能力采取所要求的行动。

（2）独立性　独立于初始事件和任何其他已经被认为是同一场景的独立保护层的构成元件。

① 应独立于初始事件的发生及其后果。

② 应独立于同一场景中的其他独立保护层。

③ 应考虑共因失效或共模失效的影响。

（3）可审查性　对于阻止后果的有效性和PFD必须以某种方式（通过记录、审查、测试等）进行验证。审查程序应确认如果独立保护层按照设计发生作用，它将有效地阻止后果。

① 审查应确认独立保护层的设计、安装、功能测试和维护系统的合适性，以取得独立保护层特定的PFD。

② 功能测试必须确认独立保护层所有的构成元件（传感器、逻辑控制器、最终元件等）运行良好，满足LOPA的使用要求。

③ 审查过程应记录发现的独立保护层条件、上次审查以来的任何修改以及跟踪所要求的任何改进措施的执行情况。

### （二）典型独立保护层要求

工艺设计作为独立保护层的要求是：当本质安全设计用来消除某些场景时，不应作为独立保护层；当考虑本质安全设计在运行和维护过程中的失效时，在某些场景中，可将其作为一种IPL。

基本过程控制系统（BPCS）控制回路的正常操作满足以下要求，则可作为独立保护层：

① BPCS控制回路应与安全仪表系统（SIS）功能安全回路SIF在物理上分离，包括传感器、控制器和最终元件；

② BPCS有可用的、合适的传感器与最终执行元件（包括人员干预）来执

行 SIS 相似的功能，即该控制回路正常运行时能避免特定危险事件的发生；

③ BPCS 故障不是造成初始事件（IE）的原因，即该控制回路的故障不会作为起因引起特定危险事件的发生。

BPCS 控制回路是一个相对较弱的独立保护层；内在测试能力有限；防止未授权变更内部程序逻辑的安全性有限。如果要考虑多个独立保护层的话，应有更全面的信息来支撑。当 BPCS 通过报警或其他形式提醒操作人员采取行动时，宜将这种保护考虑为关键报警和人员干预保护层。在同一个场景中，当满足 IPL 的要求时，具有多个回路的 BPCS 宜作为一个 IPL。BPCS 多个回路作为 IPL 时，需要非常谨慎。

### 1. 同一 BPCS 多个功能回路作为 IPL 的评估方法

在同一场景中，当同一 BPCS 具有多个功能回路时，其 IPL 的评估可使用方法 A 或方法 B。

方法 A：假设一个单独 BPCS 回路失效，则其他所有共享相同逻辑控制器的 BPCS 回路都失效。对单一的 BPCS，只允许有一个 IPL，且应独立于 IE 或任何使能事件。

方法 B：假设一个 BPCS 回路失效，最有可能是传感器或最终控制元件失效，而 BPCS 逻辑控制器仍能正常运行。BPCS 逻辑控制器的 PFD 比 BPCS 回路其他部件的 PFD 至少低两个数量级。方法 B 允许同一 BPCS 有一个以上的 IPL。如图 3-6 所示，两个 BPCS 回路使用相同的逻辑控制器。假设这两个回路满足作为同一场景下 IPL 的其他要求，方法 A 只允许其中一个回路作为 IPL，方法 B 允许两个回路都作为同一场景下的 IPL。

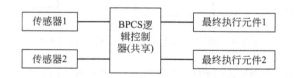

图 3-6 同一场景下共享同一 BPCS 逻辑控制器的多条回路

### 2. 同一场景下,同一 BPCS 的多个功能回路同时作为 IPL 的要求

同一场景下，同一 BPCS 的多个功能回路同时作为 IPL 时，应满足：

① BPCS 具有完善的安全访问程序，应确保将 BPCS 编程、变更或操作上潜在的人为失误降低到可接受水平；

② BPCS 回路中的传感器与最终执行元件在 BPCS 回路的所有部件中具有最高的失效概率值。

如果传感器或最终执行元件是场景中其他 IPL 的公共组件或是 IE 的一部

分，则多个回路不应作为多个 IPL。如图 3-7 所示，BPCS 回路 1 和回路 2 均使用同一传感器，在这个场景下，则这两个 BPCS 回路只能作为一个 IPL。同样，如果最终执行元件（或相同报警和操作人员干预）被共享在两个 BPCS 回路，那么这两个 BPCS 回路也只能作为一个 IPL。

图 3-7　同一场景下共享传感器的 BPCS 回路

　　共享逻辑控制器输入/输出卡的额外 BPCS 回路不宜同时作为 IPL，如图 3-8 所示。假设满足 IPL 的所有其他要求，则回路"传感器 A→输入卡 1→逻辑控制器→输出卡 1→最终执行元件 1"可确定为 IPL。如果第二个控制回路的路径为"传感器 D→输入卡 2→逻辑控制器→输出卡 2→最终执行元件 4"，那么此回路也可确定为 IPL。但是，如果第二个回路的路径为"传感器 D→输入卡 2→逻辑控制器→输出卡 1→最终执行元件 2"，那么此回路不能作为 IPL，因为输出卡 1 共享在两个回路中。

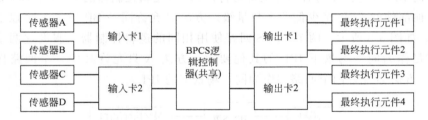

图 3-8　相同场景下共享输入/输出卡的影响

　　如果 IE 不涉及 BPCS 逻辑控制器失效，每一个回路都满足 IPL 的所有要求，在同一场景下，作为 IPL 的 BPCS 回路不应超过两个。如图 3-9 所示，如果所有 4 个回路各自满足相同场景下 IPL 的要求，在使用方法 B 时，最多只有两个回路被作为 IPL。

　　所有 BPCS 回路 IPL 总的 PFD，不宜低于 $1 \times 10^{-2}$。

　　最终执行元件可以是机械动作（例如：关闭阀门、启动泵）或一种是机械动作，另一种是要求人员采取行动的报警。在同一场景中，不宜将两个人员干预同时作为 IPL，除非证明它们完全独立并且满足人员行动作为 IPL 的所有要求。

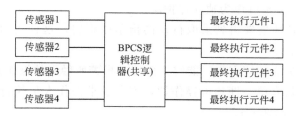

图 3-9　相同场景下 BPCS 功能回路作为 IPL 的最大数量

初始事件或使能事件涉及 BPCS 回路失效时,在同一场景中,宜只将一个 BPCS 回路作为 IPL。如果人员失效是 IE,不宜将启动人员行动的 BPCS 报警视为 IPL。

**3. 同一场景下,同一 BPCS 的多个功能回路同时作为 IPL 的数据和人员要求**

(1) 对数据与数据分析的要求

① 方法 B 假设 BPCS 逻辑控制器的 PFD 比 BPCS 回路其他部件的 PFD 至少低两个数量级,应具有支持这个假设的数据,并对数据进行分析。这些数据包括 BPCS 逻辑控制器、输入/输出卡、传感器、最终执行元件、人员干预等历史性能数据;系统制造商提供的数据;检查、维护和功能性测试数据;仪表图、带控制点的管道和仪表流程图 (P& ID)、回路图、标准规范等资料;访问 BPCS,进行程序更改、旁路报警等安全访问 BPCS 的信息。

② 这些数据的分析应包括:计算设备或系统 BPCS 回路组件的有效失效率;各种组件(特别是 BPCS 逻辑控制器)PFD 数据的比较;逻辑输入/输出卡及相关回路的独立性评估;安全访问控制充分性评估;使用多重 BPCS 回路作为同一场景下的多个 IPL 的合适性评估。

(2) 对分析人员的要求

① 分析人员应能够:判断是否有足够和完整的数据,这些数据是否能满足足够精度的计算;了解仪表的设计和 BPCS 系统是否满足独立性要求;理解建议的 IPL 对工艺或系统的影响。

② 分析小组或人员应具有相关专业知识,如对 BPCS 逻辑控制器具有足够低的 PFD 的独立第三方认证;对历史性能数据和维修记录的分析,建立设计标准使多个 BPCS 回路满足 IPL 的要求;设计并执行多个 BPCS 回路系统使之满足独立性与可靠性要求等。

③ 如果分析小组或人员不能满足以上要求,那么在判断 BPCS 回路作为 IPL 时,宜使用方法 A 进行分析。

当报警或观测触发的操作人员行动满足以下要求,确保行动的有效性时,关键报警和人员干预可作为独立保护层：

① 操作人员应能够得到采取行动的指示或报警，这种指示或报警必须始终对操作人员可用；

② 操作人员应训练有素，能够完成特定报警所触发的操作任务；

③ 任务应具有单一性和可操作性，不宜要求操作人员执行 IPL 要求的行动时同时执行其他任务；

④ 操作人员应有足够的响应时间；

⑤ 操作人员的工作量及其身体条件合适等。

安全仪表系统作为独立保护层的要求：

① SIF 在功能上独立于 BPCS，是一种独立保护层；

② SIF 的规格、设计、调试、检验、维护和测试都应按 IEC 61511 的有关规定执行；

③ SIF 的风险削减性能由其 PFD 所确定，每个 SIF 的 PFD 基于传感器、逻辑控制器和最终元件的数量和类型，以及系统元件定期功能测试的时间间隔。

物理保护（释放措施）作为独立保护层的要求：

① 如果这类设备（安全阀、爆破片等）的设计、维护和尺寸合适，则可作为独立保护层，它们能够提供较高程度的超压保护；

② 如果这类设备的设计或者检查和维护工作质量较差，则这类设备的有效性可能受到服役时污垢或腐蚀的影响。

释放后物理保护（防火堤、隔堤）作为独立保护层应满足这些独立保护层是被动的保护设备，如果设计和维护正确，这些独立保护层可提供较高等级的保护。

厂区应急响应（消防队、人工喷水系统、工厂撤离等措施）通常不作为独立保护层，因为它们是在初始释放后被激活，并且有太多因素影响了它们在减缓场景方面的整体有效性。当考虑它作为独立保护层时，应提供足够证据证明其有效性。

社区应急响应（社区撤离和避难所等）通常不作为独立保护层，因为它们是在初始释放之后被激活，并且有太多因素影响了它们在减缓场景方面的整体有效性。当考虑它作为独立保护层时，应提供足够证据证明其有效性。

不宜作为独立保护层的防护措施：

① 培训和取证：在确定操作人员行动的 PFD 时，需要考虑这些因素，但是它们本身不是独立保护层。

② 操作规程：在确定操作人员行动的 PFD 时，需要考虑这些因素，但是

它们本身不是独立保护层。

③ 正常的测试和检测：正常的测试和检测将影响某些独立保护层的 PFD，延长测试和检测周期可能增加独立保护层的 PFD。

④ 维护：维护活动将影响某些独立保护层的 PFD。

⑤ 通信：作为一种基础假设，假设工厂内具有良好的通信。差的通信将影响某些独立保护层的 PFD。

⑥ 标识：标识自身不是独立保护层。标识可能不清晰、模糊、容易被忽略等。标识可能影响某些独立保护层的 PFD。

⑦ 火灾保护：火灾保护的可用性和有效性受到所包围的火灾/爆炸的影响。如果在特定的场景中，企业能够证明它满足 IPL 的要求，则可将其作为 IPL。

独立保护层 PFD 的确认原则有：

① 独立保护层的 PFD 为系统要求独立保护层起作用时该独立保护层不能完成所要求的任务的概率。

② 如果安装的独立保护层处于"恶劣"环境与条件（如易污染或易腐蚀环境中），则应考虑使用更高的 PFD 值。

③ 实际 LOPA 应用过程中，PFD 值的确定应参照企业标准或行业标准，经分析小组共同确认或进行适当的计算以确认 PFD 取值的合适性，并将其作为 LOPA 中的统一规则严格执行。

## 四、场景频率计算

### 1. 风险和频率的定量计算

场景的发生频率计算见式(3-1)。

$$f_i^{\mathrm{C}} = f_i^{\mathrm{I}} \prod_{j=1}^{J} \mathrm{PFD}_{ij} = f_i^{\mathrm{I}} \times \mathrm{PFD}_{i1} \times \mathrm{PFD}_{i2} \times \cdots \times \mathrm{PFD}_{ij} \tag{3-1}$$

式中  $f_i^{\mathrm{C}}$——IE$_i$ 的后果 C 的发生频率，$\mathrm{a}^{-1}$；

$f_i^{\mathrm{I}}$——IE$_i$ 的发生频率，$\mathrm{a}^{-1}$；

$\mathrm{PFD}_{ij}$——IE$_i$ 中第 $j$ 个阻止后果 C 发生的 IPL 的 PFD。

在计算场景频率时，可根据需要对场景频率进行修正，见式(3-2)、式(3-3)。

（1）存在使能事件或条件时

$$f_i^{\mathrm{C}} = f_i^{\mathrm{I}} f_i^{\mathrm{E}} \prod_{j=1}^{J} \mathrm{PFD}_{ij} \tag{3-2}$$

式中  $f_i^{\mathrm{E}}$——使能事件或条件发生频率。

（2）采用点火概率、人员暴露和具体伤害的概率对不同后果场景频率进行修正

火灾发生的频率：

$$f_i^{\text{fire}} = f_i^{\text{I}}(\prod_{j=1}^{J}\text{PFD}_{ij})P_{\text{ig}} \tag{3-3}$$

式中  $P_{\text{ig}}$——点火概率。

人员暴露于火灾中的频率：

$$f_i^{\text{fire-exp}} = f_i^{\text{I}}(\prod_{j=1}^{J}\text{PFD}_{ij})P_{\text{ig}}P_{\text{ex}} \tag{3-4}$$

式中  $P_{\text{ex}}$——人员暴露概率。

火灾引起人员受伤的频率：

$$f_i^{\text{fire-injury}} = f_i^{\text{I}}(\prod_{j=1}^{J}\text{PFD}_{ij})P_{\text{ig}}P_{\text{ex}}P_{\text{d}} \tag{3-5}$$

式中  $P_{\text{d}}$——人员受伤或死亡概率。

对于毒性影响，人员伤害的频率方程与火灾伤害方程相似，毒性影响不需要点火概率，式(3-5)变为：

$$f_i^{\text{toxic}} = f_i^{\text{I}}(\prod_{j=1}^{J}\text{PFD}_{ij})P_{\text{ex}}P_{\text{d}} \tag{3-6}$$

### 2. 初始事件发生频率和独立保护层的要求时危险失效概率

初始事件发生频率和独立保护层 PFD 数据可采用行业统计数据、企业历史统计数据、基于失效模式和影响诊断分析（FMEDA）及故障树分析（FTA）等的数据、其他可用数据等。

行业统计数据：《化工过程定量风险分析指南》《工艺设备数据可靠性指南》和其他公开的工业失效率数据，如 IEEE、OREDA 等。

企业历史统计数据：企业具有充足的历史数据可用来进行有意义的统计分析。然而大部分企业没有良好的内部失效数据库，所以采用工业失效率数据更适合。

（1）选择失效数据时，应满足以下要求：

① 在整个分析过程中，使用的所有失效数据的选用原则应一致；

② 选择的失效率数据应具有行业代表性或能代表操作条件；

③ 使用企业历史统计数据时，只有该历史数据充足并具有统计意义时才能使用；

④ 使用普通的行业数据时，可根据企业的具体条件对数据进行修正；

⑤ 可对失效频率数据取整至最近的整数数量级。

（2）在确定 IE 发生频率和典型 IPL 的 PFD 时，应考虑实际的运行环境对发生频率或 PFD 的影响：

① 当系统或操作不连续（装载/卸载、间歇工艺等）时，应根据其实际的运行时间对失效频率数据进行修正；

② 在确定安全阀、阻火器或隔爆器等设备的 PFD 时，应考虑其实际运行环境中可能出现的污染、堵塞、腐蚀、不恰当维护等因素对 PFD 进行修正。

典型初始事件发生频率如表 3-5 所列。

表 3-5 典型初始事件发生频率

| 初始事件（IE） | 频率范围/$a^{-1}$ |
|---|---|
| 压力容器疲劳失效 | $10^{-5} \sim 10^{-7}$ |
| 管道疲劳失效—全部断裂 | $10^{-5} \sim 10^{-6}$ |
| 管线泄漏（10％截面积） | $10^{-3} \sim 10^{-4}$ |
| 常压储罐失效 | $10^{-3} \sim 10^{-5}$ |
| 垫片/填料爆裂 | $10^{-2} \sim 10^{-6}$ |
| 涡轮/柴油发动机超速，外套破裂 | $10^{-3} \sim 10^{-4}$ |
| 第三方破坏（挖掘机、车辆等外部影响） | $10^{-2} \sim 10^{-4}$ |
| 起重机载荷掉落 | $10^{-3} \sim 10^{-4}$/起吊 |
| 雷击 | $10^{-3} \sim 10^{-4}$ |
| 安全阀误开启 | $10^{-2} \sim 10^{-4}$ |
| 冷却水失效 | $1 \sim 10^{-2}$ |
| 泵密封失效 | $10^{-1} \sim 10^{-2}$ |
| 卸载/装载软管失效 | $1 \sim 10^{-2}$ |
| BPCS 仪表控制回路失效 | $1 \sim 10^{-2}$ |
| 调节器失效 | $1 \sim 10^{-1}$ |
| 小的外部火灾（多因素） | $10^{-1} \sim 10^{-2}$ |
| 大的外部火灾（多因素） | $10^{-2} \sim 10^{-3}$ |
| LOTO（锁定标定）程序失效（多个元件的总失效） | $10^{-3} \sim 10^{-4}$次$^{-1}$ |
| 操作员失效（执行常规程序，假设得到较好的培训、不紧张、不疲劳） | $10^{-1} \sim 10^{-3}$次$^{-1}$ |

过程工业典型独立保护层的 PFD 值如表 3-6 所示。

表 3-6 典型独立保护层的 PFD 值

| 独立保护层 | | 说明 | PFD(来自文献和工业数据) |
|---|---|---|---|
| 本质安全设计 | | 如果正确地执行,将大大地降低相关场景后果的频率 | $10^{-6} \sim 10^{-1}$ |
| 基本过程控制系统(BPCS) | | 如果与初始事件无关,BPCS 中的控制回路可确认为独立保护层 | $10^{-2} \sim 10^{-1}$ (CCPS:$10^{-1}$) |
| 关键报警和人员干预 | 人员行动,有 10min 的响应时间 | 简单的、记录良好的行动,行动要求具有清晰可靠的指示 | $10^{-1} \sim 1$ |
| | 人员对指示/报警的响应,有 40min 的响应时间 | 简单的、记录良好的行动,行动要求具有清晰可靠的指示 | $10^{-1}$ |
| | 人员行动,有 40min 的响应时间 | 简单的、记录良好的行动,行动要求具有清晰可靠的指示 | $10^{-2} \sim 10^{-1}$ |
| 安全仪表系统(SIS) | SIL 1 | 典型组成:单个传感器+单通道逻辑控制器+单个最终元件 | $10^{-2} \sim 10^{-1}$ |
| | SIL 2 | 典型组成:多个传感器+多通道逻辑控制器+多个最终元件 | $10^{-3} \sim 10^{-2}$ |
| | SIL 3 | 典型组成:多个传感器+多通道逻辑控制器+多个最终元件 | $10^{-4} \sim 10^{-3}$ |
| 物理保护 | 安全阀 | 防止系统超压。其有效性对服役条件比较敏感 | $10^{-5} \sim 10^{-1}$ |
| | 爆破片 | 防止系统超压。其有效性对服役条件比较敏感 | $10^{-5} \sim 10^{-1}$ |
| 释放后物理保护 | 防火堤 | 降低储罐溢流、破裂、泄漏等严重后果(大面积扩散)的频率 | $10^{-3} \sim 10^{-2}$ |
| | 地下排污系统 | 降低储罐溢流、破裂、泄漏等严重后果(大面积扩散)的频率 | $10^{-3} \sim 10^{-1}$ |
| | 敞开式通风口 | 防止超压 | $10^{-3} \sim 10^{-2}$ |
| | 耐火材料 | 减少热输入率,为降压、消防等提供额外的响应时间 | $10^{-3} \sim 10^{-2}$ |
| | 防爆墙/舱 | 通过限制冲击波,保护设备、建筑物等,降低爆炸重大后果的频率 | $10^{-3} \sim 10^{-2}$ |

## 五、可接受风险标准与评估决策[6~8]

各公司应制定适合自己企业的单一场景风险可容许标准。常见的风险评估分析方法有风险矩阵法、数值风险法(每个场景最大容许风险)、独立保护层

（IPL）信用值方法。风险矩阵法如图 3-10 所示。

| 5 | 低 | 中 | 中 | 高 | 高 | 很高 | 很高 |
|---|---|---|---|---|---|---|---|
| 4 | 低 | 低 | 中 | 中 | 高 | 高 | 很高 |
| 3 | 低 | 低 | 低 | 中 | 中 | 中 | 高 |
| 2 | 低 | 低 | 低 | 低 | 中 | 中 | 中 |
| 1 | 低 | 低 | 低 | 低 | 低 | 中 | 中 |

（纵轴：后果等级）

频率等级/$a^{-1}$：$10^{-7}\sim10^{-6}$　$10^{-6}\sim10^{-5}$　$10^{-5}\sim10^{-4}$　$10^{-4}\sim10^{-3}$　$10^{-3}\sim10^{-2}$　$10^{-2}\sim10^{-1}$　$10^{-1}\sim1$

图 3-10　风险矩阵法

低—不需采取行动；中—可选择性地采取行动；高—选择合适的时机采取行动；很高—立即采取行动

数值风险法示例见表 3-7～表 3-9。

表 3-7　数值风险法——安全与健康相关事件的可容许风险（示例）

| 严重程度 | 安全与健康相关的后果 | 可接受频率/$a^{-1}$ |
|---|---|---|
| 5 级，灾难性的 | 大范围的人员死亡，重大区域影响 | $10^{-6}$ |
| 4 级，严重的 | 人员死亡，大范围的人员受伤和严重健康影响，大的社区影响 | $10^{-5}$ |
| 3 级，较大的 | 严重受伤和中等健康损害，永久伤残，大范围的人员轻微伤。小范围的社区影响 | $10^{-4}$ |
| 2 级，较小的 | 轻微受伤或轻微的健康影响，药物治疗，超标暴露 | $10^{-2}$ |
| 1 级，微小的 | 没有人员受伤或健康影响，包括简单的药物处理 | $10^{-1}$ |

通过后果及严重性评估与场景频率计算，得出选定场景的后果等级以及后果发生概率，可以与风险矩阵进行比较，或者与数值风险法中的相关事件可接受频率比较。根据风险比较结果：计算风险小于场景可容许风险，继续下一场景的 LOPA；计算风险大于场景可容许风险，LOPA 小组应建议满足可容许风险标准所需采取的措施，并确定拟采取措施的 PFD，以将风险降低到可容许风险之下。风险矩阵法风险分析示例见表 3-10，数值风险法风险分析示例见表 3-11。

表 3-8 数值风险法——环境相关事件的可容许风险（示例）

| 严重程度 | 环境相关的后果 | 可接受频率/$a^{-1}$ |
|---|---|---|
| 5 级,灾难性的 | 超过 10$m^3$ 溢油的环境污染,不可复原的环境影响 | $10^{-5}$ |
| 4 级,重大的 | 在 1～10$m^3$ 之间的溢油,灾难性的环境影响 | $10^{-4}$ |
| 3 级,较大的 | 在 0.1～1$m^3$ 之间的溢油,严重的环境影响,大范围的损害 | $10^{-3}$ |
| 2 级,较小的 | 在 0.01～0.1$m^3$ 之间的溢油,较小的环境影响,暂时的和短暂的 | $10^{-2}$ |
| 1 级,微小的 | 小于 0.01$m^3$ 的溢油 | $10^{-1}$ |

表 3-9 数值风险法——财产相关事件的可容许风险（示例）

| 严重程度 | 财产相关的后果 | 可接受频率/$a^{-1}$ |
|---|---|---|
| 5 级,灾难性的 | 超过 1000 万元直接财产损失,长时间生产中断 | $10^{-4}$ |
| 4 级,重大的 | 在 100 万元和 1000 万元之间的直接财产损失,生产中断 | $10^{-3}$ |
| 3 级,较大的 | 在 10 万元和 100 万元之间的直接财产损失 | $10^{-2}$ |
| 2 级,较小的 | 在 1 万元和 10 万元之间的直接财产损失 | $10^{-1}$ |
| 1 级,微小的 | 小于 1 万元的直接财产损失 | 1 |

表 3-10 风险矩阵法风险分析（示例）

| 场景编号:1 | 设备编号:T201 | 场景名称:正己烷缓冲罐溢流,溢流物溢出防火堤 | |
|---|---|---|---|
| 日期:2010 年 6 月 7 日 | 描述 | 概率 | 频率/$a^{-1}$ |
| 后果描述/分类 | 释放正己烷(500～5000kg),由于溢流和防火堤失效,正己烷溢出防火堤,后果等级为 4 | | |
| 可容许风险(分类/频率) | 不可接受(大于) | | $>10^{-3}$ |
| | 可以接受(小于或等于) | | $<10^{-5}$ |
| 初始事件(一般给出频率) | BPCS LIC 控制回路故障(PFD 来自表×××) | | $10^{-1}$ |
| 使能事件或使能条件 | 无 | N/A | |
| 条件修正(如果适用) | 点火概率 | N/A | |
| | 影响区域内人员存在概率 | N/A | |
| | 致死概率 | N/A | |
| | 其他 | N/A | |
| 减缓前的后果频率 | | | $10^{-1}$ |

续表

| 日期:2010 年 6 月 7 日 | 描述 | 概率 | 频率/a$^{-1}$ |
|---|---|---|---|
| 独立保护层 | 防火堤(PFD 来自表×××) | 10$^{-2}$ | |
| | 安全仪表功能(SIF)(将要增加——见采取的行动) | 10$^{-2}$ | |
| | 无 | N/A | |
| 非独立保护层 | LIC 液位控制回路不作为 IPL,因为 LIC 液位控制回路故障是初始事件,因此不能作为 IPL | | |
| | 无 | | |
| | 无 | | |
| 所有独立保护层总 PFD | 两个独立保护层 | 10$^{-4}$ | |
| 减缓后的后果频率 | | | 10$^{-5}$ |
| 是否满足可容许风险?(是/否):是,但必须增加一个安全仪表功能(SIF) | | | |
| 满足可容许风险需要采取的行动 | 增加一个 PFD 为 10$^{-2}$ 的 SIF,负责人员为王号,完成日期为 2010 年 7 月 30 日 | | |
| 备注 | 把增加此 SIF 的行动加到公司隐患整改跟踪表中 | | |
| 参考资料(PHA 报告,P& ID 等):2005 年 PHA 报告,P& ID 号 BD-DWG-DPPB-PR-0203 | | | |
| LOPA 分析人员:××,××,×× | | | |

表 3-11 数值风险法风险分析 (示例)

| 场景编号:1 | 设备编号:T201 | 场景名称:正己烷缓冲罐溢流,溢流物溢出防火堤 | |
|---|---|---|---|
| 日期:2010 年 6 月 7 日 | 描述 | 概率 | 频率/a$^{-1}$ |
| 后果描述/分类 | 由于溢流和防火堤失效,正己烷溢出防火堤,遇到点火源,造成火灾,导致人员死亡 | | |
| 可容许风险(分类/频率) | 容许频率(数据取自表×××) | | <10$^{-5}$ |
| 初始事件(一般给出频率) | 由于库存量控制失效,导致槽车向空间不足的储罐卸货(库存量控制失效频率基于工厂历史数据) | | 1 |
| 使能事件或使能条件 | 无 | N/A | |
| 条件修正(如果适用) | 点火概率(数据为工厂经验) | 1 | |
| | 影响区域内人员存在概率(数据基于工厂运行情况) | 0.5 | |
| | 致死概率(数据为工厂经验) | 0.5 | |
| | 其他 | N/A | |

续表

| 日期：2010 年 6 月 7 日 | | 描述 | 概率 | 频率/a⁻¹ |
|---|---|---|---|---|
| 减缓前的后果频率 | | | | 0.25 |
| 独立保护层 | | 卸货前，操作工检查就地液位计（PFD 来自表×××） | $10^{-1}$ | |
| | | 防火堤（PFD 来自表×××） | $10^{-2}$ | |
| | | 安全仪表功能（SIF）（将要增加——见采取的行动） | $10^{-2}$ | |
| 非独立保护层 | | LIC 液位控制回路不作为 IPL，因为 LIC 液位控制回路故障是初始事件，因此不能作为 IPL | | |
| | | 无 | | |
| | | 无 | | |
| 所有独立保护层总 PFD | | 两个独立保护层 | $10^{-5}$ | |
| 减缓后的后果频率 | | | | $2.5×10^{-6}$ |
| 是否满足可容许风险？（是/否）：是，但必须增加一个安全仪表功能（SIF） | | | | |
| 满足可容许风险需要采取的行动 | | 增加一个 PFD 为 $10^{-2}$ 的 SIF，负责人员为王号，完成日期为 2010 年 7 月 30 日 | | |
| 备注 | | 把增加此 SIF 的行动加到公司隐患整改跟踪表中 | | |
| 参考资料（PHA 报告，P&ID 等）：2005 年 PHA 报告，P&ID 号 BD-DWG-DPPB-PR-0203 | | | | |
| LOPA 分析人员：××，××，×× | | | | |

《危险化学品重大危险源监督管理暂行规定》（总局〔2011〕40 号令）中，对危险化学品重点危险源提供了可接受风险标准。2014 年 5 月，国家安全监管总局发布第 13 号公告《危险化学品生产、储存装置个人可接受风险标准和社会可接受风险标准（试行）》，明确了可接受风险标准。

### 1. 可容许个人风险标准

个人风险是指因危险化学品重大危险源各种潜在的火灾、爆炸、有毒气体泄漏事故造成区域内某一固定位置人员的个体死亡概率，即单位时间内（通常为年）的个体死亡率。通常用个人风险等值线表示。通过定量风险评价，危险化学品单位周边重要目标和敏感场所承受的个人风险应满足表 3-12 中可接受风险标准要求。

表 3-12  我国个人可接受风险标准值

| 防护目标 | 个人可接受风险标准 | |
| --- | --- | --- |
| | 新建装置 /a⁻¹ | 在役装置 /a⁻¹ |
| 低密度人员场所(人数<30人):单个或少量暴露人员 | $\leqslant 1\times10^{-5}$ | $\leqslant 3\times10^{-5}$ |
| 居住类高密度场所(30人≤人数<100人):居民区、宾馆、度假村等<br>公众聚集类高密度场所(30人≤人数<100人):办公场所、商场、饭店、娱乐场所等 | $\leqslant 3\times10^{-6}$ | $\leqslant 1\times10^{-5}$ |
| 高敏感场所:学校、医院、幼儿园、养老院、监狱等<br>重要目标:军事禁区、军事管理区、文物保护单位等<br>特殊高密度场所(人数≥100人):大型体育场、大型交通枢纽、大型露天市场、大型居住区、大型宾馆、大型度假村、大型办公场所、大型商场、大型饭店、大型娱乐场所等 | $\leqslant 3\times10^{-7}$ | $\leqslant 3\times10^{-6}$ |

### 2. 可容许社会风险标准

社会风险是指能够引起大于等于 $N$ 人死亡的事故累积频率 ($F$),也即单位时间内(通常为年)的死亡人数。通常用社会风险曲线 ($F$-$N$ 曲线)表示,如图 3-11 所示。可容许社会风险标准采用 ALARP(as low as reasonable practice)原则作为可接受原则。ALARP 原则通过两个风险分界线将风险划分为 3 个区域,即:不可接受区、尽可能降低区(ALARP)和可接受区[9,10]。

① 若社会风险曲线落在不可接受区,除特殊情况外,该风险无论如何不能被接受。

② 若落在可接受区,风险处于很低的水平,该风险是可以被接受的,无需采取安全改进措施。

③ 若落在尽可能降低区,则需要在可能的情况下尽量减少风险,即对各种风险处理措施方案进行成本效益分析等,以决定是否采取这些措施。

通过定量风险评价,危险化学品重大危险源产生的社会风险应满足图3-11中可容许社会风险标准要求[11]。

## 六、LOPA 文档

文档应完整、准确地记录场景评估过程中获得的信息,应记录的信息包括:风险标准;后果的详细描述;初始事件和使能事件或条件及频率修正;场景中所有的保护层及 IPL;风险评估结果及降低风险的行动;分析中使用的文件资料;分析成员以及其他。LOPA 文档示例见表 3-13。

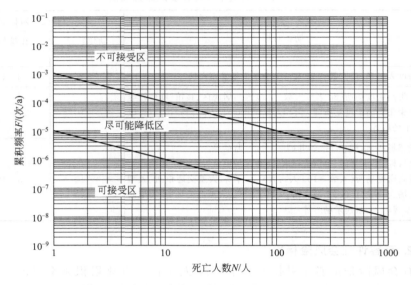

图 3-11 我国可容许社会风险标准（F-N）曲线

表 3-13 LOPA 记录表

| 场景编号： | | 设备编号： | | 场景名称： |
|---|---|---|---|---|
| 时间： | | 描述 | 概率 | 频率/a |
| 后果描述/等级 | | | | |
| 风险容忍标准（等级/频率） | | | | |
| 初始事件（频率） | | | | |
| 使能事件或条件 | | | | |
| 条件修正（如果适用） | | 点火概率 | | |
| | | 人在影响区域的概率 | | |
| | | 致死概率 | | |
| | | 其他 | | |
| 减缓前的后果频率 | | | | |
| 独立保护层（IPL） | | | | |
| 防护措施（非 IPL） | | | | |
| 所有 IPL 的总 PFD | | | | |
| 减缓后的后果频率 | | | | |

续表

| 是否满足风险容忍标准?（是/否） | |
| --- | --- |
| 满足风险容忍标准需要采取的行动 | |
| 备注 | |
| 参考资料<br>（相关的早期危害审查、PFD、P&ID 等） | |
| LOPA 分析小组人员 | |

LOPA 结束时，应生成 LOPA 报告。LOPA 报告应包括以下内容：

① 场景的信息来源说明；

② 企业的风险标准；

③ IE 发生频率和 IPL 的 PFD；

④ 场景中 IPL 和非 IPL 的评估结果；

⑤ 场景的风险评估结果；

⑥ 满足风险标准要求采取的行动及后续跟踪；

⑦ 如果有必要，对需要采取不同技术进行深入研究的问题提出建议；

⑧ 对分析期间所发现的不确定情况及不确定数据的处理；

⑨ 分析小组使用的所有图纸、说明书、数据表和危险分析报告等的清单（包括引用的版本号）；

⑩ 参加分析的小组成员名单；

⑪ LOPA 报告应经小组成员签字确认，若 LOPA 小组不能达成一致意见，应记录原因。

对 LOPA 结果的执行情况应进行后续跟踪，对 LOPA 提出的降低风险行动的实施情况进行落实。LOPA 的程序和分析结果可接受相关的审查。

# 第三节　LOPA 应用示例

本节提供两个 LOPA 应用示例[12]。

## 一、正己烷缓冲罐 LOPA 应用示例

### 1. 工艺描述

简化 P&ID 图见图 3-12。来源于上游工艺单元的正己烷进入正己烷缓冲

罐 T-401。正己烷供料管道总是带压。正己烷缓冲罐液位受液位控制回路（LIC-90）控制，LIC-90 检测储罐液位，通过调节液位阀（LV-90）控制液位。正己烷输往下游工艺使用。LIC 回路包括提醒操作人员的高液位报警（LAH-90）。储罐总容量为 30t，通常盛装一半的容量。储罐位于防火堤内，该防火堤能够容纳 45t 正己烷。

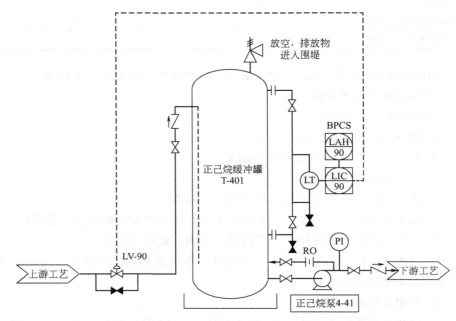

图 3-12　正己烷缓冲罐溢流简化 P & ID 图

### 2. 场景识别与筛选

采用前期进行的 HAZOP 作为场景信息来源。正己烷缓冲罐 T-401 的 HAZOP 分析结果见表 3-14。根据表 3-7～表 3-9，筛选进行 LOPA 场景。本例选择分析的场景为正己烷缓冲罐溢流，防火堤发生失效，导致大面积火灾，造成人员伤亡，后果等级为 5。

### 3. IE 确认

本例选定 IE 为 BPCS 液位控制回路失效，根据前述的典型初始事件频率表数值，其失效频率为 $10^{-1}a^{-1}$。

### 4. IPL 评估

（1）防火堤　一旦发生罐体溢流，合适的防火堤可以包容这些溢流物。如果防火堤失效，将发生大面积扩散，从而发生潜在的火灾、损害和死亡。防火堤满足 IPL 所有的要求，包括：

表 3-14　正己烷缓冲罐 T-401 HAZOP 分析结果

| 序号 | 偏差 | 原因 | 后果 | 现有防护措施 | 建议 |
|---|---|---|---|---|---|
| 1 | 液位高 | 流量控制阀 LV-90 误开大（如液位控制 LIC 失效,操作人员失误等）导致至正己烷缓冲罐 T-401 管线流量大 | 高压（见序号5） | ①液位监测,高液位报警<br>②单元操作程序 | 建议安装一个 SIS,在 T-401 高液位时切断进料 |
| 2 | 液位低 | 上游工艺至正己烷缓冲罐 T-401 管线流量小或无流量 | 无后果：在下游倒空供料罐前,如果不填充,将引起潜在的过程中断 | | |
| 3 | 温度高 | | 无关心的后果 | | |
| 4 | 温度低 | 低的环境温度,而缓冲罐内有水（见序号7） | 缓冲罐底部或缓冲罐排水线或仪表线积累的水冻结,导致排水线断裂和泄漏 | | |
| 5 | 压力高 | 高液位（见序号1） | ①正己烷通过释放阀泄放到防火堤内;如果防火堤不能包容释放物,可能造成大面积火灾<br>②泄漏（如果超压值超过缓冲罐额定压力）（见序号8） | | |
| 6 | 压力低 | 在蒸汽吹扫后,冷却前缓冲罐发生堵塞 | 真空下缓冲罐塌陷导致设备破坏 | 标准程序和容器蒸汽吹扫检查 | |
| 7 | 污染物浓度高 | 在蒸汽吹扫和冲洗后,水没有完全排出 | 在低的环境温度期间,缓冲罐内积累的水可能冻结（见序号4） | | |
| 8 | 包容物损失 | ①腐蚀/侵蚀<br>②外部影响（如火灾）<br>③高液位（见序号1）<br>④垫片、填料或密封失效<br>⑤不适当的维护<br>⑥仪表或仪表线失效<br>⑦材质缺陷<br>⑧采样阀泄漏<br>⑨通风口和排水阀泄漏<br>⑩低温（见序号4） | 正己烷泄漏,如果防火堤不能包容释放物,可能造成大面积火灾,造成人员伤亡 | ①操作和维护程序,需要隔离<br>②能手动隔离缓冲罐<br>③按照规范和标准进行预防性检测<br>④安全阀,释放到缓冲罐防火堤内<br>⑤防火堤容积能容纳正己烷45t（1.5倍缓冲罐能力）<br>⑥紧急响应程序 | |

① 如果按照设计运行，防火堤可有效地包容储罐的溢流；

② 防火堤独立于任何其他独立保护层和 IE；

③ 可以审查防火堤的设计、建造和目前的状况。

对于本例，根据表 3-6，防火堤的 PFD 取 $10^{-2}$。

（2）BPCS 报警和人员干预行动　在本例中，人员行动不作为独立保护层，原因如下。

① 由于操作人员不总是在现场，在防火堤失效导致重大释放前，不能假设独立于任何报警的操作人员行动能有效地检测和阻止释放。

② BPCS 液位控制回路失效（IE）导致系统不能产生报警，从而不能提醒操作人员采取行动以阻止缓冲罐进料。因此，BPCS 产生的任何报警不能完全独立于 BPCS 系统，不能作为独立保护层。

（3）安全阀　缓冲罐上的安全阀无法防止缓冲罐发生溢流，因此，对于本场景，安全阀不是 IPL。

### 5. 场景频率计算

取点火概率为 1，人员暴露概率为 0.5，人员伤亡概率为 0.5，则后果发生频率为：

$$
\begin{aligned}
f_i^C &= f_i^I \text{PFD}_{\text{dike}} P_{\text{ig}} P_{\text{ex}} P_{\text{d}} \\
&= (1 \times 10^{-1} \text{a}^{-1}) \times (1 \times 10^{-2}) \times 1 \times 0.5 \times 0.5 \\
&= 2.5 \times 10^{-4} \text{a}^{-1} \\
&\approx 2 \times 10^{-4} \text{a}^{-1} \text{（取整）}
\end{aligned}
$$

式中　$f_i^C$——$\text{IE}_i$ 的后果 C 的发生频率，$\text{a}^{-1}$；

$f_i^I$——$\text{IE}_i$ 的发生频率，$\text{a}^{-1}$；

$\text{PFD}_{\text{dike}}$——防火堤的 PFD；

$P_{\text{ig}}$——点火概率；

$P_{\text{ex}}$——人员暴露概率；

$P_{\text{d}}$——人员伤亡概率。

### 6. 风险评估与决策

缓冲罐 LIC 失效，溢流物未被防火堤包容，溢出物被点燃，造成人员伤亡，后果等级为 5 级。事件发生的频率为 $2 \times 10^{-4} \text{a}^{-1}$。根据后果等级 5 和频率 $2 \times 10^{-4} \text{a}^{-1}$，查询图 3-10 风险矩阵，其风险等级为高风险，要求：选择合适的时机采取行动。

分析小组决定安装一个独立的 SIF，用于检测和阻止溢流。该 SIF 采用独立的液位传感器、逻辑控制器和独立的截断阀，见图 3-13 中粗线部分。当检

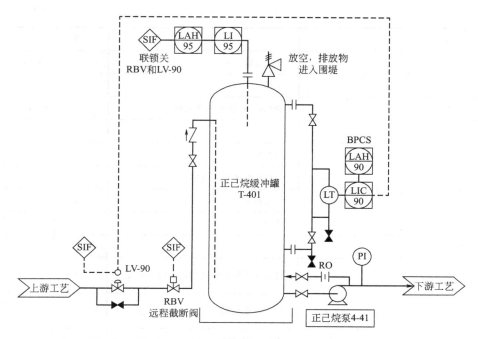

图 3-13 正己烷缓冲罐溢流简化 P&ID 图（增加 IPL 后）

测到高液位时，该 SIF 联锁关流量控制阀（LV-90）和远程截断阀（RBV）。该 SIF 的 PFD 为 $1\times10^{-2}$。对于场景，SIF 将释放事件的频率从 $2\times10^{-4}\,a^{-1}$ 降低到 $2\times10^{-6}\,a^{-1}$。在风险矩阵中，对于后果等级 5、频率为 $2\times10^{-6}\,a^{-1}$ 的事件，其风险等级为中风险，要求：可选择性地采取行动。此时，企业可采用成本效益分析，决定是否需采用额外的措施进一步降低风险。

### 7. LOPA 记录表

本例 LOPA 记录表见表 3-15。

表 3-15 正己烷缓冲罐溢流案例 LOPA 记录表

| 场景编号:1 | 设备编号:正己烷缓冲罐 T-401 | 场景名称:正己烷缓冲罐溢流,溢流物未被防火堤包容 | |
|---|---|---|---|
| 时间: | 描述 | 概率 | 频率/$a^{-1}$ |
| 后果描述/等级 | 由于储罐溢流和防火堤失效,导致释放的正己烷流出防火堤,发生火灾和人员伤亡 | | |
| | 后果等级 5 | | |

| 时间： | 描述 | 概率 | 频率/a$^{-1}$ |
|---|---|---|---|
| 风险容忍标准（等级/频率） | 要求采取行动 | | $>1\times10^{-4}$ |
| | 容忍 | | $<1\times10^{-6}$ |
| IE（频率） | BPCS LIC 控制回路失效 | | $1\times10^{-1}$ |
| 使能事件或条件 | — | | — |
| 条件修正（如果适用） | 点火概率 | 1 | |
| | 人在影响区域的概率 | 0.5 | |
| | 致死概率 | 0.5 | |
| | 其他 | — | |
| 减缓前的后果频率 | | | $2.5\times10^{-2}$ |
| IPL | 已有的为包容溢流物设置的防火堤 | $1\times10^{-2}$ | |
| | SIF（将要增加——见采取的行动） | $1\times10^{-2}$ | |
| 防护措施（非 IPL） | 人员行动不作为 IPL，因为它取决于 BPCS 产生的报警。由于 BPCS 失效是 IE，因此不能作为 IPL | | |
| 所有 IPL 的总 PFD | | $1\times10^{-4}$ | |
| 减缓后的后果频率 | | | $2.5\times10^{-6}$ |
| 是否满足风险容忍标准？（是/否） | 是，通过增加 SIF | | |
| 满足风险容忍标准需要采取的行动 | ①增加一个要求时失效概率为 $1\times10^{-2}$ 的 SIF ②负责小组或人员 ③维护防火堤作为 IPL（检测、维护等） | | |
| 备注 | 增加行动到行动跟踪数据库 | | |
| 参考资料（相关的早期危害审查、PFD、P&ID 等） | | | |
| LOPA 分析小组人员 | | | |

## 二、PVC 反应器 LOPA 应用示例

### 1. 工艺描述

图 3-14 为氯乙烯单体（VCM）生产聚氯乙烯（PVC）工艺的简化 P&ID

图。此过程为间歇聚合反应。水、液态 VCM、引发剂和添加剂通过同一喷管注入搅动的夹套反应器内。注入喷管与安全阀（PSV）相连接，抑制剂也可通过同一喷管添加。

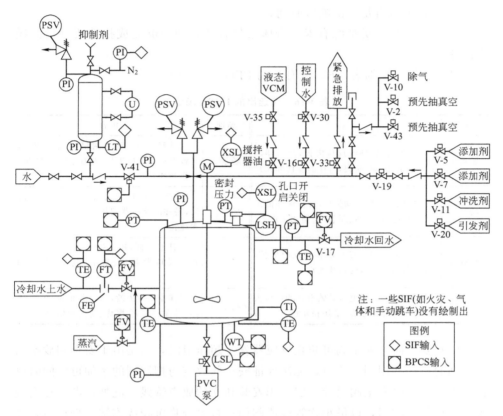

图 3-14　VCM 生产 PVC 工艺的简化 P&ID 图

### 2. 场景识别与筛选

根据前期进行的危害分析，通过表 3-7～表 3-9，筛选进行 LOPA 的场景。表 3-16 为筛选出的 LOPA 场景。本例以场景 1 为例进行分析。

### 3. IE 确认

本例选定 IE 为冷却水失效，根据表 3-6，其频率为 $1 \times 10^{-1}$。冷却水损失引起反应失控的反应器条件概率为 0.5。

### 4. IPL 评估

（1）BPCS 报警和人员响应行动　冷却水失效时，BPCS 将会产生低流量报警，人员添加抑制剂。BPCS 报警和人员干预可满足 IPL 的要求，包括：

① BPCS 报警和人员干预独立于 IE 和其他独立保护层（如果安全阀修改设计，见表 3-16）；

② 仅要求操作人员执行添加抑制剂的行动，任务具有单一性和可操作性；

③ 操作人员有足够的响应时间；

④ 如果操作人员训练有素，身体条件合适，则能够完成报警所触发的操作任务。

对于本例，根据表 3-6，该 IPL 的 PFD 取 $1 \times 10^{-1}$。

表 3-16　筛选出的 LOPA 场景

| 场景 | 内容 | 场景 | 内容 |
|---|---|---|---|
| 场景 1 | 冷却水失效,导致反应失控,反应器潜在的超压、泄漏、断裂,潜在的受伤和死亡 | 场景 5 | 人员错误——注入两倍催化剂的量,导致潜在的反应失控、超压、泄漏、受伤和死亡 |
| 场景 2 | 搅拌机电动机转动失效,导致潜在的反应失控,超压、泄漏、断裂,受伤和死亡 | 场景 6 | BPCS 液位控制失效,导致反应器溢流,潜在的反应器超压、泄漏、断裂,受伤和死亡 |
| 场景 3 | 停电(大面积),导致潜在的反应失控,超压、泄漏、断裂,受伤和死亡 | 场景 7 | 在升温期间,BPCS 温度控制失效,潜在的反应器超压、泄漏、断裂,受伤和死亡 |
| 场景 4 | 冷却泵失效(停电),导致潜在的反应失控,超压、泄漏、断裂,受伤和死亡 | 场景 8 | 搅拌器密封失效,导致潜在的 VCM 泄漏,潜在的火灾、爆炸、受伤和死亡 |

（2）安全阀　安全阀可防止反应器发生超压泄漏，但是由于安全阀放空与抑制剂的添加共用同一管道，无法保证安全阀放空与抑制剂的添加可以同时进行，因此需修改安全阀设计，安全阀安装独立的放空管线。此外，考虑在安全阀下增加氮气吹扫，以最小化管线或阀门进行聚合物沉积或冻结。变更后，如果安全阀安装和维护符合 IPL 的要求，可作为 IPL。

对于本例，根据表 3-6，变更后该 IPL 的 PFD 取 $1 \times 10^{-2}$。

（3）紧急冷却系统（蒸汽涡轮机）　在本例中，紧急冷却系统不能作为 IPL，因为其不独立于 IE，与冷却水系统有多个公共元件（管线、阀门等）。这些公共元件在引起冷却水失效时，也会导致紧急冷却系统失效。

**5. 场景频率计算**

后果发生频率为：

$$f_i^C = f_i^I P_c \mathrm{PFD}_{\mathrm{BPCS}} \mathrm{PFD}_{\mathrm{PSV}}$$
$$= (1 \times 10^{-1} \mathrm{a}^{-1}) \times 0.5 \times (1 \times 10^{-2}) \times 1 \times 10^{-1}$$
$$= 5 \times 10^{-5} \mathrm{a}^{-1}$$

式中 $f_i^C$——$IE_i$ 的后果 C 的发生频率，$a^{-1}$；

$\qquad f_i^I$——$IE_i$ 的发生频率，$a^{-1}$；

$\qquad P_c$——条件概率；

$PFD_{BPCS}$——BPCS 报警和人员干预行动的 PFD；

$PFD_{PSV}$——安全阀的 PFD。

### 6. 风险评估与决策

冷却水失效，导致反应失控，反应器潜在的超压、泄漏、断裂，潜在的受伤和死亡，后果等级为 5 级。后果发生的频率为 $5\times10^{-5}\,a^{-1}$。根据后果等级 5 级和频率 $5\times10^{-5}\,a^{-1}$，查询图 3-10 风险矩阵，风险等级为中风险，要求：可选择性地采取行动。

分析小组决定安装一个独立的 SIF，当检测到超压时，联锁打开放空阀。放空阀具有独立的放空管线，同样在放空阀下考虑增加氮气吹扫。该 SIF 的设置见图 3-15 粗线部分，其 PFD 为 $1\times10^{-2}$。对于场景，SIF 将释放事件的频

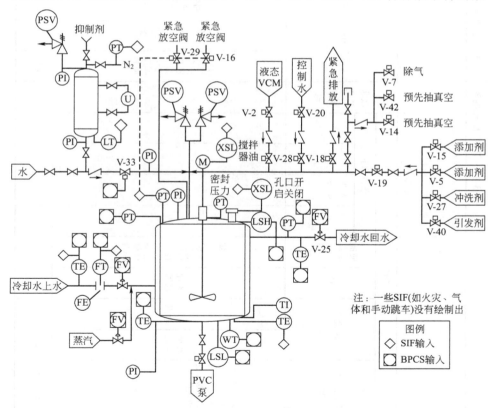

图 3-15　VCM 生产 PVC 工艺简化 P&ID 图（增加 IPL 后）

表 3-17 PVC 反应器冷却水失效案例 LOPA 记录表

场景编号:1　设备编号:　场景名称:冷却水失效,反应失控,潜在的反应器超压,泄漏,断裂,潜在的受伤和死亡　LOPA 分析小组人员:　参考资料:　时间:

| 后果描述/等级 | 风险容忍标准 | IE | 使能事件或条件 | 点火概率 | 人在影响区的概率 | 致死概率 | 其他 | 减缓前果频率 | BPCS | SIF | 其他防护措施 | 所有IPL总PFD | 减缓后后果频率 | 是否满足风险容忍标准 | 满足风险容忍标准所采取的行动 | 备注 |
|---|---|---|---|---|---|---|---|---|---|---|---|---|---|---|---|---|
| | | | | | 条件修正 | | | | | IPL | | | | 参考资料: | 参考资料: | 参考资料: |
| 反应失控,潜在的反应器超压,泄漏,断裂,受伤和死亡 | 要求采取行动 $>1\times10^{-4}$ / 容忍 $<1\times10^{-6}$ | 冷却水损失 | 冷却水损失引起反应失控的反应器条件(年基础) | | | | | | 回路反应器高温报警,添加抑制剂 | SIF(将要增加,见行动) | 操作人员行动:其他操作人员不能作为独立经确认的保护层一人员;紧急冷却系统(蒸汽涡轮机):不能因为多共因失效当作独立保护层,有的元件(管线,阀门,套管等)可引起初始的冷却水失效 | | | 是,通过增加SIF | 满足风险容忍标准所要求采取的行动 | ①反应器增加一个SIF:安装一时在高压时打开的放空阀,具有不大于$1\times10^{-2}$的PFD的SIF,放空阀具有一个独立的放空管道 ②对于每一个安全阀有安装独立的放空管线 ③在所有放空阀/安全阀下考虑用N₂吹扫 ④负责人/组/人员及日期 |
| 等级 5<br>概率/频率/a | $>1\times10^{-4}$<br>$<1\times10^{-6}$ | $1\times10^{-1}$ | 0.5 | — | — | — | — | $5\times10^{-2}$ | $1\times10^{-1}$ | $1\times10^{-2}$ | $1\times10^{-2}$ | $1\times10^{-5}$ | $5\times10^{-7}$ | | | |

率从 $5 \times 10^{-5} a^{-1}$ 降低到 $5 \times 10^{-7} a^{-1}$。根据图 3-10 风险矩阵，对于后果等级 5 级、频率为 $5 \times 10^{-7} a^{-1}$ 的事件，风险等级为低风险，不需采取行动。

本案例 LOPA 记录表如表 3-17 所示。

## 参考文献

[1] CCPS. Layer of Protection Analysis, Simplified Process Risk Assessment [M]. New York: American Institute of Chemical Engineers, Center for Chemical Process Safety, 2001.

[2] IEC. IEC 61511 Functional Safety: Safety Instrumented Systems for the Process Industry Sector [S]. Geneva: International Electrotechnical Commission, 2016.

[3] 过程工业领域安全仪表系统的功能安全：GB/T 21109—2007 [S].

[4] Functional safety of electrical/electronic/programmable electronic safety-related systems—Part 4: Definitions and abbreviations: IEC 61508-4: 2010 [S].

[5] 保护层分析（LOPA）应用指南：GB/T 32857—2016 [S].

[6] CCPS. Guidelines for Safe Automation of Chemical Processes [M]. New York: American Institute of Chemical Engineers, Center for Chemical Process Safety, 1998.

[7] CCPS. Guidelines for Safe and Reliable Instrumented Protective Systems [M]. New York: American Institute of Chemical Engineers, Center for Chemical Process Safety, 2007.

[8] CCPS. Guidelines for hazard evaluation procedures: third edition [M]. New York: American Institute of Chemical Engineers, Center for Chemical Process Safety, 2008.

[9] Functional safety—Safety instrumented systems for the process industry sector: IEC 615111 [S]. International Electrotechnical Commission, 2003.

[10] Bridges B W, Clark T. Keyissues with implementing LOPA ( layer of protection ananlysis )—perspective from one of the originators of LOPA [G]. 5th Global Congress on Process safety, 2009.

[11] Dowell M A. Layer of protection analysis for determining safety integrity level [J]. ISA Transactions, 1998, 37 ( 3 )：155-165.

[12] CCPS. Layer of Protection Analysis: Simplified Process Risk Assessment [M]. New Jersey: Wiley-AIChE, 2001.

# 第四章

# 安全仪表系统工程设计

英国健康和安全执行局（Health and Safety Executive，HSE）对 34 个直接由安全相关系统失效造成的事故进行了调查发现，44%的事故是由于不正确的安全要求规格书引起的，15%的事故是由于设计不足和实施不规范引起的[1]。可见，安全要求规格书的深度与准确对安全仪表系统的安全性能至关重要，不合适或错误的安全要求规格书将会造成系统性失效。在工程设计环节，SIF 回路结构设计非常关键，影响到 SIL 要求的实现。

## 第一节　工程设计概述

安全仪表系统的概念自 IEC 61508 和 IEC 61511 提出以来，一直为石油化

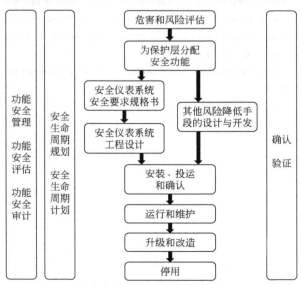

图 4-1　安全仪表系统的全生命周期管理框图

工企业所积极倡导[2~5]。然而生产装置要增设安全仪表系统，需要业主单位、工程设计单位内部各个专业（如：化工专业、工艺专业、安全专业、仪表专业等）及自动化系统集成商密切配合，其专业化程度高、流程长。图 4-1 为安全仪表系统的全生命周期管理框图。对安全仪表系统工程设计来说，其需要覆盖危害和风险评估、为保护层分配安全功能、安全仪表系统安全要求规格书、安全仪表系统工程设计等环节。

本章以重点监管的危险化工工艺——加氢工艺为例，从工艺的危险性、安全监控参数及安全控制基本要求，同时以加氢工艺装置的安全仪表系统工程设计过程为核心，介绍安全仪表系统的现场仪表选型、逻辑控制器硬件设计、安全联锁逻辑设计等内容。

# 第二节　安全要求规格书

安全仪表系统安全要求规格书（SRS）用于明确化工装置在危险和风险评估分析活动期间识别出的 SIF 安全要求，规定 SIS 执行的所有功能活动的要求，并对每个 SIF 的功能安全要求和安全完整性要求进行说明[6,7]。安全要求规格书中所有 SIF 的功能设计均应满足《化工企业工艺安全管理实施导则》（AQ/T 3034—2010）的相关要求。详细工程设计单位应遵循适用的相关法律和法规要求。本书附录为国内某知名石油化工企业的 SRS，读者可以结合具体装置的实际情况，选择使用。

SRS 是 SIS 设计的依据和基础性文件，包括由 SIS 执行的 SIF 所有的功能要求和安全完整性要求。SRS 编制是 SIS 安全生命周期（见图 4-1）中非常重要的一个环节，其内容应在企业风险可接受标准下，依据危害和风险评估、独立保护层辨识得出的风险降低要求，同时考虑良好的工程实践（例如：现有控制产品功能、防护技术等）加以确定。

SRS 的编制工作从收集 SRS 编制所需的文件资料开始，然后创建 SRS 通用要求并识别例外项，接下来再创建安全仪表系统的因果矩阵，直至最后完成 SRS 检查表。具体编制流程见图 4-2。安全要求规格书包括通用要求、特别说明及参考图纸。其中通用要求是 SRS 的规范性要求，符合 SIF 分配及危害和风险评估期间识别出的 SIL 定级要求。SRS 的编制应易于使用安全生命周期各阶段信息的人员理解，在表达上要清晰、准确、可验证、可保持且可行。需要注意的是，SIS 能执行非安全仪表功能以保证受控过程有序地停车或较快地启动，但这种顺控功能应与安全仪表功能分开。

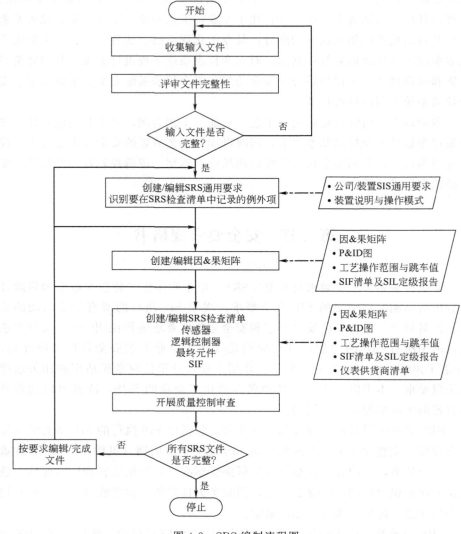

图 4-2　SRS 编制流程图

## 一、安全仪表功能安全要求

SIF 安全要求[8,9]包括通用要求、逻辑控制要求和仪表工作表。

### 1. 通用要求

① 实现所要求功能安全必需的所有 SIF 说明（例如：因果图、逻辑叙述）。

② 与各 SIF 有关的输入和输出设备清单，可依据设备位号进行识别（例

如：现场位号一览表）。得电跳车或失电跳车动作，尤其是模拟对比数字（开关）输入。通用要求的例外情况会以特别说明的方式列出。此外，每种输入和输出设备的特定输入和输出模式会在逻辑控制器说明（例如：因果图）和检查表中给出。

③ 识别并考虑共因失效要求。

④ 给出各种识别出的 SIF 过程安全状态的定义。这样一来，便可以实现稳定状态，避免或充分减缓指定的危险事件。

⑤ 单一安全过程状态的确定。它们同时出现时，会产生不同的危害（例如：应急储存过载时，会有多种泄放去往火炬系统）。

⑥ 与检验测试间隔有关的要求。

⑦ 与检验测试实施有关的要求。

⑧ 各 SIF 在过程安全时间内将工艺过程置于安全状态的响应时间要求。

⑨ SIS 过程测量、范围、准确度和跳车值说明。

⑩ SIF 过程输出动作及有效运行的标准说明（例如：阀门泄漏率）。

⑪ 各 SIF 的手动关停要求。

⑫ 与各 SIF 得电跳车或失电跳车有关的要求。

⑬ 停车之后各 SIF 的复位要求（例如：跳车之后最终元件的手动、半自动，或者自动复位要求）。

⑭ 各 SIF 的最高允许误跳车率。

⑮ 各 SIF 的失效模式及 SIS 的预计响应（例如：报警、自动关停）。最终元件动力中断时的动作（例如：故障安全）。

⑯ 与 SIS 启动或重启程序有关的具体要求。

⑰ SIS 与其他系统（包括基本过程控制系统和操作员）之间的所有接口。

⑱ 旁路要求，包括打旁路期间使用的书面程序（描述旁路如何管控及后期摘除）。

⑲ 检测到 SIS 出现故障并考虑所有相关人为因素情况下，实现或保持过程安全状态所必需的动作规范。

⑳ SIS 的平均恢复时间，需要考虑运行时间、位置、备件持有、服务合同、环境限制等因素。

㉑ 识别需要避免的 SIS 输出状态的各种危险组合。

㉒ SIS 在运送、安装和运行期间可能遇到的各种极端环境条件。需要考虑的内容包括但不限于：温度、湿度、污染物、接地、电磁干扰/射频干扰（EMI/RFI）、冲击、振动、静电、电气（防爆）区域分类、洪水、闪电，以及其他因素。

**2. 逻辑控制要求**

① 过程输入与输出之间的功能关系，包括针对各 SIF 的逻辑、数学功能及所要求的许可。

② IEC 61511 标准 10.3.2 条款所列的应用程序安全要求。

应用软件的组态宜采用功能逻辑图或布尔逻辑表达式。应用软件的组态应使用制造厂的标准组态工具软件。应用软件的安全控制应包括应用软件设计、组态、编程、硬件软件集成、运行、维护、管理等。应用软件组态编程应进行离线测试后方可下载投入运行。应用软件宜采用光盘进行数据复制。磁介质文件的复制应防止病毒。应用软件应做本地备份和异地备份。应用软件组态编程应与功能逻辑图、因果图或逻辑叙述一致。

③ 装置整体（例如，装置开车）和单一装置操作程序（例如，设备维护、传感器校准或修理）正常与异常模式的识别。为了支持此类运行模式，有可能需要额外的 SIF。

**3. 仪表工作表**

① 装置运行模式说明及各种模式下的 SIF 要求。IEC 61508 中，定义了安全仪表系统三种操作模式：低操作要求模式、高操作要求模式和连续（操作）要求模式。IEC 61511 没有提及高操作要求模式。具体判断 SIF 属于哪种操作模式，除了将一年作为模式分割点外，另外一种 SIF 操作模式的确定可按以下对比关系进行判断：操作要求时间间隔（demand interval，DI）与 SIS 自动诊断时间间隔（auto diagnostic interval，ADI）和 SIS 检验测试时间间隔（proof test interval，PTI）的对应关系。SIF 操作模式与时间间隔的关系对比见表 4-1。

表 4-1 SIF 操作模式与时间间隔的关系对比

| 操作模式 | 操作要求时间间隔(DI)对比<br>自动诊断时间间隔(ADI) | 操作要求时间间隔(DI)对比<br>检验测试时间间隔(PTI) |
|---|---|---|
| 连续（操作）要求 | DI≤ADI | DI≤PTI |
| 高操作要求 | DI>ADI | DI≤PTI |
| 低操作要求 | DI>ADI | DI>PTI |

② 幸免于重大事故所必需的安全功能要求的定义（例如：发生火灾时，阀门保持运行状态所需要的时间）。

## 二、SRS 安全完整性要求

① 各 SIF 的假定要求来源和要求率。

② 各 SIF 所要求的安全完整性等级（SIL）和操作模式（要求模式或连续模式）。

## 三、SRS 参考文件

除 SIF 安全要求、安全完整性要求外，SRS 应包括参考文件。参考文件是 SRS 不可或缺的一部分，为化工（危险化学品）装置的安全设计提供了依据。

① SIF 清单，各种功能的描述、输入、输出、逻辑控制器及相关逻辑。

② 带控制点的工艺管道与仪表流程图（P&ID）。

③ SIS 总体结构和概念设计。

④ SIS 逻辑控制器文件，包括供货商提供的安全手册。

⑤ SIF 功能逻辑说明：通常是指因果图或功能块逻辑图或者逻辑控制说明。逻辑说明提供 SIS 执行的完整逻辑，包括 SIS 输入的操作范围及跳车值。

⑥ SIS 评估报告（含 LOPA、SIL 定级、SIL 验证），包括 SIF 的要求来源（向 SIF 提出要求的初始事件或原因）和要求率。

⑦ 装置说明和运行模式，包括维护、修理、测试和重启。若此类运行模式的正确执行需要额外设备，则可在 SIS 功能逻辑说明中列出。

# 第三节　安全仪表系统设计原则

安全仪表系统的工程设计必须遵循 GB/T 20438《电气/电子/可编程电子安全相关系统的功能安全》、GB/T 21109《过程工业领域安全仪表系统的功能安全》和 GB/T 50770《石油化工安全仪表系统设计规范》等标准。GB/T 50770 对 SIS 组成中检测仪表、最终元件、逻辑控制器、人机接口等部分的设计明确了主要原则。

## 一、检测仪表

检测仪表[9]包括模拟量和开关量两种类型仪表，应优先采用模拟量检测仪表，如压力、差压、差压流量、差压液位、温度变送器，不应采用开关仪表。检测仪表应由安全仪表系统供电。通常要遵照以下设计规定：检测仪表宜采用 4～20mA＋HART 的智能变送器；爆炸危险场所优先使用隔爆型仪表；

现场安装检测仪表防护等级不应低于 IP65；检测仪表及取源点宜独立设置；不应采用现场总线或其他通信方式作为 SIS 的输入信号。在是否独立设置和冗余设置上，则可按照以下原则开展相应设计：SIF 为 SIL 1 等级的检测仪表可与 BPCS 共用，可采用单一检测仪表；SIF 为 SIL 2 等级的检测仪表宜与 BPCS 分开，宜采用冗余检测仪表；SIF 为 SIL 3 等级的检测仪表应与 BPCS 分开，应采用冗余检测仪表。在冗余方式选择上，当系统要求高安全性时，应采用"或"逻辑结构；当系统要求高可用性时，应采用"与"逻辑结构；当系统要求兼顾高安全性和高可用性时，应采用三取二（2oo3）逻辑结构。

## 二、最终元件

最终元件[9]包括控制阀（调节阀、切断阀）、电磁阀、电动机等执行设备。与检测仪表一样，通常要遵照以下设计规定：最终元件宜采用气动控制阀，不宜采用电动控制阀；气动控制阀执行安全仪表功能时，SIS 应优先动作，也就是说调节阀带的电磁阀应安装在定位器和执行机构之间，切断阀带的电磁阀应安装在执行机构上。电磁阀电源应由 SIS 提供。气动控制阀宜采用弹簧复位单汽缸执行机构，当采用双汽缸执行机构时，宜配空气储罐或专用仪表气源管线；爆炸危险场所优先使用隔爆型电磁阀、阀位开关；现场安装电磁阀、阀位开关防护等级不应低于 IP65。在是否独立设置和冗余设置上，则可按照以下原则开展相应设计：SIF 为 SIL 1 等级的控制阀可与 BPCS 共用，但 SIS 应优先动作，可采用单一控制阀；SIF 为 SIL 2 等级的控制阀宜与 BPCS 分开，宜采用冗余控制阀；SIF 为 SIL 3 等级的控制阀应与 BPCS 分开，应采用冗余控制阀。在冗余方式选择上，控制阀冗余可采用一个调节阀和一个切断阀，也可采用两个切断阀；当系统要求高安全性时，冗余电磁阀宜采用"或"逻辑结构；当系统要求高可用性时，冗余电磁阀宜采用"与"逻辑结构。

控制阀的冗余设置并不表示冗余设置就对应安全完整性等级。不能冗余配置控制阀的场合，采用单一控制阀，但配套的电磁阀宜冗余配置。电磁阀应优先选用耐高温（H 级）绝缘线圈，长期带电型，隔爆型。在化工工艺过程正常运行时，电磁阀应励磁（带电）；在化工工艺过程非正常运行时，电磁阀应非励磁（失电）。控制阀与电磁阀配置如图 4-3 所示。

图 4-3 中，SOV 为电磁阀，电磁阀励磁，A-B 通，控制阀开；电磁阀非励磁，B-C 通，控制阀关。

当要求高安全性时，可选用图 4-4 所示的配置方式。

图 4-4 中，当电磁阀 1 励磁，A-B 通，电磁阀 2 励磁，A-B 通，控制阀

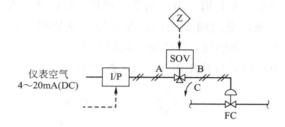

(a) 调节阀带电磁阀

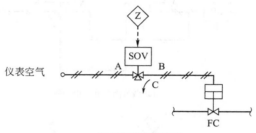

(b) 切断阀带电磁阀

图 4-3 控制阀与电磁阀配置示意
Z—电流；FC—气开阀

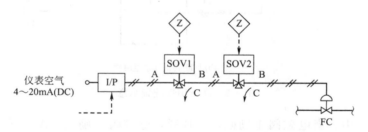

(a) 调节阀带冗余电磁阀

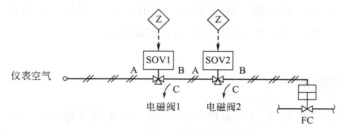

(b) 切断阀带冗余电磁阀

图 4-4 高安全性配置示意

开；当电磁阀 1 励磁，A-B 通，电磁阀 2 非励磁，B-C 通，控制阀关；当电磁阀 1 非励磁，B-C 通，电磁阀 2 励磁，A-B 通，控制阀关；当电磁阀 1 非励磁，B-C 通，电磁阀 2 非励磁，B-C 通，控制阀关。

当要求高可用性时，可选用图 4-5 所示配置方式。

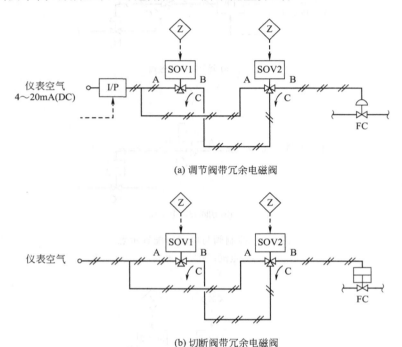

(a) 调节阀带冗余电磁阀

(b) 切断阀带冗余电磁阀

图 4-5　高可用性配置示意

图 4-5 中，当电磁阀 1 励磁，A-B 通，电磁阀 2 励磁，A-B 通，控制阀开；当电磁阀 1 励磁，A-B 通，电磁阀 2 非励磁，B-C 通，控制阀开；当电磁阀 1 非励磁，B-C 通，电磁阀 2 励磁，A-B 通，控制阀开；当电磁阀 1 非励磁，B-C 通，电磁阀 2 非励磁，B-C 通，控制阀关。

## 三、逻辑控制器

逻辑控制器[9]宜采用可编程电子系统。对于输入输出点数较少、逻辑功能简单的场合，逻辑控制器可采用继电器系统。逻辑控制器也可采用可编程电子系统和继电器系统混合构成。安全仪表系统的逻辑控制器应取得权威机构的功能安全认证。与检测仪表、最终元件一样，通常要遵照以下设计规定：当逻辑控制器为可编程电子系统时，逻辑控制器总响应时间宜为 $100\sim300\text{ms}$（总响应时间指信号从进逻辑控制器到出逻辑控制器所需的全部时间）；逻辑控制器的中央处理单元负荷不应超过 $50\%$；逻辑控制器的内部通信负荷不应超过 $50\%$，若采用以太网的通信负荷不应超过 $20\%$。在是否独立设置和冗余设置上，则可按照以下原则开展相应设计：SIF 为 SIL 1 等级的逻辑控制器宜与 BPCS 分开，可采用冗余逻辑控制器；SIF 为 SIL 2 等级的逻辑控制器应与 BPCS 分开，宜采用冗余逻辑控制器；SIF 为 SIL 3 等级的逻辑控制器应与 BPCS 分开，应采用冗余逻辑控制器。

在具体配置设计时，逻辑控制器的软硬件版本应是正式发布的；逻辑控制器的中央处理单元、I/O 单元、电源单元、通信单元等应是独立的单元，应允许在线更换单元而不影响逻辑控制器的正常运行；逻辑控制器应有软件及硬件诊断和测试功能，诊断和测试信息应在工程师站和/或操作员站显示、记录；逻辑控制器的系统故障宜在 SIS 的操作员站报警，也可在 BPCS 的操作员站报警。在接口配置上则需关注 I/O 卡信号通道应带光电或电磁隔离，I/O 卡不应采用现场总线数字信号；检测同一过程变量的多台检测仪表信号宜接到不同的输入卡件；冗余的最终元件应接到不同的输出卡件，每一个输出信号通道应只接一个最终元件。

逻辑控制器的总响应时间包括通信时间、输入处理时间、输入扫描时间、CPU 扫描时间、应用程序执行时间、输出扫描时间、输出处理时间、通信时间。而对 SIF 来说，安全仪表系统的总响应时间则需要包括变送器响应时间（$0.1\sim5\text{s}$）、输入关联设备时间（$0.1\text{s}$）、逻辑控制器响应时间（$0.1\sim1\text{s}$）、输出关联设备时间（$0.1\sim1\text{s}$）、最终元件动作时间（$0.2\sim30\text{s}$）。

## 四、SIF 结构设计

在功能安全领域，SIF 回路在设计时，要考虑结构约束。结构约束用最低的"硬件故障裕度"或称"硬件故障容错"（hardware fault tolerance，HFT）表征，代表了设备或子系统在构成 SIF 回路时从硬件结构上对安全完整性等级的限制。不论"经验使用"还是"IEC 61508 认证"的选型原则，都是基于"要求时危险失效平均概率"（$\text{PFD}_{\text{avg}}$），确定设备或子系统的"SIL 能力"。$\text{PFD}_{\text{avg}}$ 衡量随机性失效（random failure）对安全完整性的影响。考虑到系统性失效（systematic failure）对安全完整性的影响，以及随机失效率数据的准确性等因素，有必要从结构配置上做出约束和限制[10-13]。

在过程工业，执行 SIF 的子系统通常可以划分为 PE 逻辑控制器以及传感器、最终元件和非 PE 逻辑控制器两类。这两类子系统根据其结构的复杂度与失效模式是否可知,可以分为 A 型子系统与 B 型子系统[5,14]。

当一个设备用于执行安全功能的部件同时符合下列条件时,该设备定义为 A 型子系统:所有组成部件的失效模式都被准确地定义;子系统处于故障状态的行为能够被完全确定;有充分的来自现场经验的可信失效率数据,能够表明所声称的检测出的危险失效率和未检测出的危险失效率符合实际情况。可见,A 型子系统是指结构简单的常用设备,例如阀门、继电器、检测开关等。

当一个设备用于执行安全功能的部件符合下列条件之一时,定义为 B 型子系统:至少有一个组成部件的失效模式不能被准确地定义;子系统处于故障状态的行为不能够被完全确定;没有充分的来自现场经验的可信失效率数据,能够支持所声称的检测出的危险失效率和未检测出的危险失效率符合实际情况。可见,B 型子系统是指结构复杂的或者采用微处理器技术的设备,例如可编程逻辑控制器、智能变送器等。

A 型子系统结构约束见表 4-2。

**表 4-2　A 型子系统结构约束**

| 安全失效分数/% | 硬件故障裕度 HFT[①] | | |
|---|---|---|---|
| | 0 | 1 | 2 |
| <60 | SIL 1 | SIL 2 | SIL 3 |
| 60~90 | SIL 2 | SIL 3 | SIL 4 |
| 90~99 | SIL 3 | SIL 4 | SIL 4 |
| >99 | SIL 3 | SIL 4 | SIL 4 |

① HFT 为 $N$,意味着 $N+1$ 故障将导致安全功能的丧失。

B 型子系统结构约束见表 4-3。

**表 4-3　B 型子系统结构约束**

| 安全失效分数/% | 硬件故障裕度 HFT[①] | | |
|---|---|---|---|
| | 0 | 1 | 2 |
| <60 | 不允许 | SIL 1 | SIL 2 |
| 60~90 | SIL 1 | SIL 2 | SIL 3 |
| 90~99 | SIL 2 | SIL 3 | SIL 4 |
| >99 | SIL 3 | SIL 4 | SIL 4 |

① HFT 为 $N$,意味着 $N+1$ 故障将导致安全功能的丧失。

对 HFT 的定义,过程工业特别强调对危险故障的容错。IEC 61511 将

HFT 定义为：当部件或子系统的硬件中存在一个或多个危险故障时，部件或子系统能够持续执行所要求 SIF 的能力。例如，HFT 为 1，表示有两个部件或子系统，它们组成这样的结构形式：当其中任一个出现危险性失效时，不会妨碍安全动作的实现。

IEC 61511 要求：SIF 的传感器、逻辑控制器和最终元件应有最小的硬件故障裕度。定义最低 HFT 是为了弥补 SIF 设计中由于一系列假设或者在失效率选择时的不确定性造成的潜在缺陷。设置 HFT 的要求，代表了部件或子系统最小的冗余策略。

（1）PE 逻辑控制器的最低 HFT　见表 4-4。

表 4-4　PE 逻辑控制器的最低 HFT

| SIL | 最低 HFT | | |
|---|---|---|---|
| | SFF<60% | 60%≤SFF≤90% | SFF>90% |
| 1 | 1 | 0 | 0 |
| 2 | 2 | 1 | 0 |
| 3 | 3 | 2 | 1 |
| 4 | 参照 IEC 61508 的特别规定 | | |

（2）其他子系统的最低 HFT　除 PE 逻辑控制器以外的所有子系统（例如传感器、最终元件和非 PE 逻辑控制器）的最低 HFT 见表 4-5 所示。

表 4-5　传感器、最终元件和非 PE 逻辑控制器的最低 HFT

| SIL | 最低 HFT | SIL | 最低 HFT |
|---|---|---|---|
| 1 | 0 | 3 | 2 |
| 2 | 1 | 4 | 参照 IEC 61508 的特别规定 |

表 4-5 定义了传感器、最终元件和非 PE 逻辑控制器故障容错的基本水平，SFF 不作为限定条件。IEC 61511 强调，只有当这些子系统的主导失效模式是置于安全状态（故障安全），或者危险失效能够被检测出来时，才适用表 4-5。如果不能满足这些前提条件，HFT 应该加 1。

不过 IEC 61511 也规定，当满足下列所有条件时，表 4-5 中的 HFT 可以减 1。

① 设备的硬件是按照经验使用的原则选型的。

② 设备仅允许调整与过程有关的参数。例如测量量程、失效时偏置到量程上限，或者失效时偏置到量程下限。

③ 与过程有关参数的调整是受权限保护的。例如通过跳线（jumper）或密码防护。

④ SIL 要求低于 SIL 4。

在 SIS 的工程设计中，要确认 SIF 是否满足所要求的 SIL，一是通过故障模式和影响分析，计算出回路的 $PFD_{avg}$ 值；二是遵循结构约束的规定。

### 1. 典型的 SIL 1 结构

如图 4-6 所示，该安全功能采用单的（1oo1 表决）传感器、三通电磁阀（SOV），以及单的（1oo1 表决）切断阀，其中切断阀没有特别的密闭性要求。逻辑控制器可采用安全控制系统，也可在小型场合采用独立的继电器、常规 PLC 等安全可靠的产品。

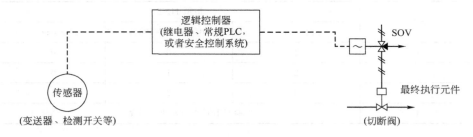

图 4-6　典型的 SIL 1 结构

图 4-6 满足的结构约束要求见表 4-6。采用"故障安全"（fail safe）设计原则，即正常操作时为逻辑 1（检测开关闭合，电磁阀带电），联锁动作时为逻辑 0（电磁阀失电）；气源失气时，切断阀关闭（假设正常操作时阀门打开）。

表 4-6　图 4-6 满足的结构约束要求

| 子系统 | 结构 | HFT | SIL 能力 | 备注 |
|---|---|---|---|---|
| 压力开关 | 1oo1 | 0 | SIL 1 | 表 4-5 |
| 安全控制系统① | 1oo2D | 1 | SIL 2 | 表 4-4，60％≤SFF≤90％ |
| 电磁阀 | 1oo1 | 0 | SIL 1 | 表 4-5 |
| 切断阀 | 1oo1 | 0 | SIL 1 | 表 4-4 |
| 结构约束决定的 SIL | | | | SIL 1 |

① SIL 能力满足 SIL 2 等级的安全控制系统。

### 2. 典型的 SIL 2 结构

如图 4-7 所示，该安全功能采用冗余的（1oo2 表决）变送器；逻辑控制器的输出一路控制切断阀，另一路切断 BPCS 的调节阀（两路组合结构统称最

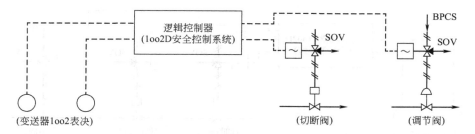

图 4-7 典型的 SIL 2 结构

终元件）。逻辑控制器采用 1oo2D 安全控制系统。

图 4-7 满足的结构约束要求见表 4-7。采用"故障安全"（fail safe）设计原则，即正常操作时为逻辑 1（假设检测压力高高限，变送器故障时偏置到量程上限；电磁阀带电），联锁动作时为逻辑 0（电磁阀失电）；气源失气时，切断阀关闭（假设正常操作时阀门打开）。

**表 4-7 图 4-7 满足的结构约束要求**

| 子系统 | 结构 | HFT | SIL 能力 | 备注 |
|---|---|---|---|---|
| 变送器 | 1oo2 | 1 | SIL 2 | 表 4-5 |
| 安全控制系统① | 1oo2D | 1 | SIL 3 | 表 4-4，SFF＞90％ |
| 电磁阀 1 | 1oo1 | 0 | SIL 1 | 表 4-5 |
| 切断阀 | 1oo1 | 0 | SIL 1 | 表 4-5 |
| 电磁阀 2 | 1oo1 | 0 | SIL 1 | 表 4-5 |
| 调节阀 | 1oo1 | 0 | SIL 1 | 表 4-5 |
| 最终元件 | 1oo2 | 1 | SIL 2 | 表 4-5 |
| 结构约束决定的 SIL | | | SIL 2 | |

① SIL 能力满足 SIL 3 等级的安全控制系统。

### 3. 典型的 SIL 3 结构

如图 4-8 所示，该安全功能采用冗余的（1oo2 表决）变送器（通过功能安全认证的智能变送器，SFF＞90％）；逻辑控制器的输出两路控制切断阀，另一路切断 BPCS 的调节阀（三路组合结构统称最终元件）。逻辑控制器采用 1oo2D 安全控制系统。

图 4-8 满足的结构约束要求见表 4-8。采用"故障安全"（fail safe）设计原则，即正常操作时为逻辑 1（假设检测压力高高限，智能变送器故障时偏置到量程上限；电磁阀带电），联锁动作时为逻辑 0（电磁阀失电）；气源失气时，切断阀关闭（假设正常操作时阀门打开）。

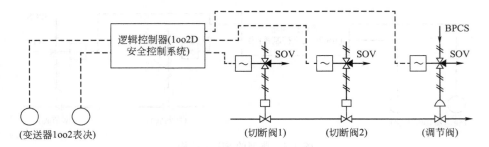

图 4-8 典型的 SIL 3 结构

表 4-8 图 4-8 满足的结构约束要求

| 子系统 | 结构 | HFT | SIL 能力 | 备注 |
|---|---|---|---|---|
| 变送器 | 1oo2 | 1 | SIL 3 | 表 4-3,B 型,SFF>90% |
| 安全控制系统① | 1oo2D | 1 | SIL 3 | 表 4-4,SFF>90% |
| 电磁阀 1 | 1oo1 | 0 | SIL 1 | 表 4-5 |
| 切断阀 1 | 1oo1 | 0 | SIL 1 | 表 4-5 |
| 电磁阀 2 | 1oo1 | 0 | SIL 1 | 表 4-5 |
| 切断阀 2 | 1oo1 | 0 | SIL 1 | 表 4-5 |
| 电磁阀 3 | 1oo1 | 0 | SIL 1 | 表 4-5 |
| 调节阀 | 1oo1 | 0 | SIL 1 | 表 4-5 |
| 最终元件 | 1oo3 | 2 | SIL 3 | 表 4-5 |
| 结构约束决定的 SIL | | | SIL 3 | |

① SIL 能力满足 SIL 3 等级的安全控制系统。

## 五、人机接口

安全仪表系统的人机接口[6]包括操作员站、工程师站、事件顺序记录站、辅助操作台等。安全仪表系统宜设操作员站。操作员站可采用安全仪表系统的操作员站,也可采用基本过程控制系统的操作员站。在操作员站失效时,安全仪表系统逻辑处理功能不应受影响。操作员站不应修改安全仪表系统的应用软件。操作员站设置的软旁路开关应加键锁或口令保护,并应设置旁路状态报警并记录。操作员站应提供程序运行、联锁动作、输入输出状态、诊断等显示、报警及记录。安全仪表系统应设工程师站。工程师站用于安全仪表系统组态编程、系统诊断、状态监测、编辑、修改及系统维护。工程师站应设不同级别的权限密码保护。工程师站应显示安全仪表系统动作和诊断状态。安全仪表系统应设事件顺序记录站。事件顺序记录站可单独设置，也可与安全仪表系统的工程师站共用。事件顺序记录站记录每个事件的时间、日期、标识、状态等。安全仪表系统应设辅助操作台。辅助操作台安装紧急停车按钮、开关、信号报警器及信号灯等。一般信号报警在操作员站显示，关键信号报警应在辅助操作台上声光显示。紧急停车按钮、开关、信号报警器等与安全仪表系统连接应采用硬接线方式。

安全仪表系统的维护旁路开关（maintenance override switch，MOS）、操作旁路开关（operational override switch，OOS）、复位按钮可采用下列方式设置：在安全仪表系统的操作员站设置软开关按钮；在基本过程控制系统的操作员站设置软开关按钮；在辅助操作台设置硬开关按钮。安全仪表系统的紧急停车按钮应设置在辅助操作台上。安全仪表系统的维护旁路开关、操作旁路开关、复位按钮、紧急停车按钮的操作应按规定程序进行，并应有报警、记录、备份。维护旁路开关（MOS）用于现场仪表和线路维护时暂时旁路信号输入，使安全仪表系统逻辑控制器的输入不受维护线路和现场仪表信号的影响。应严格限制维护旁路开关的使用。维护旁路开关在非维护时间应置于非旁路状态。维护旁路开关不应屏蔽报警功能。采用软开关的方式时，每个安全联锁单元宜设"允许"硬旁路开关。

当工艺过程变量从初始值变化到工艺条件正常值，信号状态发生改变时，应设置操作旁路开关（OOS）。通常在工艺过程开车时，输入信号还未到正常值之前，将输入信号暂时旁路，使安全仪表系统逻辑控制器不受输入信号的影响。工艺过程正常后，操作旁路开关必须置于非旁路状态，保持安全仪表系统逻辑控制器正常运行。应当严格限制操作旁路开关的使用。维护旁路开关、操作旁路开关均应设置在输入信号通道上，维护旁路开关、操作旁路开关的动作应有报警、记录和显示。紧急停车按钮应采用硬接线方式与安全仪表系统连接。紧急停车按钮不应设维护及操作旁路开关。旁路操作时应始终保持对工艺过程状态的检测和指示。旁路操作应有操作规程，应仅限于正常工艺过程操作范围之内，不能代替或用作安全保护层功能。MOS是仪表技术人员使用，OOS是工艺操作人员使用；MOS是对变送器的旁路，OOS是对安全仪表功能的旁路；MOS用于变送器检修或更换，OOS用于因工艺原因要解除安全仪表功能。

## 第四节　加氢工艺安全仪表系统设计

加氢反应是石油化工、精细化工和医药化工生产过程中常见的化学单元反应，它是指有机化合物在一定温度、压力和催化剂的作用下与氢气的反应。工业上主要的加氢反应类型有：不饱和键加氢、氢解、含氧化合物加氢、含氮化合物加氢、芳环化合物加氢、油品加氢等。加氢反应为强烈的放热反应，大部分是在高温、高压条件下进行，具有反应温度高、压力大、放热量大、升温快等特点。

图 4-9 为间歇加氢反应釜工艺流程示意图。

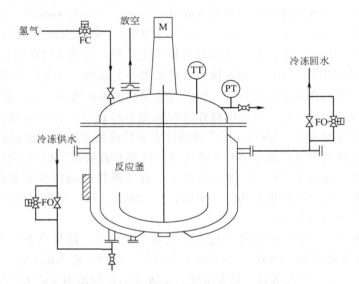

图 4-9　间歇加氢反应釜工艺流程示意图

按照国家安全监管总局 2009 年公布的《国家安全监管总局关于公布首批重点监管的危险化工工艺目录的通知》（安监总管三〔2009〕116 号）文件（简称《通知》）要求："化工企业要按照《首批重点监管的危险化工工艺目录》、《首批重点监管的危险化工工艺安全控制要求、重点监控参数及推荐的控制方案》要求，对照本企业采用的危险化工工艺及其特点，确定重点监控的工艺参数，装备和完善自动控制系统，大型和高度危险化工装置要按照推荐的控制方案装备紧急停车系统。"《通知》中列明了 15 种危险工艺，包含"8. 加氢工艺"，同时明确了重点监管的危险化工工艺中加氢工艺的安全控制要求、重点监控参数及推荐的控制方案。

加氢是在有机化合物分子中加入氢原子的反应，涉及加氢反应的工艺过程为加氢工艺，主要包括不饱和键加氢、芳环化合物加氢、含氮化合物加氢、含氧化合物加氢、氢解等。加氢工艺反应类型属于放热反应，工艺中重点监控单元主要包括加氢反应釜、氢气压缩机等工序。通知中明确典型工艺包括：①不饱和炔烃、烯烃的叁键和双键加氢；环戊二烯加氢生产环戊烯等；②芳烃加氢；苯加氢生成环己烷，苯酚加氢生产环己醇等；③含氧化合物加氢：一氧化碳加氢生产甲醇，丁醛加氢生产丁醇，辛烯醛加氢生产辛醇等；④含氮化合物加氢：己二腈加氢生产己二胺，硝基苯催化加氢生产苯胺等；⑤油品加氢：馏分油加氢裂化生产石脑油、柴油和尾油，渣油加氢改质，减压馏分油加氢改质，催化（异构）脱蜡生产低凝柴油、润滑油、基础油等。以上这些工艺都存在以下工艺危险：①反应物料具有燃爆危险性，氢气的爆炸极限为 4％～75％（体积分数），具有高燃爆危险特性；②加氢为强烈的放热反应，氢气在高温、高压下与钢材接触，钢材内的碳分子易与氢气发生反应生成碳氢化合物，使钢制设备强度降低，发生氢脆；③催化剂再生和活化过程中易引发爆炸；④加氢反应尾气中有未完全反应的氢气和其他杂质，在排放时易引发着火或爆炸。

《通知》中明确加氢工艺重点监控工艺参数主要包括：加氢反应釜或催化剂床层温度、压力；加氢反应釜内搅拌速率；氢气流量；反应物质的配料比；系统氧含量；冷却水流量；氢气压缩机运行参数、加氢反应尾气组成等。

《通知》中对安全控制的基本要求进行了明确，主要包括：温度和压力的报警及联锁；反应物料的比例控制和联锁系统；紧急冷却系统；搅拌的稳定控制系统；氢气紧急切断系统；加装安全阀、爆破片等安全设施；循环氢压缩机停机报警和联锁；氢气检测报警装置等。

《通知》中对安全联锁与泄放等控制方式进行了细化：将加氢反应釜内温度、压力与釜内搅拌电流、氢气流量、加氢反应釜夹套冷却水进水阀形成联锁关系，设立紧急停车系统；加入急冷氮气或氢气的系统；当加氢反应釜内温度或压力超标或搅拌系统发生故障时自动停止加氢，泄压，并进入紧急状态；安全泄放系统。

## 一、油品加氢精制

以某企业汽柴油加氢装置为例。该装置加工原料为焦化汽油、焦化柴油、常压柴油和催化柴油。主要产品为优质柴油和石脑油，副产少量液化气和酸性气，整个装置主要由加氢反应部分、分馏部分及公用工程部分组成。其中，加氢反应部分主要包括原料油过滤器、加氢进料泵、反应进料加热炉、加氢进料反应器、反应部分高压换热器、高压空冷器、脱盐水罐、冷高压分离器、冷低压分离器、循环氢压缩机、中和清洗等部分；分馏部分主要包括稳定塔、稳定塔回流部分、产品分馏塔、产品分馏塔回流部分、产品分馏塔塔底重沸炉、精制柴油分馏塔进行换热器、精制柴油空冷器等部分；公用工程部分主要包括注缓蚀剂和硫化机、氮气、低压蒸汽、凝结水、燃料气分液罐、非净化风与净化风、循环回给水与生产水、地下污油罐、防空等部分。

加氢处理反应是在高温、高压条件下进行，因此加氢处理单元需要特殊的反应器。其主要反应过程包括加氢脱硫反应（HDS）、加氢脱氮反应（HDN）、烯烃饱和反应、芳烃饱和反应等。在反应的过程中，对结果产生影响的主要因素包括：原料油性质、反应器床层温度、反应氢分压、催化剂、氢油比、空速等。

### 1. 加氢反应部分

汽柴油加氢装置工艺流程框图如图 4-10 所示。

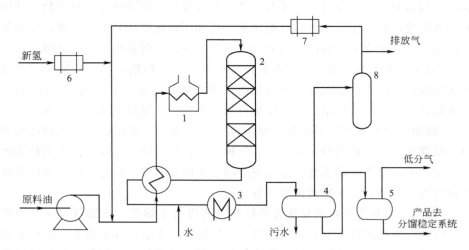

图 4-10　汽柴油加氢装置工艺流程框图

1—反应加热炉；2—反应器；3—空冷器；4—高压分离器；5—低压分离器；
6—新氢压缩机；7—循环氢压缩机；8—分液罐

焦化汽油、焦化柴油和直馏柴油按比例混合，过滤后进入原料油缓冲罐，经加氢进料泵升压，在流量控制下与混合氢混合，再经反应馏出物/混合进料换热器换热进入反应加热炉。反应馏出物经反应馏出物/混合进料换热器、反应馏出物/低分油换热器依次与混合进料和低分油换热，然后经反应馏出物空冷器冷却后，进入高压分离器进行汽、油、水三相分离。

### 2. 分馏部分

分馏部分工艺流程框图如图 4-11 所示。

产品分馏塔底油经精制柴油泵升压后，依次经稳定塔底重沸器、换热器在产品分馏塔液位控制下送出装置。分馏塔热源由分馏塔底重沸炉提供。塔底油经产品分馏塔底重沸炉泵升压、分馏塔底重沸炉加热后返回塔底部。

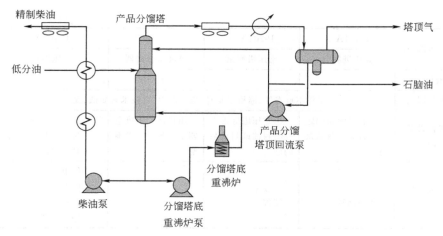

图 4-11 分馏部分工艺流程框图

产品分馏塔顶粗油换热器换热后在产品分馏塔顶回流罐液位控制下进入稳定塔进行汽、油、水分离，闪蒸出的气体送至后续装置；油相经稳定塔顶回流泵升压后分成两路，一路作为塔顶回流，另一路液态烃送至后续装置处理。

**3. 装置风险分析**

汽柴油加氢处理工艺需要苛刻的温度和压力，并且是在大量过剩的氢气存在条件下进行。典型的操作条件为平均温度 $320\sim395℃$，反应器入口压力 $6.5MPa$。反应器里高的氢分压是通过下述方法实现的：维持高的反应器总压；把富氢循环气与油一起再通过反应器；提纯一部分循环气，把补充氢加入到循环气中的目的是填补脱硫、脱氮、饱和等反应所消耗掉的氢气。同时，补充氢必须满足从高压回路排放氢气和从生成油中溶解带走氢气的需要，在急冷部分，把富氢循环气注入到反应器的两个床层之间，以限制加氢处理过程中放热反应引起的温升不至于超高。当转化率高于设计值，或者加工的原料硫含量或金属含量明显地高于设计值时，应该密切注意它们对加氢处理的影响，提前改变操作条件，否则，哪怕是很短的时间，也会使氢耗大幅度上升，并且使催化剂迅速失活。易发生事故重点部位的重要工艺操作指标及引发事故的因素见表 4-9。

表 4-9 易发生事故重点部位的重要工艺操作指标及引发事故的因素

| 重点部位 | P-101A/S | P-201A/S | V-102 | C-101A/S |
|---|---|---|---|---|
| | 高压进料泵 | 常压塔底泵 | 热高压分离器 | 压缩机 |
| 压力/MPa | 约 10 | 约 1.6 | 约 6.5 | 约 7.8 |
| 流量/(t/h) | 140 | 320 | 124 | 73000m³/h |

续表

| 重点部位 | P-101A/S | P-201A/S | V-102 | C-101A/S |
|---|---|---|---|---|
| | 高压进料泵 | 常压塔底泵 | 热高压分离器 | 压缩机 |
| 液位/% | — | — | 50±10 | — |
| 人为因素 | 工作不负责任、巡检不及时、应变能力差、技术素质低、误操作 | | | |
| 机械设备因素 | ①润滑油泵问题<br>②封油或封油泵问题 | ①常压塔底带水<br>②封油或封油泵问题 | 出口法兰温度急剧变化导致法兰泄漏 | ①润滑油泵问题<br>②封油或封油泵问题<br>③复水泵问题 |
| 外部环境因素 | ①停电<br>②停循环水 | ①停电<br>②停循环水 | | ①停电<br>②停循环水<br>③停蒸汽<br>④停仪表风 |

#### 4. 装置安全联锁设计[15-18]

装置安全联锁主要包括：

原料缓冲罐（V-101）的液位低低（LT1002ABC）联锁停 P-101A/S；

反应进料加热炉（F-101）燃料气压力低低（PT1011ABC）联锁切断供气阀 XCV1402；

反应进料加热炉（F-101）燃料气压力低低（PT1007ABC）联锁切断供气阀 XCV1403；

加氢精制反应器（R-101）进料温度高高（TT1202ABC）停反应进料加热炉（F-101）；

F-101 鼓风机停机、同时打开 F-101UV1203A/B/C/D/E/F 快开风门；

热高压分离器（V-102），HS1011 手动紧急停车按钮，停加热炉（F-101）反应进料、停 P-101A/S、关闭 XCV1405；

热高压分离器（V-102）液位低低（LT1007ABC）切断进料阀 LV1203 的电磁阀 LSV1203。

#### 5. SIS 数据表

SIS 信号规模见表 4-10。表 4-10 中需求点数为装置输入/输出点实际需求数量。通常单块 I/O 卡件能处理的 I/O 通道数有 16 点或 32 点，在具体配置上会考虑 20% 以上的备用量，其实配点数比需求点数要大很多，同时提供相应的备用空间、连接电缆等。

#### 6. 系统配置清单

根据 I/O 点数与安全要求规格书要求，我们采用国内研发制造的 TCS-900

表 4-10 SIS 数据表

| 序号 | 信号类型 | 需求点数 | 实配点数 | 备注 |
|---|---|---|---|---|
| 1 | AI(4～20mA) | 81 | 96 | 双通道安全栅 |
| 2 | DI(数字量输入) | 45 | 64 | 继电器隔离 |
| 3 | DO(数字量输出) | 45 | 64 | 继电器隔离 |
| 4 | 通信 | 30 | | 与 DCS 通信 |

进行了 SIS 逻辑控制器的配置,具体清单见表 4-11。其网络拓扑如图 4-12 所示。

表 4-11 SIS 逻辑控制器部分配置清单

| 序号 | 模块名称 | 模块描述 | 模块型号 | 数量 |
|---|---|---|---|---|
| 1. 逻辑控制器 | | | | |
| 1.1 | 主机架 | 标准安装尺寸,8U 高,可放置控制器、网络通信模块、8 对 I/O 模块,适用于构建 SIL 3 安全回路 | MCN9010 | 2 |
| 1.2 | 扩展/远程机架 | 标准安装尺寸,8U 高,最多可放置 10 对 I/O 模块,适用于构建 SIL 3 安全回路 | MCN9020 | 2 |
| 1.3 | 扩展通信模块 | 用于扩展 I/O 总线,适用于构建 SIL 3 安全回路 | SCM9010 | 9 |
| 1.4 | 网络通信模块 | 安装于主机架中,用于与 PC 通信、第三方通信、站间通信等,适用于构建 SIL 3 安全回路 | SCM9040 | 1 |
| 1.5 | 控制器 | 三重化、支持冗余、安全组态软件下载,SIL 3 | SCU9010 | 2 |
| 1.6 | 空槽盖板 | 为空槽提供盖板 | MCN9030 | 46 |
| 1.7 | 系统配电盒 | 为一个控制机架供电,具备监测保护功能 | MCN9050 | 3 |
| 1.8 | 模拟量信号输入模块 | 32 点 AI,SIL 3 | SAI9010 | 8 |
| 1.9 | 数字信号输入模块 | 32 点 DI,SIL 3 | SDI9010 | 4 |
| 1.10 | 数字量信号输出模块 | 32 点 DO,SIL 3 | SDO9010 | 4 |
| 1.11 | AI 端子板 | 32 通道;0～20mA 电流信号;配电型;SIL 3 | TAI9010 | 8 |
| 1.12 | DI 端子板 | 32 通道;24V DC;触点型;SIL 3 | TDI9010 | 4 |
| 1.13 | DO 端子板 | 32 通道;24V DC;SIL 3 | TDO9010 | 4 |
| 1.14 | DB37 线(5m 黑 M-M) | AI/DI/DO 5m | LE37111-05 | 24 |

续表

| 序号 | 模块名称 | 模块描述 | 模块型号 | 数量 |
|---|---|---|---|---|
| **2. 机柜、操作台** | | | | |
| 2.1 | 系统机柜 | 800mm × 800mm × 2100mm，RAL 7035，IP42 | CN011-SIS-S | 2 |
| 2.2 | 辅助机柜 | 800mm × 800mm × 2100mm，RAL 7035，IP42 | CN011-SIS-A | 2 |
| 2.3 | 系统混装机柜 | 800mm × 800mm × 2100mm，RAL 7035，IP42 | CN011-SIS-M | 2 |
| 2.4 | 操作台 | | OP072-NA | 2 |
| 2.5 | 辅助操作台 | | OP072-NA | 2 |
| **3. 工程师站、操作员站** | | | | |
| 3.1 | 工程师站 | | T5810 | 2 |
| 3.2 | 操作员站 | | T5810 | 4 |
| 3.3 | DELL 显示器 | 支持最大分辨率 1920×1080 | E2216H 22″ LED | 6 |
| **4. 网络部件** | | | | |
| 4.1 | 网络交换机 | 14 口 Ethernet 10/100 ports，导轨式 | SUP-5117M | 4 |
| 4.2 | 光接口模块 | 单口单模光接口模块 | F-20S | 4 |
| 4.3 | 光纤接续盒 | | SUP-A-12 | 2 |
| 4.4 | 光纤 | | | 2000 |
| **5. 工程师站、操作员站软件** | | | | |
| 5.1 | Windows 操作系统 | Windows 7 Professional 中文版光盘 32 位 | Windows 7 Professional 32 Bit | 2 |
| 5.2 | Windows 操作系统序列号 | Windows 7 Professional 中文版授权序列号 | Windows 7 Professional(32 位) | 2 |
| 5.3 | SafeContrix 软件包（光盘） | SafeContrix 软件包（中文版，含安装盘 1 张） | SafeContrix | 1 |
| 5.4 | TCS-900 系统组态软件授权 | TCS-900 系统组态软件授权（必配） | TCS-CFG | 1 |
| 5.5 | TCS-900 SOE 软件授权 | TCS-900 SOE 软件授权（必配） | TCS-SOE | 1 |
| 5.6 | 中控 HMI 监控软件（中文版） | VxSCADA | VxSCADA | 2 |

注：1U＝4.445cm。

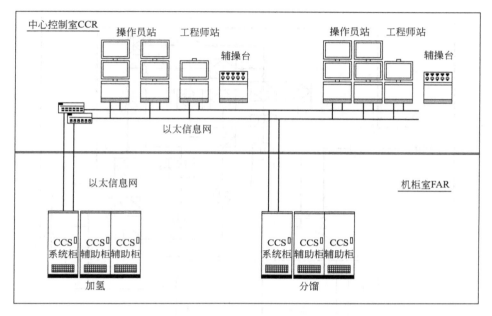

图 4-12　油品加氢装置 SIS 网络拓扑

## 二、精细化工加氢反应

　　间歇加氢反应在医药化工行业中是一种常见的工艺过程，如图 4-13 所示。由于其存在较大的火灾、爆炸、毒害等风险，引发过很多重大的安全事故。近年来国家及地方政府陆续出台了多项相关法律法规，对加氢工艺装置的设计和安全生产进行了约束。《关于进一步加强危险化学品建设项目安全设计管理的通知》和《国家安全监管总局关于加强精细化工反应安全风险评估工作的指导意见》等文件都有明确要求：凡涉及"两重点一重大"和首次工业化设计的建设项目，必须在初步（基础工程）设计阶段开展危险与可操作性分析（HAZOP）；凡涉及重点监管危险化工工艺和金属有机物合成反应（包括格式反应）的间歇和半间歇反应，达到有关条件时要开展反应安全风险评估。

　　对工艺参数可能发生的各种偏差进行危险与可操作性分析，找出偏差发生的原因及可能导致的后果，提出相应的控制措施；通过反应安全风险评估，研究具体反应和原辅料在工艺过程中的风险，结合保护层分析（LOPA）法确定安全仪表系统的安全完整性等级（SIL）；根据各项建议措施和分析结果设计间歇加氢反应，对提高加氢工艺装置的安全可靠性、预防和减少事故的发生具

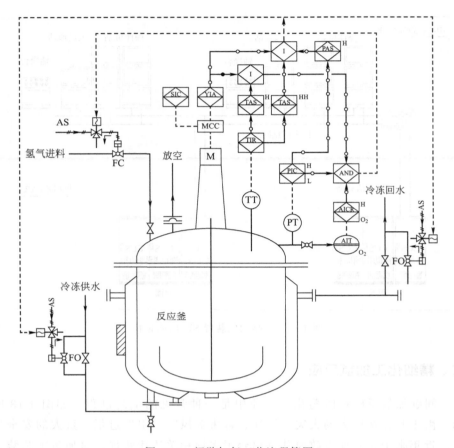

图 4-13　间歇加氢工艺流程简图

有重要作用。

　　分析小组采用危险与 HAZOP 方法对含加氢工艺危险化学品建设项目开展了工艺危害分析。根据企业提供的带控制点的工艺管道仪表流程图（P&ID），详见表 4-12 的节点目录。分析小组发挥小组成员各专业特长，系统识别了工艺系统可能出现的各种值得关注的事故情形，并以风险矩阵（表 4-13）作为依据，对上述事故情形进行了风险评估，共提出 26 项建议措施，详见表 4-14。

　　分析小组在 HAZOP 结束后，针对事故情形列表进行了 LOPA，共识别并评估了 19 种事故情景，逐一分析了每个情景的现有保护措施，经分析共有 5 个联锁回路需进入安全仪表系统（SIS），安全完整性等级均为 SIL 1，详见表 4-15。

表 4-12　节 点 目 录

| 节点编号 | P&ID图纸编号 | 节点名称 | 节点描述 | 节点说明 | 备注 |
|---|---|---|---|---|---|
| 1 | S2018F-001-01-01 | 氢化催化剂配制 | 配制釜 | 配制催化剂 | 部分工艺流程省略 |
| 2 | S2018F-001-01-01 | 氢化反应 | 氢化釜 R01、原液 A 槽 | 原液 A 泵送反应釜，氮气置换 1 次，加入催化剂，继续氮气置换 3 次，然后通入氢气反应 | |
| 3 | S2018F-002-01-01 | 氧化反应 | 氧化釜 R02、双氧水计量槽、原液 B 高位槽 | 原液 B 在双氧水作用下发生氧化反应 | |
| 4 | S2018F-003-01-01 | 氢化反应 | 氢化釜 R03、混合釜、溶剂高位槽 | 来自混合釜的混合液进入氢化釜 R02，加入溶剂，氮气置换、氢气置换、升温反应 | |
| 5 | S2810F-004-01-01 | 氧化反应 | 氧化釜 R04、原液 C 大槽 | 原液 C 在氧化釜 R04 空气下氧化 | |

表 4-13　工艺风险矩阵

| 类别 | 概率说明 | S1 轻微 | S2 较重 | S3 严重 | S4 重大 | S5 灾难性 |
|---|---|---|---|---|---|---|
| L5 较多 | 10 年 1 次，$10^{-1}a^{-1}$ | D | C | B | B | A |
| L4 偶尔发生 | 100 年 1 次，$10^{-2}a^{-1}$ | E | D | C | B | B |
| L3 很少发生 | 1000 年 1 次，$10^{-3}a^{-1}$ | E | E | D | C | B |
| L2 不太可能 | 10000 年 1 次，$10^{-4}a^{-1}$ | E | E | E | D | C |
| L1 极不可能 | 100000 年 1 次，$10^{-5}a^{-1}$ | E | E | E | E | D |
| 后果 | 后果说明 | | | | | |
| S1 轻微 | 误工伤害,不会导致残疾<br>泄漏至收集系统以内的地方<br>设备损失≤10 万元<br>设备或车间停产≤1 天 | | | | | |

| 后果 | 后果说明 |
|---|---|
| S2 较重 | 工厂员工残疾伤害<br>厂外人员需要就医<br>泄漏至收集系统以外的地方(数量较少并不超出工厂界区)<br>设备损失＞10 万元,≤100 万元<br>设备或车间停产 ＞1 天,≤1 周<br>不影响销售 |
| S4 重大 | 2～3 人以内死亡<br>厂外人员 1 人死亡<br>明显影响环境,但环境短期内可以恢复,并会造成公众健康影响和就医<br>会受到省级媒体关注<br>设备损失＞1000 万元,≤5000 万元<br>设备或车间停产 ＞1 个月,≤6 个月<br>影响市场份额 |
| S5 灾难性 | 3 人以上死亡<br>厂外人员多人死亡<br>对周围社区造成长期的环境影响,会导致厂外居民大面积应急疏散或严重健康影响<br>会受到国家级媒体关注<br>设备损失＞5000 万元<br>设备或车间停产 ＞6 个月<br>可能失去市场 |

| 风险级别 | 风险等级代码 | 对应的行动要求 | 风险是否可接受 |
|---|---|---|---|
| 很低风险 | E | 不需要新增措施 | 可接受风险 |
| 较低风险 | D | 有条件时,采取安全措施 | 可接受风险 |
| 很高风险 | C,B | 采用安全措施降低风险(需含工程措施) | 不可接受风险 |
| 极高风险 | A | 立即停产或采取措施 | 不可接受风险 |

表 4-14　HAZOP 建议项汇总表

| 序号 | 类别 | 编号 | 整改措施 | 关联事故情形 | 整改落实人 | 计划完成时间 | 备注 |
|---|---|---|---|---|---|---|---|
| 1 | 安全 | 2-01 | 原液 A 槽高液位报警,增加与进料泵的联锁,液位高时联锁停泵 | 进料管线阀门故障,阀门故障全开,导致液位过高,釜内物料泄漏至现场,遇点火源可能发生火灾甚至爆炸,可能造成 1 名巡检人员伤亡 | | | 部分工艺流程省略。为表格完整,此处未删除"整改落实人""计划完成时间" |
| 2 | 安全 | 2-03 | 氢气进气管线控制阀应选用故障关闭模式 | 氢化釜 R01 氧含量在线监测仪表故障,氢化釜内实际氧含量高于显示值,氢气进入后形成爆炸性混合气体,遇点火源可能发生火灾甚至爆炸,可能造成 1 名操作人员伤亡 | | | |

| 序号 | 类别 | 编号 | 整改措施 | 关联事故情形 | 整改落实人 | 计划完成时间 | 备注 |
|---|---|---|---|---|---|---|---|
| 3 | 安全 | 2-06 | 装置顶部屋顶应采用轻质屋顶,方便氢气消散,防止氢气积聚 | 氢气管线(法兰、垫片等处)泄漏,氢气泄漏至生产现场,与空气形成爆炸性混合气体,遇有火源可能发生火灾甚至爆炸,可能造成1名巡检人员伤亡 | | | |
| 4 | 安全 | 2-07 | 核算氢化釜 R01 安全阀、爆破片的泄放量、进料管径,确保满足泄压要求 | 氢化釜 R01 夹套蒸汽控制阀故障全开,釜内压力升高,可能会超压变形,釜内物料从氢化釜泄漏至现场,与空气形成爆炸性混合物,可能发生火灾甚至爆炸,可能造成1名巡检人员伤亡 | | | |
| 5 | 安全 | 2-08 | 氢化釜 R01 设置有一个温度测点,DCS 与 SIS 共用此测点。如果此测点出现故障,无法紧急切断。建议增设温度测点,与蒸汽进口管线阀门、冷却水进出口管线阀门、氢气进气管线阀门联锁 | | | | |
| | | | ...... | | | | |
| 21 | 安全 | 3-02 | 氧化釜 R02 考虑增设在线氧含量报警仪,控制氧化釜气相空间中氧含量不超过5%。如气相空间残余氧含量超过5%,需要联锁切断空气,并打开应急氮气 | 空气进入氧化釜管线流量计故障,空气进料量大,氧化釜上部气相管线进入冷凝器量会增大,增加尾气排放量,尾气处理装置处于危险状态 | | | |
| 22 | 安全 | 3-03 | 氧化釜 R02 温度测点报警设置值需要设置低于氧化液闪点温度 | 氧化釜热水进口控制阀故障全开,持续加热氧化釜,温度可能升高至氧化液闪点,挥发量增大,可能在釜内上部气相空间与空气形成爆炸性混合物,遇点火源可能发生火灾甚至爆炸,可能造成1名巡检人员伤亡 | | | |
| | | | ...... | | | | |
| 25 | 安全 | G-01 | 考虑采用密闭式投料系统,减少人员接触时间 | 操作人员投催化剂时,直接接触催化剂,导致过敏、皮肤瘙痒、红肿等 | | | |
| 26 | 安全 | G-02 | 进料管道考虑贴壁管设计,减少物料冲击管壁产生的静电 | 有机溶剂流速过快,可能摩擦管壁产生静电,混合物遇静电可能发生火灾甚至爆炸,可能造成1名巡检人员伤亡 | | | |

表 4-15　LOPA 分析（SIL）汇总表

| 事故情形编号 | 图纸号 | 描述 | SIS 回路 | SIL | 建议项 | 备注 |
|---|---|---|---|---|---|---|
| 2-07 | S2018F-001-01-01 | 氢化釜 R01 夹套蒸汽进气管线控制阀故障全开，釜内压力升高，可能会超压变形，釜内物料从氢化釜泄漏至现场，与空气形成爆炸性混合物，可能发生火灾甚至爆炸，可能造成 1 名巡检人员伤亡 | 氢化釜 R01 温度与夹套蒸汽进口管线阀门、冷冻水进出口管线阀门、氢气进气管线阀门联锁 | SIL 1 | 目前氢化釜设置有温度仪表 1 支，如果此温度仪表故障，无法紧急切断。需要增设温度仪表。与冷冻水进出口管线阀门、夹套双氧水进料管线阀门联锁。紧急情况下切断双氧水进料管线阀门，打开冷冻水进料管线阀门 | 涉及表 4-14 中类别为"安全"的 26 个事故情形，只保留需要进入 SIS 的 5 个回路，其他省略 |
| 5-03 | S2018F-002-01-01 | 氧化釜热水进口控制阀故障全开，持续加热氧化釜，温度可能升至氧化液闪点，挥发量增大，可能在釜内上部气相空间与空气形成爆炸性混合物，可能造成巡检人员伤亡 | 氧化釜 R02 温度测点，与冷冻水进出口管线阀门、双氧水进料管线阀门联锁 | SIL 1 | 目前氧化釜设置有温度仪表 1 支，如果此温度仪表故障，无法紧急切断。需要增设温度仪表。与冷冻水进出口管线阀门、双氧水进料管线阀门联锁。紧急情况下切断双氧水进料管线阀门，打开冷冻水进料管线阀门 | |
| | | ...... | | | | |
| 4-01 | S2018F-003-01-01 | 氢化釜 R03 夹套蒸汽进气管线控制阀故障全开，釜内压力升高，可能会超压变形，釜内物料从氢化釜泄漏至现场，与空气形成爆炸性混合物，可能发生火灾甚至爆炸，可能造成 1 名巡检人员伤亡 | 氢化釜 R03 温度或压力与夹套蒸汽进气管线阀门、冷却水进出口管线阀门、氢气进气管线阀门联锁 | SIL 1 | 氢化釜 R03 目前设置有温度仪表与压力仪表，如温度过高或压力过高，联锁切断蒸汽进气管线阀门，关闭氢气进气管线阀门，并打开冷冻水进料管线阀门 | |
| | | ...... | | | | |

在 HAZOP 分析过程中，除了通常的定性分析外，还引入了先进的保护层分析的概念，对各个安全保护层的有效性进行了半定量的分析（精确到数量级）。分析过程中，参考了事先确定的风险矩阵。鉴于我国目前尚无相关标准，因此该风险矩阵的设置参考了欧美同行普遍接受的标准，即将事故情形中导致一名操作人员死亡的概率定为 $10^{-3}$，并以此为基准点，定出导致其他伤害或死亡后果所对应的风险标准（概率值）。如果企业在日后生产过程中遵照国家相关的法规、标准，并在现有生产装置的基础上落实 HAZOP 分析所提出的建议项，就可以把工厂的运营风险控制在广泛接受的风险水平，即导致一名操作人员死亡的概率不超过 $10^{-3}$。

间歇加氢工艺较为复杂，尽管对其进行了半定量性质的 HAZOP 研究，但对其安全风险形成机理和核心安全参数研究不系统、不透彻，极易造成配套的安全技术和工程措施缺乏针对性和有效性，并由此引发灾难性的生产安全事故。因此，应针对间歇加氢工艺过程中涉及的原料、中间体物料、产品等化学品进行热稳定测试，对化学反应过程开展热力学和动力学分析。根据反应热、绝热温升等参数评估反应的危险等级，根据最大反应速率到达时间等参数评估反应失控的可能性，结合相关反应温度参数进行多因素危险度评估，确定反应工艺危险度等级。根据反应工艺危险度等级，明确安全操作条件，从工艺设计、仪表控制、报警与紧急干预（安全仪表系统）、物料释放后的收集与保护、厂区和周边区域的应急响应等方面，提出有关安全风险的防控建议。

反应工艺危险度评估是精细化工反应安全风险评估的重要评估内容。反应工艺危险度指的是工艺反应本身的危险程度，危险度越大的反应，反应失控后造成事故的严重程度就越高。将温度作为评价基准是反应工艺危险度评估的重要原则。一般考虑 4 个重要的温度参数，分别是工艺操作温度（$T_p$）、技术最高温度（MTT）、失控体系最大反应速率到达时间为 24h 对应的温度（$T_{D24}$）以及失控后体系可能达到的最高温度（MTSR），评估准则如表 4-16 所示。

**表 4-16  反应工艺危险度等级评估准则**

| 等级 | 温度 | 后果 |
|---|---|---|
| 1 | $T_p < MTSR < MTT < T_{D24}$ | 反应危险性较低 |
| 2 | $T_p < MTSR < T_{D24} < MTT$ | 存在潜在的分解风险 |
| 3 | $T_p \leqslant MTT < MTSR < T_{D24}$ | 存在冲料和分解风险 |
| 4 | $T_p \leqslant MTT < T_{D24} < MTSR$ | 冲料和分解风险较高,存在潜在的爆炸风险 |
| 5 | $T_p < T_{D24} < MTSR < MTT$ | 爆炸风险较高 |

　　实验测试获取包括工艺操作温度、失控后体系可能达到的最高温度、失控体系最大反应速率到达时间为 24h 对应的温度、技术最高温度等数据。在反应冷却失效后，4 个温度参数值大小排序不同，根据分级原则，对失控反应进行反应工艺危险度评估，形成不同的危险度等级；根据危险度等级，有针对性地采取控制措施。应急冷却、减压等安全措施均可以作为系统安全的有效保护措施。对于反应工艺危险度较高的反应，需要对工艺进行优化或者采取有效的控制措施，降低危险度等级。常规控制措施不能奏效时，需要重新进行工艺研究或工艺优化，改变工艺路线或优化反应条件，减少反应失控后物料的累积程度，保障工艺过程安全。

## 参考文献

[1] U. K. Health & Safety Executive. Out of Control: Why Control Systems Go Wrong and How to Prevent Failure [M]. 2nd edition. 2003.

[2] IEC. Functional Safety of Electrical/Electronic/Programmable Electronic Safety-related Systems: IEC 61508 [S]. Geneva: International Electrotechnical Commission, 2010.

[3] 电气/电子/可编程电子安全相关系统的功能安全: GB/T 20438—2017 [S].

[4] IEC. Functional Safety: Safety Instrumented Systems for the Process Industry Sector: IEC 61511 [S]. Geneva: International Electrotechnical Commission, 2016.

[5] 过程工业领域安全仪表系统的功能安全: GB/T 21109—2007 [S].

[6] 石油化工安全仪表系统设计规范: GB/T 50770—2013 [S].

[7] 信号报警及联锁系统设计规范: HG/T 20511—2014 [S].

[8] Paul Gruhn, Harry L Cheddie. 安全仪表系统工程设计与应用 [M]. 张建国, 李玉明, 译. 北京: 中国石化出版社, 2017.

[9] 张建国. 安全仪表系统在过程工业中的应用 [M]. 北京: 中国电力出版社, 2010.

[10] 丁辉, 靳江红, 汪彤. 控制系统的功能安全评估 [M]. 北京: 化学工业出版社, 2016.

[11] 阳宪惠, 郭海涛. 安全仪表系统的功能安全 [M]. 北京: 清华大学出版社, 2007.

[12] 白焰, 董玲, 杨国田. 控制系统的安全评估与可靠性 [M]. 北京: 中国电力出版社, 2008.

[13] 刘建侯. 功能安全技术基础 [M]. 北京: 机械工业出版社, 2008.

[14] 靳江红. 安全仪表系统安全功能失效评估方法研究 [D]. 北京: 中国矿业大学 (北京), 2010.

[15] 建筑设计防火规范 (2018 版) [S]. GB 50016—2014.

[16] 爆炸危险环境电力装置设计规范 [S]. GB 50058—2014.

[17] 自动化仪表选型设计规范 [S]. HG/T 20507—2014.

[18] 石油化工企业设计防火规范 (2018 年版) [S]. GB 50160—2008.

# 第五章

# 安全仪表系统安装、调试及维护

英国健康和安全执行局（Health and Safety Executive，HSE）对 34 个事故调查分析，有 6％的事故是因"安装和调试"问题引起，有 15％的事故是因"操作和维护"问题引起[1]。如果安全仪表系统没有按照设计要求进行安装，没有按照安全要求规格书的要求进行调试和维护，由此导致的风险将会很大。

## 第一节　概　　述

安全仪表系统在完成设计、采购后，工程人员进行组态编程，在系统集成即将结束、准备发货到现场前，将安排业主到集成商/制造商开展工厂验收测试（factory accept test，FAT）工作，FAT 通过后，项目组依据现场施工进度将系统交付到工程现场，并适时开始实施现场安装、调试工作，同时对操作维护人员进行培训，完成现场验收测试（site accept test，SAT）后组织开车前审查，投运成功后进入 SIS 操作运行阶段。如图 5-1 所示[2-6]。

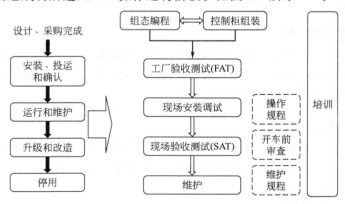

图 5-1　SIS 项目实施流程框图

本章围绕组态编程、工厂验收测试（FAT）、现场安装调试、现场验收测试（SAT）、维护、培训等阶段介绍相关内容。本阶段的主要目标是确保 SIS 按照设计文件要求进行安装，按照安全要求规格书的要求进行调试和确认，按照相应规程对相关人员进行操作培训，以便为最终的系统确认做好准备，最终使得系统正常启动和运行。

# 第二节　工程组态设计

工程组态需严格遵循安全要求规格书要求开展设计与编程，应充分考虑 SIS 软硬件产品特性、安全可靠、规范一致、维护方便、操作便捷等要求。工程组态设计主要分控制站组态设计、操作员站（工程师站）组态设计。

## 一、控制站组态

控制站组态时，要重点考虑卡件（模组）排布、通道分配、SOE 组态、逻辑功能状态等的组态设计，实现安全要求规格书的各项要求。

### 1. I/O 卡件排布原则

卡件根据类型宜按照如下顺序排布：DI、DO、AI、AO、PI、点对点通信卡。其中作为备品备件 I/O 卡件，不应启用；同一联锁条件涉及的测点应分配在同一控制站，如因特殊情况不能满足，则联锁信号的传递应采用安全站间通信或硬接线，不得采用常规站间通信或异构通信（如 MODBUS 通信）的位号参与联锁。

### 2. 通道分配原则

实现 1oo2、2oo2、2oo3 等功能的 I/O，其通道应分配到不同的卡件；同一端子板中如存在有源、无源等不同类型的信号，宜统一归类和排布；同一来源的 I/O 测点宜统一归类和排布。

### 3. I/O 通道组态

I/O 模块端子板的类型必须与实际安装端子板的类型保持一致；备用通道宜不启用，特别是 AI/AO/PI 模块中的备用通道，应不启用。

### 4. SOE 组态要求

为有效识别初始事件，需要对检测信号变化、操作行为、顺控步序进行事件顺序记录（sequence of event，SOE），通常包括 DI（备用点除外）、涉及联锁的内存变量（包括系统诊断报警变量）、DO（闪烁功能的变量，备用点除外）、操作变量、累积同步变量、顺控步序同步变量。对于通信变量，无特殊要求不进入 SOE。如 SOE 数量超限，则应按照以上优先级酌情对 SOE 点数做删减处理。以上变量需要 SOE 记录时，SOE 描述应清晰。

### 5. 时间同步设置

配置通信模块，启用时间同步服务器，设置时间同步服务器的 IP 地址。必须设置至少 1 台时间同步服务器，宜设置多台，实际项目中操作员站或 GPS 较多的情况下，宜配置 2 台时间同步服务器；配置软时间同步服务器；如采用操作员站作为时间同步服务器，则应在相应的操作员站设置该站的 IP 地址；上下位组态软件配置的时间同步服务器 IP 地址应设置一致。

### 6. 程序页设计

应按表 5-1 执行顺序排列要求进行程序页的组态设计，以确保应用软件设计符合功能安全要求。

表 5-1 执行顺序排列要求

| 序号 | 程序名 | 注释 |
|---|---|---|
| 1 | 诊断 | 诊断系统：系统整体工作状态、位号强制状态、CPU 通道温度 |
| 2 | 变量处理 | DI、AI 的联锁触发条件的处理，上传至 HMI 实现报警及显示功能 |
| 3 | 报警 | 系统报警、过程报警、旁路报警(报警通过辅操台上蜂鸣器、报警灯提示) |
| 4 | 联锁 | 主要的逻辑控制，根据工艺要求命名，以精简为好，其中 ＊＊为序号 |

### 7. 逻辑功能状态定义

安全仪表系统设计要充分考虑故障安全型原则。在逻辑功能组态时，对逻辑功能状态的清晰定义将有助于安全要求规格书要求的有效落实，确保故障安全型原则的落地实施。

紧急停车系统应采用失电联锁（de-energize-to-trip）设计，即正常状态为逻辑"0"状态。现场的 DI 正常为"1"信号，工艺参数达到安全联锁设定点时，DI 为"0"信号；DO 正常时为"1"信号，电磁阀等带电，当联锁逻辑动作时，DO 为"0"信号，电磁阀等失电。这一设计原则保证了诸如断电/断气、回路断线等故障状态时，工艺过程处于安全状态。电磁阀、继电器等最终执行元件的反馈信号，动作闭合时触点应选择常开触点（normally open，NO），动作断开时触点应为常闭触点（normally close，NC）。电气类设备，正常状态继电器线圈带电，触点常开常闭可根据现场需求定，故障时继电器线圈去磁，触点动作。对于联锁按钮应选常闭触点（NC），选择开关置位触点闭合；其他按钮，复位按钮以及驱动辅操台指示灯的输出信号选择应为常开触点（NO）。

火气系统则往往采用得电联锁（energize-to-trip）。为了检测断路等潜在故障的存在，需要采用回路监控（line monitoring）设计。其逻辑功能状态需满足正常状态时，输入触点应断开，逻辑置"0"；逻辑输出置"0"，DO 继电器线圈应失电。故障状态时，输入触点应闭合，逻辑置"1"；输出逻辑置"1"，DO 继电器线圈应得电。反馈类信号，动作闭合，即触点应为常开触点（NO）；电气类设备，动作时继电器线圈励磁，触点应闭合；故障时继电器线圈去磁，触点应断开。对于联锁按钮应选常闭触点（NC），选择开关置位触点闭合；其他按钮，复位按钮以及驱动辅操台指示灯的输出信号选择应为常开触点（NO）。

紧急停车系统逻辑设计也可采用反逻辑。当传感器采用开关量仪表时，开关一般都选择常闭型，即正常时闭合，达到联锁设定点时断开，即联锁输入信号触发时布尔量为 0；逻辑控制器的初始状态或故障状态时，软件中的布尔量为 0。

注：正逻辑是指联锁输入信号触发时为高电平或布尔量为 1；反逻辑是指联锁输入信号触发时为低电平或布尔量为 0。

## 二、操作员站（工程师站）组态

操作员站组态总体上要求布局美观，排放整齐，字体清晰，易读；旁路开关、复位按钮等重要操作应设置操作员及以上权限方可操作；一页（幅）监控画面宜对应下位机一段程序页。

HMI 功能菜单应包含登录、退出、画面打印、报警查询、操作日志查询、系统诊断、历史趋势查询、SOE 浏览器、辅操台试灯试音、报警综合指示/确认等功能按钮；系统指示灯应包含控制器状态、通信状态、系统故障、电源故障、位号强制、旁路报警；系统状态信息应包含当前登录操作小组、当前登录用户、系统当前时间。项目应用菜单应包含项目信息、控制逻辑画面、导航按钮。

控制逻辑画面包含逻辑输入、逻辑关系、输出结果、状态反馈等内容项。应按照内容项，将联锁逻辑关系表达清楚，逻辑内容宜简洁易读、不相关的逻辑线条不宜交叉。通常绿色应表示正常，联锁无效；红色应表示异常，联锁触发。逻辑关系（逻辑线条）的颜色动态宜直接采用下位机自定义的位号变量。通道故障时，应能动态显示相关信息。联锁状态正常为绿色，报警未确认为红黄闪烁，报警已确认为红色常亮。

　　旁路开关操作与状态显示应以安全要求规格书为准。旁路开关变量必须设置操作权限：应归入"投切开关组"位号分组中，并且工程师及以上权限用户应对该位号分组使能。通过仪表面板中的"投入""切除"按钮完成旁路切换操作，联锁切除时，按钮显示"已切除"字颜色为红色，同时驱动蜂鸣器报警，旁路报警灯红闪；当联锁投入时，按钮显示"已投入"字颜色为绿色；报警确认后，蜂鸣器消音，旁路报警灯停止闪烁。

# 第三节　工厂验收测试

　　工厂验收测试通常在集成商组装调试场地进行，由制造商和业主（含最终用户、设计单位或其授权人员）代表共同参与完成，对 SIS 开展各项功能的测试、记录。通过全面的测试，及时发现并排除软硬件故障，确保设备运输前的质量。

　　IEC 61511 中定义了工厂验收测试的目的，即"工厂验收测试（FAT）的目的是一起测试逻辑解算器及其相关软件，以保证它能够满足安全要求规格书所定义的要求。通过在工厂安装之前测试逻辑解算器及其相关软件，能够较容易地识别和纠正误差"。该标准也给出了关于 FAT 的推荐做法。

　　这里需要说明的是，SIS 的工厂验收测试不仅包括对逻辑控制器及其软件、操作员接口的测试，还要对包括 I/O 接口、安全栅、继电器、内部电源、机柜附件等整个 SIS 的软硬件全面测试。在 FAT 之前需要准备制造商和业主双方认可的 FAT 规程，包括必要的测试设备和工具、检查测试科目与内容、测试记录和文档管理、人员责任和具体进度安排、发现问题的处理、工厂测试验收通过的标准、同时合适的场地、已集成并具备 FAT 条件的 SIS 以及最终 FAT 报告的签署和不合格项的处理等。

　　FAT 科目通常包括：电源和配电的检查、系统及 I/O 的功能测试和性能测试、应用软件的逻辑测试、系统冗余及通信测试、系统硬件和辅助设备的机械和集成检查/测试等。对测试中发现的问题列入记录表，对 FAT 中所做的修改和变更要进行分析评估，确定它的影响范围和大小，并落实后续行动。

　　FAT 完成后，要最终形成并签署 FAT 报告。该报告证明 SIS 逻辑控制器，包括相关软硬件和应用软件，满足了安全要求规格书中定义的相关要求，具备了从集成商/制造商发货并交付现场安全的条件。

　　FAT 通常包括的记录和文档有：出厂验收测试规程、出厂验收测试报告、设计资料检查表、系统配置检查记录、I/O 测试记录、输入和输出功能测试记录、HMI 功能测试记录、联锁控制方案测试记录、系统性能测试记录、其他测试记录、不满足项记录表等。

# 第四节　安装和调试

SIS 安装包括传感器、最终执行单元、系统及辅助盘柜、操作员接口、报警系统、各类信号和通信接线等的安装工作。安装质量不仅影响日后的 SIS 安全操作和维护，也直接影响后续的调试工作能否顺利进行。严格按图施工和有效的管理及监督机制是确保安装质量的关键。

安装和调试[7,8]运行计划编制应定义安装和调试运行所需的所有活动。计划编制应提供安装和调试运行活动；安装和调试运行所使用的规程、措施和技术；何时进行这些活动；负责这些活动的人员、部门和组织。

## 一、安装的总体要求

SIS 的安装是整体仪表和电气安装的一部分，可能由相同的承包商和施工人员完成。可以考虑将 SIS 的安装工作单独成项，由专门的安装人员实施。这有利于将安装环节存在的潜在共因失效降低到最小，并进一步强化 SIS 在测试、培训等工作中的特殊要求及关键价值。SIS 机柜的安装原则上必须在现场机柜间或控制室土建完成后进行，同时应保证安装环境干净整洁，符合 SIS 要求的环境条件。

确保交付给安装承包商的设计文件是完整的、准确的。承包商有接受过相应培训的经历以及工程安装经验，是高质量完成安装任务的重要保证。所有的 SIS 仪表设备，应该遵循制造商的规定和推荐方法进行安装。所有 SIS 仪表设备的安装，必须遵循用户现场所在地有关的全部法律法规和标准规范要求。承包商必须非常清楚这些要求，确保安装合规。承包商自行采购的所有安装辅材，其质量应该满足预期要求。需要注意的是，对这些辅材往往没有详细的技术要求文档。

所有的仪表设备安装位置和安装方式，必须便于维护和测试人员靠近和操作。在安装前和安装过程中，必须小心谨慎，防止造成对所有现场仪表设备和系统部件的物理损坏或环境损坏。比如系统部件的安装操作，安装人员应具有一定的防静电配备，佩戴防静电手环或手套进行系统部件安装工作，无相关设施的应先完成人体放电后操作，且避免直接接触电子元器件。承包商在没有获得书面批准的情况下，不得擅自更改或偏离设计图纸，任何必要的修改应该遵循变更管理程序，所有的变更都应该完整记录，并体现在竣工图上。

## 二、安装

安装完成一般以下列工作结束为标志：现场检测开关、变送器等设备，包括一次元件，已经安装就位，引压管等与过程连接的气密性检查已经完成；最终执行单元，包括电磁阀和切断阀，它们的过程安装和气源等支持系统都具备了操作条件；控制室设备具备了上电条件；UPS 等电源系统已经具备供电条件；接地系统已经连接，接地电阻值等符合设计要求；所有的配线敷设完毕。从现场设备端子到接线箱端子再到机柜间的机柜以及柜间的接线已全部完成，并进行了电路完整性的绝缘测试和连接正确性的校对检查。熔断器端子上的熔断器，已按照要求的规格型号安装完毕；所有的设备、线缆、接线端子等都有与施工图纸相吻合的标牌或标识；现场设备接线盒与接线保护管之间按照防爆等防护要求进行了密封，进出控制室的电缆孔洞已全部封堵；对安装造成的物理损坏，更换完毕；所有的包装材料、运输和安装辅助材料、安装废料等已清除出工作区域。

安装检查是确保 SIS 按照详细设计图安装完成并已准备就绪，可以进行调试和确认等工作的必要措施。系统上电前，通常由系统供应商、用户代表（或监理）和施工承包商来共同完成安装检查，应实地察看控制室环境，系统接地、供电、信号及电源电缆布线、标识等情况，确保严格按图施工；对于现场仪表，应根据仪表安装相关规范和仪表厂家的安装要求，对现场仪表进行仔细检查。对于承包商安装不规范之处提出书面整改意见。通常应进行如下检查。

各类设备、系统等的接地和供电安装完毕，并符合要求。准备上电的各盘、柜、台等设备中的电源开关、断路器全部处于断开状态。现场若不能提供稳定的电源，可采用临时电源，但需要满足以下条件：临时电源电压、频率等满足设备供电要求；临时电源应与施工电源独立，避免非正常断电导致设备损坏。在不满足上述条件的情况下必须进行上电操作的，应提交整改建议书说明风险并取得项目有效签字人的书面确认后方可进行操作。系统投运前，必须使用正式电源。

对实际上并不依据设计信息进行安装的情况，应由有资格的人员对其差异进行评价，并确定可能对安全产生的影响。如已确定这种差异对安全没有影响，则应把设计信息更新为"竣工（as-built）"状况，如果这种差异对安全有负面影响，则应修改安装来满足设计要求。

## 三、调试

调试是指 SIS 或设备在现场安装完成后的功能检查及确认过程。

上电是系统调试的第一步，常规上电一般在现场信号接线前完成。如设备已接线，现场服务人员应告知用户上电可能存在的风险（触电、设备误启动或毁坏），并由用户先完成现场侧安全确认。特别要关注安全仪表系统本体、关联的现场设备及其附近工作人员，禁止在未确认现场侧安全的基础上进行相关联设备（外供电电源、空开、AO/DO 模块等）的上电。不同工段分步上电时，应按照以上要求逐一进行严格检查。

在正常上电后，可逐步开展调试工作，总体原则是先单体设备或部件调试，后局部、区域调试和回路调试（包括控制逻辑调试），最后整体系统联调。需要强调的一点是，调试应在相应的人机界面（HMI）及操作权限下进行，调试人员通过监控流程图等人机界面开展调试工作。严禁使用高级别的系统权限开展调试。

调试的主要内容和关注点包括系统部件的功能调试，HMI 调试，I/O 通道调试，控制逻辑调试，特殊部件、软件、仪表设备、功能等的调试。逐项调试过程中，都需要有详细的调试记录，说明测试结果以及在设计阶段所确定的目的和准则是否得以满足，如果调试运行中出现失败，则应记录失败的原因。在调试阶段未完成确认的，必须在联调阶段进行联合调试，调试完成后需要签字确认。

这些调试和联调活动，基本可以作为现场验收测试（SAT）或者确认的范围，其主要目标是确保系统满足安全要求规格书指定的要求，包括系统逻辑功能的正确性。

确认应该在工艺物料引入到生产装置之前完成，确保 SIS 的预防和减轻功能能够及时地发挥作用。确认包括但不限于以下内容：所有的仪表设备，已经按照供货商的安全手册的要求进行了安装和调试；已经按照规定的步骤和工作计划测试完毕，测试结果也形成了书面文档；安全生命周期所有各阶段的技术和管理文件齐全；在正常或非正常的各种操作模式下（比如：开车、停车以及维护等），系统对应的功能能够正确执行；SIS 与基本过程控制系统或者其他系统的通信功能正常；传感器、逻辑功能、计算指令以及最终元件的性能和功能符合安全要求规格书的要求；安全要求规格书定义的传感器联锁设定点能够触发相应的动作；确认工艺过程参数出现无效量值时（例如在量程之外），制定的特定功能符合设计的预期和要求；开停车顺序逻辑能够按照设计要求动作；SIS 能够按照设计意图，给出正确的报警信号和画面显示；计算指令准确无误；总复位和部分工艺单元复位功能，可以正确实现；旁路和旁路复位功能，能够正确操作；手动停车功能，能够正确操作；诊断报警功能，符合设计要求；周期测试时间间隔要求，已在维护规程中做了明确规定，并与 SIL 要求相匹配；SIS 的相关技术文件，与实际的安装状况和操作规程一致。

确认活动的过程，需要制定详细的工作步骤和程序并遵照执行，将会涉及必要的文档，文档的多少取决于系统的规模和复杂性，有必要在确认之初就确定好。确认活动依据和文档包括：确认活动的检查步骤和程序；安全要求规格书；系统逻辑组态程序的打印件；整个系统结构的方框图；具有物理通道地址分配的输入和输出列表；带控制点的管道和仪表流程图（P&ID）；仪表索引表；包括制造商名称、规格型号以及选型信息的仪表规格说明书；通信图；供电及接地图；与 SIS 输入和输出有关的 BPCS 组态；逻辑图（或因果图）；所有主要仪表设备的安装布置图；接线箱和盘柜内部接线图；接线箱和盘柜之间的接线图；气动系统的管路配置图；随仪表设备提供的厂商技术文件，包括技术说明、安装要求及操作手册等；操作和维护规程。

顺利完成 SIS 的确认活动，是将系统交付给工艺操作运行部门的基础和前提。对于每一个 SIF，都要签字确认，证明所有的调试及测试都已经成功完成。如果存在任何未关闭的遗留问题，必须清楚明白地反映在相关的技术文件中，并有解决和何时解决的计划和责任人。对于任何遗留问题，如果调试小组认为有导致危险事件的潜在可能，就应该重新分析研究，甚至建议推迟开车，直到找出解决方案以及存在的问题得到妥善处理。

# 第五节　维　护

SIS 正常投运后，除了完善竣工资料、文档归档外，便进入 SIS 的维护阶段。严格按照维护规程和许可程序进行日常维护，是保持 SIS 正常运行并在需求时发挥作用的重要保障。SIS 的维护主要涉及日常维护、故障维护、SIS 的修改、周期性检验测试，以及现场管理和停用等。

## 一、日常维护

### 1. 系统运行环境控制
逻辑控制器通常布置在机柜间，其工程师站、操作员站设置在控制室，机柜间和控制室的环境应满足系统运行要求，并对主要环境因素加以控制。

（1）温度 为了确保逻辑控制器、I/O 卡件、安全栅、电源等设备均处于良好的工作状态，机柜间室内温度应保持在合理区间（冬季 20℃±2℃，夏季 26℃±2℃，温度变化率小于 5℃/h）。

（2）湿度 机柜间相对湿度应控制在 40％～68％（无凝结），湿度变化率小于 6％/h。过高的湿度可能导致电子元器件老化速度加快。

（3）环境清洁 机柜间和控制室地面、台面、静电地板下方地面应保持清洁。对于机柜、工作站电脑、辅操台、打印机等应做到定期清洁，对于机柜和辅操台的空气过滤网和过滤海绵应定期清洁或更换。

（4）腐蚀性气体和粉尘防护 确保机柜间对腐蚀性气体和粉尘的有效防护，能够确保安全仪表系统运行的稳定性，减少可能由于腐蚀导致的系统内电子元器件故障。机柜间内气体环境应控制在合理范围内。同时，应避免安全仪表系统模件暴露在金属碎屑、能导电的颗粒或由钻削和锉削产生的灰尘中，避免可能引起的短路现象。

（5）电磁干扰防护 机柜间控制系统信号电缆应与电气动力电缆隔离。机柜内电气动力电缆，尤其是 380V AC、200V AC 电缆，应沿着独立的线槽敷设至机柜的电源模块/空开/端子排处。

（6）小动物防护 机柜间应设置防鼠措施，包括防鼠板等，避免老鼠或其他小动物窜入机柜，造成污染乃至短路或断路故障。

**2. 日常巡检**

安全仪表系统需要通过日常巡检，确认其工作状态是否正常，并发现可能出现的报警和隐患。日常巡检的频次根据各企业管理要求执行，建议每周不少于一次。巡检应至少包括以下内容：

① 检查机柜间及工程师站的温度、相对湿度和环境清洁等是否在规定的技术指标范围内。

② 检查系统所需供电是否符合技术要求。

③ 检查系统柜冷却风扇运行是否正常，如发现风扇转动异常或损坏，应立即采取措施，予以更换。

④ 观察安全仪表系统卡件模块等设备的状态指示灯，同时通过系统配置的状态诊断监控软件检查系统运行情况；检查系统运行状态（含 SOE 中记录有无异常），记录有报警的卡件或设备。

⑤ 应建立有效的巡检记录机制，确保巡检工作的可追溯性。

### 3. 工作站的日常维护和管理

工作站通常包括工程师站和操作员站等，对工作站的维护和管理对于系统的安全可靠运行十分重要。以下是工作站维护和管理的要求：

① 日常维护过程中应确保工作站电脑专机专用，不安装外部无关软件或程序。同时，严禁各类人员在工作站上使用外来介质，包括光盘、移动硬盘、U 盘等移动存储介质。

② 日常维护过程中应关注工作站的使用情况，如果出现操作系统故障、死机、蓝屏等现象应及时处理。

③ 系统数据、程序文件和专用软件，应定期进行备份并异地存放。

④ 所用的系统软件、应用软件、专用程序盘、光盘、软盘、移动硬盘、U 盘等移动存储介质必须专用，必须由专人保管。

⑤ 对于新的或供应商开发的软件（盘），须事先通过安全测试运行后方可正式启用。严禁擅自进行系统软件拷贝、传播和使用。

⑥ 维护或进行系统应用开发等需要使用外来介质时，必须经设备维护单位控制系统病毒防治管理人员检测，确认母盘无病毒并签字后，方可使用。

⑦ 工作站应设置安全管理要求，包括设置用户密码（可设定多级使用权限，禁止随意进入管理员权限进行删除和改写控制程序等操作，密码要由专人负责管理）。

### 4. 网络安全维护和管理

① 与制造商建立信息沟通渠道，定期进行沟通，及时获取有关系统补丁、版本更新、病毒防护等最新信息。

② 采用最小化系统安装原则，禁止安装与工控系统功能和安全防护无关的软件和硬件。

③ 严格限制外来存储介质和文档的使用，应设置文件隔离终端，对外来介质必须经过专用的防病毒查杀工具进行查杀，确认安全后才能安装、使用。

④ 定期检查控制器、通信模块、交换机、网络拓扑等，确保网络通信传输畅通，包括网闸、防火墙、防病毒服务器等硬件设备。

⑤ 工作站应安装防病毒软件或软件防火墙，确保其正常工作，定期更新或升级经验证的病毒库，并做到定期杀毒、定期更新病毒库，确保主机运行环境的安全可靠。

### 5. 日常清洁清灰工作

① 不少于每周一次清洁机柜间卫生。

② 不少于每季度清洁一次操作台、显示器、打印机、工程师站和操作员

站过滤网、键盘、鼠标、机柜门滤网等。

③ 定期整理线缆、空开和操作员站的标识。

④ 主要设备（机柜内所有设备）在系统运行期间原则上不做清洁清灰，相关工作在停车检修期间执行。

## 二、在线检测和维护

### 1. 在线诊断

安全仪表系统具备强大的在线诊断功能，通过相应软件可对系统的运行状态实现监控和诊断，包括对系统运行状态的实时监控、查看以及对系统故障报警的查看和分析。

实施在线诊断工作，需要严格遵守安全仪表系统相应的技术规定，正确使用相应的监控诊断软件。以 TRICON 系统诊断软件 EnDM 的使用为例。

（1）系统诊断软件 EnDM

① 点击"诊断软件" 系统总貌图如图 5-2 所示。左侧窗口为系统总貌树，右侧为系统总貌图。机架的运行状态用两种颜色标识：

——绿色表示工作正常；

——红色表示该机架内有报警发生。

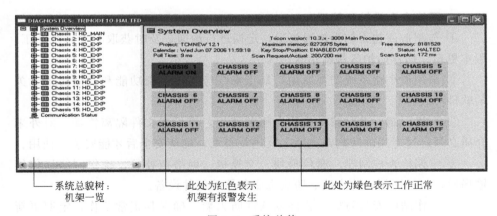

图 5-2　系统总貌

② 点击机架 弹出相应机架的组态和卡件的状态，如图 5-3 所示。模件的安装状态用 4 种颜色标识：

——白色表示该逻辑槽位已被组态且对应的两个物理槽位都已插入模件；

——红色表示模件逻辑槽位已经组态过，但物理槽位中未插入模件；

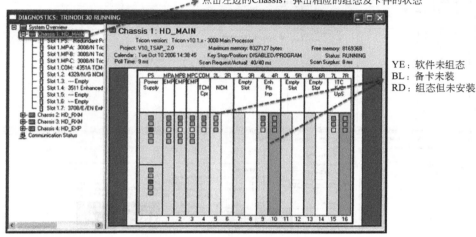

图 5-3 卡件运行状态

——黄色表示模件逻辑槽位未组态过，但物理槽位中已插入了模件；

——蓝色表示模件逻辑槽位已经组态过，但两个物理槽位中只插入了一个模件。

③ 点击模块显示模块诊断状态，可分别点击选项卡查看诊断信息，如图 5-4 所示。

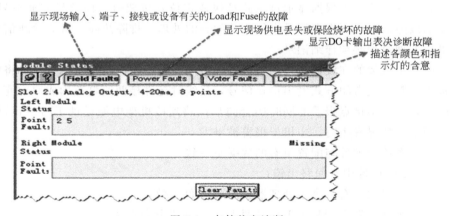

图 5-4 卡件状态诊断

④ 点击故障信息收集 如图 5-5 所示。模件的运行状态用 4 种颜色的小方块标识在模件的上半部：

——绿色表示模件工作正常；

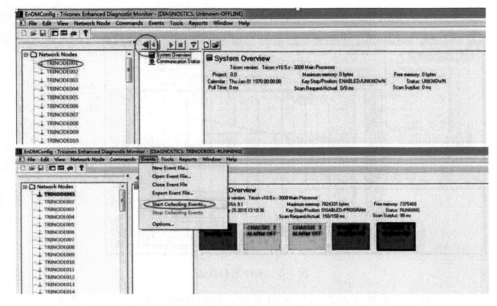

图 5-5　收集诊断信息（.tce 文件）

——红色表示模件有故障，需要更换；

——黄色表示模件正在执行控制程序；

——灰色表示模件未执行控制程序但也未出错。

若出现故障，可根据显示目录路径快速定位其机架号、模件号和通道号，并显示故障信息。可根据提示进行相关问题的处理，排除故障；事故诊断信息及事故处理过程必须详细记录。

（2）主机架的在线诊断　主机架有一组用于警示用途的接线端子，可将机架报警以常开或常闭方式发出接点信号，接线时允许接两路电源构成双重冗余的配置，主机架接点报警的同时还会同步反映到该机架电源模件 LED 指示灯上。当下列情况发生时，主机架报警被触发：

——系统的硬件与配置组态的数据不一致；

——DO 模件中有回路出错；

——主机架中有一个主处理器或 I/O 模件失效；

——扩展机架中的某个 I/O 模件与主处理器失去联系；

——主处理器发现有系统故障；

——机架之间的 I/O 总线电缆安装不正确；

——主机架电源失效；

——工作温度高于 60℃ 或备用电池功率不够。

（3）扩展机架的在线诊断　扩展机架也有警示接点，该机架接点报警的同时还会同步反映到本机架的电源模件 LED 指示灯上。当发生下列情况时报警被触发：

——扩展机架上有 I/O 模件失效；

——扩展机架电源失效；

——电源模件有一温度过高的警示（工作温度高于 60℃）。

（4）电源模件的在线诊断　电源模件面板上有 5 个 LED 状态指示灯，不仅反映了电源模件的状态，还反映了本机架的状态情况，如表 5-2 所示。

表 5-2　电源模件状态指示灯一览表

| PASS（绿色） | FAULT（红色） | ALARM（红色） | BAT LOW（黄色） | TEMP（黄色） | 说明及措施 |
|---|---|---|---|---|---|
| ON | OFF | OFF | OFF | OFF | 模件工作正常,不需要采取措施 |
| ON | OFF | ON | OFF | ON | 模件工作正常,但工作温度已高于 60℃。调整环境温度,否则 TRICON 系统会永久性失效 |
| ON | OFF | ON | ON | OFF | 模件正常工作,但其备用电池的功率不够,在停止供电时,会导致 RAM 内的控制程序丢失,应更换备用电池 |
| OFF | ON | ON | 任意 | 任意 | 模件失效或供电停止。如果模件失效,应更换模件。若是供电问题,应恢复供电 |
| OFF | OFF | 任意 | 任意 | 任意 | 指示灯或信号电路工作不正常,应更换模件 |
| ON | OFF | ON | OFF | OFF | 模件工作正常,但在机架或系统内存在故障模件,进一步检查机架和系统内其他模件的 PASS 和 FAULT 灯或通过 TriStation 1131 程序的在线诊断界面确定故障模件,更换故障模件 |

（5）主处理器模件的在线诊断　主机架上有 3 个各自独立工作的主处理器模件，瞬态性的故障会被硬件"三取二"表决电路记录和掩蔽，持久性的故障在诊断后会发出警报，出错的模件可被热插拔更换或以容错状态继续工作，直到完成更换为止。主处理器诊断功能进行的工作如下：

——检验固定程序存储；

——检验 RAM 的静态口；

——试验所有的基本处理器指令和操作状态；

——试验所有的基本浮点处理器指令；

——检验与各个 I/O 通信处理器和通信支路共用的存储器接口；

——检验 CPU 和各个 I/O 通信处理器和通信支路之间的交换信号与中断信号；

——检查各个 I/O 通信处理器和通信支路微处理器、ROM、共用存储器的存取，以及 RS-485 收发信号的环回；

——检验 TriClock 接口；

——检验 TriBus 接口。

主处理器模件设计有 5 个状态 LED 指示灯，见表 5-3。

表 5-3　主处理器模件状态指示灯一览表

| PASS（绿色） | FAULT（红色） | ACTIVE（黄色） | MAINT1（红色） | MAINT2（红色） | 说明及措施 |
|---|---|---|---|---|---|
| ON | OFF | 闪烁 | 任意 | 任意 | 模件工作正常。ACTIVE 灯在执行控制程序时，每扫描一次闪烁一次。不需要措施 |
| ON | OFF | OFF | 任意 | 任意 | 主处理器没有装载控制程序或控制程序已装入但未被启动。此种状态也存在于更换其中一个主处理器模件时，正在与其他主处理器同步过程中，如果在 6min 内 AC-TIVE 灯不点亮，该模件有故障，应更换 |
| OFF | ON | OFF | 闪烁 | OFF | 主处理器在重新同步过程中，PASS 灯在 6min 后点亮，然后 ACTIVE 灯亮，否则模件有故障，应更换 |
| OFF | ON | 任意 | ON | 任意 | 模件已失效，更换新模件 |
| OFF | OFF | 任意 | 任意 | 任意 | 模件上的指示灯或信号电路误动作，更换新模件 |
| ON | OFF | 任意 | OFF | ON | 主处理器软件错误次数很高，再出错就会使模件失效 |

主处理器模件另外还设计有 4 个黄色的通信状态 LED 指示灯，分别表示：

——当 COM TX 灯连续闪亮表示模件通过 COMM 总线发送数据；

——当 COM RX 灯连续闪亮表示模件通过 COMM 总线接收数据；

——当 IOC TX 灯连续闪亮表示模件通过 I/O 总线发送数据；

——当 IOC RX 灯连续闪亮表示模件通过 I/O 总线接收数据。

（6）模拟输入模件的在线诊断　AI 卡有 3 个 LED 指示灯：当 PASS 灯亮表示正常；当 FAULT 灯亮说明模件有故障，应更换；当 ACTIVE 灯亮表示模件正在执行控制程序。

（7）数字输入模件的在线诊断　DI 卡的 LED 指示灯有：PASS 灯、

FAULT 灯、ACTIVE 灯和对应通道状态指示灯。当 PASS 灯亮表示正常；当 FAULT 灯亮说明模件有故障，应更换模件；当 ACTIVE 灯亮表示模件正在执行控制程序。当输入为高电平时对应通道状态指示灯亮，否则灯灭。

（8）数字输出模件的在线诊断　DO 卡的 LED 指示灯有：PASS 灯、FAULT 灯、ACTIVE 灯、LOAD/FUSE 灯和对应通道状态指示灯。当输出为高电平时对应通道状态指示灯亮，否则灯灭。模件内部的电压反馈回路可检查输出电压是否符合要求，若不符合，则面板上的 LOAD/FUSE 指示灯亮。

（9）模拟输出模件的在线诊断　AO 卡的 LED 指示灯有：PASS 灯、FAULT 灯、ACTIVE 灯、LOAD 灯、PWR1 和 PWR2 指示灯。每个输出点的电源需要外部供给，如果回路电源存在，PWR1 和 PWR2 指示灯亮，若检测到一个或几个输出点上有开环，则 LOAD 指示灯亮。

（10）脉冲输入模件的在线诊断　PI 卡的 LED 指示灯有：PASS 灯、FAULT 灯、ACTIVE 灯和对应通道状态指示灯。对应通道状态指示灯随每次脉冲闪亮一次，没有脉冲信号时灯灭。

（11）热电偶输入模件的在线诊断　该卡的 LED 指示灯有：PASS 灯、FAULT 灯、ACTIVE 灯和 CJ 指示灯。当冷端传感器失效时，CJ 灯亮，应更换模件。

（12）继电器输出模件的在线诊断　该卡的 LED 指示灯有：PASS 灯、FAULT 灯、ACTIVE 灯和对应通道状态指示灯。当输出为高电平时对应通道状态指示灯亮，否则灯灭。

（13）通信模件的在线诊断　该通信模件可带电更换，它可实现点对点（peer-to-peer）和以太网的通信功能。它有 3 个 LED 指示灯：当绿色的 PASS 灯亮表示模件工作正常；当红色的 FAULT 灯亮表示模件有故障，应更换；当黄色的 ACTIVE 灯亮表示模件正在执行控制程序。

（14）外部终端板的在线诊断　外部终端板的作用是使 I/O 模件与现场隔离，其中的数字输入板和数字输出板的每个通道都使用熔丝组件，即一个保险管和一个 LED 灯；当保险管内的熔丝烧断时，对应的 LED 灯会亮。

### 2. 事件顺序记录分析

事件顺序记录（sequence of event，SOE），记录故障发生的时间和事件的类型。它可以更好地进行事故分析与事后追忆，即可按时间顺序记录各个指定输入和输出及状态变量的变化时间，记录精度可精确到毫秒级。在石油化工领域中，一旦在生产运行过程中发生停机、停车，需要通过它来查找事故原因，而这些项目的工艺过程复杂、实时性高，一般的报警记录及历史趋势已无法用来做出准确的事故分析。

① 事故事件发生后 4h 之内应及时收集 SOE 文件，以免时间太长被后面的信息覆盖，影响对事件发生原因的分析和判断。

② SOE 配置文件应包括 SIF 回路中所有的现场输入输出信号，所有 HMI 中可操作软按钮的信号，所有辅操台的开关按钮、蜂鸣器和指示灯状态的信号，所有控制器、网络、机架、电源模块、I/O 卡件的报警状态点和与电气专业相关的继电器触点状态信号。如图 5-6 所示。

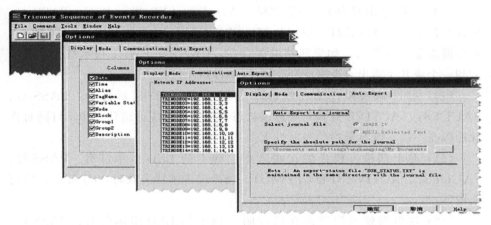

图 5-6 SOE 组态

### 3. 仪表维护在线操作

仪表技术人员对安全仪表系统的常规在线操作，主要包括在应用软件中对 I/O 点实施查找、对 I/O 点进行强制以及配合工艺完成旁路操作等。

（1）查找点 安全仪表系统应用软件均具备 I/O 点或内存点的查找功能，仪表技术人员可通过查找功能找到需要查看的点，读取其状态或数值。

（2）强制点 强制功能是对 I/O 点或内存点的人为手动赋值操作，原则上不推荐强制操作。如果遇到特殊情况需要实施强制，应在完成相关工作票手续办理之后实施，实施强制之后应做好记录，并在条件允许后适时取消强制。

（3）旁路操作 旁路操作通常由工艺人员完成，仪表维护旁路的操作应在工艺人员授权的状态下完成（手续授权和程序授权）。实施仪表维护时，仪表技术人员必须同工艺值班长取得联系。必须由工艺人员切换到硬手动位置，并经仪表技术人员两人以上确认，同时检查旁路灯状态，然后摘除联锁。摘除后应确认旁路灯是否显示，若无显示，必须查清原因；如旁路灯在切除该联锁前因其他联锁已摘除而处于显示状态，则需进一步检查旁路开关，确认该联锁已摘除后，方可进行下一步工作。仪表维护处理完毕，投入使用，但在投入联锁前（工艺要求投运联锁），必须由两人核实确认联锁接点输出正常；对于有保持记忆功能的回路，必须进行复位，使联锁接点输出符合当前状况，恢复正常；对于带顺序控制的联锁或特殊联锁回路，必须严格按该回路的联锁原理对照图纸，进行必要的检查，经班长或技术员确认后，方可进行下一步工作。投入联锁，需与工艺值班长取得联系，经同意后，在有人监护的情况下，将该回路的联锁投入（如将旁路开关恢复原位等）自动状态，并及时通知操作人员确认，以及填写好联锁工作票的有关内容。

### 4. 修改和下装程序

因生产或维护需要，修改和下装程序时，应首先办理相关手续，做到票证齐全，并对现有程序进行备份，之后才能实施修改和下装操作。在生产过程中，发现工艺设备专业根据生产需要提出修改时，可用"改变下装"形式装载到控制器。首先将修改过的控制程序下载到仿真控制器中，进行模拟测试，测试无误后才能下装到控制器，每次下装到控制器，控制程序的版本就会升级，由于旧版本不能进入在线控制界面，所以一定要按系统管理要求及时对最新的版本的所有程序（上位 HMI 程序、下位控制程序和 SOE 配置文件）进行备份，以防不测。控制器均具备"部分下装"功能，应注意在线运行时只能实施部分下装，确保系统不停止工作。在生产装置正常的运行当中，不能进行"完全下装"，因为这样会停运控制程序，进而影响到生产。只能在停车离线时才能实施整体下装/全部下装。

## 三、操作旁路和维护旁路[8-14]

化工企业装置运行期间，因工艺调整或现场仪表故障等原因需要对 SIF 进行旁路操作。通常设置有两类旁路开关：操作旁路开关（operational override switch，OOS）和维护旁路开关（maintenance override switch，MOS）。一般来说，MOS 和 OOS 有类似的功能，但是有不同的用途。它们的主要区别是：

① MOS 由仪表技术人员使用，而 OOS 由工艺操作人员使用。

② MOS 用于 SIF 的子系统层面（例如，对变送器的旁路），而 OOS 用于功能层面（例如，对整个 SIF 的旁路）。图 5-7 是 2oo3 表决变送器的 MOS 与 OOS 的设置，从图中可见它们的区别。

③ MOS 用于 SIF 子系统故障时进行检修或更换，此时的工艺过程状态是正常的；而 OOS 用于因工艺本身的原因需要解除 SIF，此时 SIF 本身的功能是正常的。

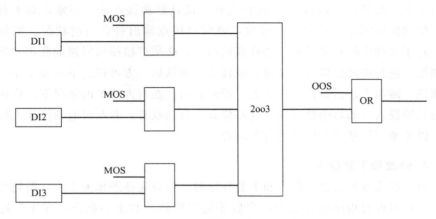

图 5-7　2oo3 表决结构中的 MOS 和 OOS

④ 当工艺条件满足时，OOS 可以自动解除（例如，当开车阶段完成，正常的工艺流程投运）。

MOS 主要用于旁路 SIF 回路现场传感器，以便进行维护和在线功能测试。不宜在输出到最终执行元件的信号上设置旁路，因为可能多个 SIF 对应着该最终执行元件。设置 MOS 一般要遵循如下的原则：

① 当传感器被旁路时，操作人员有其他手段和措施触发该传感器对应的最终执行元件，使工艺过程置于安全状态。

② 当传感器被旁路时，操作人员有其他手段和措施监测到该传感器对应的过程参数或状态。

③ 当传感器被旁路时，操作人员有其他手段和措施，并有足够的响应时间取代该传感器相关的 SIF，将工艺过程置于安全状态。

④ MOS 不能用于屏蔽手动紧急停车按钮信号、检测压缩机工况的轴振动/位移信号，以及报警功能等。

⑤ MOS 的启动状态应有适当的显示。旁路状态的时间不宜太长，如果对该时间有严格的限定，可设计"时间到"报警，但是不能自动解除旁路状态。

⑥ 对于 1oo2 或 1oo3 表决的传感器信号，可设置常规的 MOS；而对于 2oo3 和 2oo2 表决的传感器信号，为了降低 SIF 的 PFD，有的企业规范推荐采用旁路为"逻辑 0"的设计，即 2oo3 降级为 1oo2 而不是 2oo2；2oo2 降级为 1oo2。图 5-8 是 2oo3 表决传感器的 MOS 设置。

常规的旁路操作，保持旁路后的信号为逻辑 1；对于 2oo3 和 2oo2 输入信号，旁路后的信号为逻辑 0。不过 MOS 设计的降级机制选择，取决于安全性优先还是过程有效性优先。

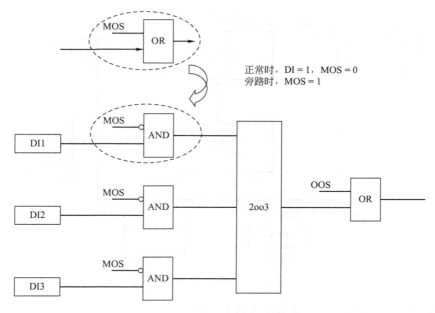

正常时，DI = 1，MOS = 0
旁路时，MOS = 1

图 5-8　2oo3 表决传感器 MOS 设置

　　传统的 MOS 和 OOS 设计，普遍采用一对一的硬接线开关，将这些开关信号连接到 SIS 逻辑控制器的 DI 通道。这种方式操作不便，需要大量的接线。随着网络通信功能安全技术的发展，目前项目上普遍采用 DCS 与 SIS 逻辑控制器相结合的设计思路，即在 DCS 的 HMI 操作画面上设置 MOS 软开关，并在该画面上显示实时的旁路状态。SIS 与 DCS 之间通过 RS232/RS485 串行通信或者以太网进行通信。MOS 的典型设计如图 5-9 所示。

　　采用 DCS 的 HMI 作为 MOS 的操作和管理界面，主要的关注点是对安全的影响。DCS 属于非安全系统，而 MOS 功能是其相关 SIF 的一部分，这就意味着该 SIF 的安全完整性将会受到影响，因此在设计 MOS 时，有必要考虑附加的安全措施，保证以安全的方式操作和执行 MOS。例如：限制同时执行 MOS 的数量；启动 MOS 信号时进行声光报警；限制"Bypass"的允许时间；设置总的 MOS "允许/禁止"硬钥匙开关，该开关信号（DI）通过硬接线引入 SIS 逻辑控制器。所有的 MOS 操作应在操作日志或 SOE 记录中。

　　MOS 设计的技术要点如下。

　　① 旁路操作应有相应的检查和操作规程。

　　② 一个安全相关逻辑组一次仅允许一个旁路操作；报警信号不能被旁路。

　　③ 旁路期间，应有相应的操作防护措施。旁路操作应限定在一个操作班

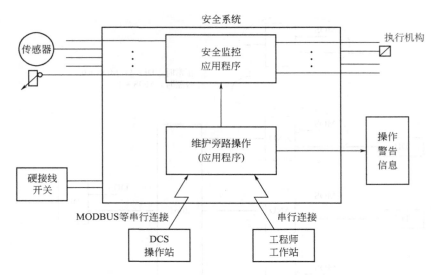

图 5-9 MOS 的典型设计

次内完成（不超过 8h），避免延续到下一班。

④ 硬接线的总 MOS "允许/禁止" 钥匙开关，应有操作指示灯，指示来自 SIS 逻辑器的 DO 回讯，表明它已处于 MOS "允许" 状态；该硬接线开关在任何情况下都可马上解除所有旁路，即使在功能异常时亦如此。

⑤ 当在 DCS 操作员站画面上的 MOS 软开关启动时，同时应有来自 SIS 逻辑控制器的回馈信号显示，以便确认旁路命令确实已经执行。

⑥ 旁路操作应有适当的记录，包括 MOS 的仪表位号、启动或结束的时间点，以及执行人（操作员或维修人员）的标识。

⑦ DCS 与 SIS 逻辑控制器之间的通信链路出现故障时，必须有相应的报警；因通信故障导致的旁路解除应该在报警后有一定的时间延迟，保证操作员对此作出响应。

旁路操作本身应有报警、记录和显示，在旁路期间也应始终保持对工艺过程状态的检测和指示。旁路操作应有明确的操作程序，并纳入功能安全评估和现场功能安全审计的范围之内。重要的一点是，旁路设计应仅限于正常的工艺过程操作界限之内，不能代替或用作安全防护层功能。

## 四、故障检测与维护

故障检测与维护[15-17]是一种常见的非定期的维护服务，它的核心是系统或设备出现故障后，找出故障原因并予以解决。这些故障的原因可能是明显的，也可能是隐含的，此时需要维护人员的经验和分析问题、解决问题的能力。

SIS 运行中，通过自动诊断、检验测试（proof test）、操作员操作监视、维护巡检等途径，检测出或发现系统中存在的故障。SIS 在线诊断功能可以实现逻辑控制器与现场设备等的故障诊断，第一时间通过报警信息提醒。自动诊断功能包括逻辑控制器自诊断、基于现场设备故障模型的应用软件自侦测。在线的自动诊断无法辨识出 SIS 中的全部故障，也不可能将某些潜在的隐患逐一侦测出来，保证 SIS 安全完整性的重要举措，还包括检验测试。检验测试也被称为功能测试或全功能测试，它是通过周期性的物理检验和测试，揭示出 SIS 中未被自动侦测出的故障，特别是危险故障和隐患，将其恢复到"如新"的状态。确保 SIS 的操作，持续地符合安全要求规格书的要求。

IEC 61511-1 的条款 11.3，规定了当检测出故障时，SIS 如何响应。理解并遵循这些规定，对设计以及现场操作维护，都具有实际意义。

### 1. 故障裕度为 1 的子系统

在能允许单独一个硬件故障的任何子系统中，检测到危险故障时（利用诊断测试、检验测试或其他办法）应导致：

用以达到或保持某种安全状态的一个规定动作；或者在修复故障部分的同时继续过程的安全运行。如果故障部分的修复不能在硬件随机失效概率中假定的平均恢复时间（MTTR）内完成，则会产生一个规定的动作以达到或保持某个安全状态。

在安全要求规格书中，应规定为达到或保持某个安全状态所需的规定动作（故障反应）。例如，它可以由过程或过程的某个部分的安全停车组成，该部分的风险降低依赖故障子系统或其他规定的减轻计划编制。

在上述动作有赖于操作员为响应一次报警而采取的特定动作（如打开或关闭一个阀门）的情况下，则应把报警当成安全仪表系统的一部分（即 BPCS 的独立性）。

在上述动作有赖于操作员为响应诊断报警而通知维护以便修复一个故障系统的情况下，该诊断报警可以是 BPCS 的一部分，但应经受适当的检验测试，并随 SIS 的其余部分一起进行变更管理。

一个冗余的子系统，故障裕度为 1 时，当子系统出现故障时，并不一定存在现实的危险。该子系统的故障，有可能在保持 SIF 的前提下进行修复。

特定动作是指故障出现后的响应，它应该在安全要求规格书中指定。可供选择的动作包括：关停整个工艺装置；关停由该故障子系统所在的 SIF 防护的某个工艺单元；维持工艺装置的正常操作，但采取某些临时的补救措施。

特定动作，首先是使被控对象达到或保持安全状态，通常选择的是关停。不过如果没有工艺危险存在，避免不必要的关停而保持连续操作，可能是更好的选择。采取什么样的"特定动作"，应该基于危险和风险分析对该 SIF 的安全完整性要求，以及是否有其他保护层存在等因素确定。

对故障部件的维修，应该在 MTTR 规定的时间内完成，该 MTTR 是在 SIF 的 PFD 确认计算中设定的时间。如果维修时间超过了计算设定值，意味着潜在的风险增加。这时有必要采取特定的动作，例如不再维持连续操作、关停工艺流程等。

需要说明的是，MTTR 是指从故障被发现或检测出来，进行修理并恢复到正常运行的平均时间。设定该时间应该考虑现实可行性，包括故障原因辨识、维护人员的响应时间、工艺配合准备的时间、备品备件的库存等诸多因素。例如检测开关、变送器、继电器等现场常见设备，在有备件的情况下，通常在 4～8h 内，应该能够维修或更换完毕；而对于逻辑控制器，如果需要制造商服务人员的现场技术支持，考虑路途和天气等因素，一般在 24～72h。

当设计要求某种故障报警出现后，由操作人员采取直接的操作动作，这意味着该报警是安全相关报警，并且该报警与操作员的动作一并构成了 SIF 故障时的另一道保护层。将此类报警设计为 DCS 的操作画面显示可能是不恰当的，它应该独立于 DCS 之外，例如采取"硬接线"接到报警盘。

此外，对操作员的动作响应要求，应该在 SIS 操作规程中清晰明确地描述出来。

当设计要求某种故障报警出现后，工艺装置仍然持续操作，操作员的职责只是通知维护人员对故障进行维修而不是采取特别的措施，这意味着只要维护人员在 MTTR 内修复，该故障的存在不会导致现实的过程危险或者危险很小。此类报警只是一般意义上的报警，可以通过通信连接将 SIS 中的一些报警信息传送到 DCS，并组态在操作员站的显示画面上。

这里最关键的一点，是按照检验测试和变更管理的程序进行管理。首先，此类报警应该按照测试规程定期对其测试，这一点不难理解。其次，它强调遵循"变更管理"有深层的含义。变更管理（management of change，MOC）是包括工艺安全管理（PSM）在内的许多法规和标准特别重视的管理原则。当实际的修复时间超过了 MTTR 时，意味着故障子系统所在的 SIF 的安全完整性违背了设计基础，实际上是对设计条件的改变。必须采取相应的补救和管理措施，使之处于被控状态。

变更管理审查，需要考虑下列问题：确保将潜在的危险辨识出来，并评估其风险；是否有其他安全监控措施或保护层防止或抑制该危险？本 SIF 提供怎样的风险降低？该 SIF 提供的风险降低，是否在有限的时间内用临时的补救措施取代？故障子系统的安全手册或操作要求，是否有对 MTTR 的相关规定？如果不修复，多长时间后将强制关停（降级模式的时间限制要求）？

进一步地，当 SIF 的子系统出现故障，如果需要临时补救措施，不论声称这种临时的技术或管理措施有多么充分，无限期地替代设计的 SIF 都是不可接受的。在安全要求规格书或者 SIS 操作和维护规程中，应该定义每个 SIF 子系统降级或故障时，需要怎样的相应动作，确保被控对象达到或保持在安全状态。

### 2. 故障裕度为 0 的子系统

当在子系统中检测到危险故障时（利用诊断测试、检验测试或其他办法），如果该子系统是无冗余的、仪表安全功能完全依赖于该子系统，且子系统仅按要求模式实现仪表安全功能的情况下，则应导致：用以达到或保持某个安全状态的一个规定动作；或者在计算硬件随机失效概率中假定的 MTTR 时段内修复故障子系统。在这段时期应由附加的措施和约束保证过程持续安全。这些措施和约束提供的风险降低，至少应等于无任何故障时的安全仪表系统所提供的风险降低。在 SIS 操作和维护程序中应规定这些附加措施和约束。如果不能保证在规定的 MTTR 内完成修复，则应执行一个规定动作以达到或保持某个安全状态。

在上述动作有赖于操作员为响应一次报警而采取的特定动作（如打开或关闭一个阀门）的情况下，则应把报警当成安全仪表系统的一部分（即 BPCS 的独立性）。

在上述动作有赖于操作员为响应诊断报警而通知维护以便修复一个故障系统的情况下，该诊断报警可以是 BPCS 的一部分，但应经受适当的检验测试，并随 SIS 的其余部分一起进行变更管理。

① 如果该子系统的一次失效导致了所考虑的安全仪表系统中的仪表安全功能的一次失效，并且该安全功能还未被分配另一保护层，则可认为该仪表安全功能同该子系统完全相关。

② 在安全要求中，应规定为达到或保持某个安全状态所需的规定动作（故障反应）。例如，它可以由过程或过程的某个部分的安全停车组成，该部分的风险降低依赖故障子系统或其他规定的减轻计划编制。

子系统故障裕度为 0 或者说没有故障容错，意味着单一的故障将使 SIF 丧失其设计功能。该故障子系统所在的 SIF，对该子系统是完全依赖的，表明该子系统的故障将导致所在 SIF 的失效，同时该 SIF 也没有被分配到其他的保护层。

因为操作在要求模式下，要求率（demand rate）非常低，除了平常采取的联锁关停外，这也给子系统故障时保持被控对象连续操作提供了机会。于是当子系统故障时，马上采取具有同等风险降低能力的临时替代措施，一边持续正常生产，一边对故障进行修复。

例如，一个储罐中装有易燃性液体，一台液位变送器 1 检测液位信号，并由 DCS 控制出口管上的调节阀，保持罐中液位的稳定；为了防止罐中物料因液位控制失效溢出，导致火灾等危险后果，还安装有独立的另一液位变送器 2 进入 SIS，当检测到液位高高时，关闭入口管切断阀。为了对液位变送器 2 进行周期性检验测试（例如每 6 个月一次），设计了维护旁路开关（MOS）。操作规程要求旁路操作不允许超过 4h，否则将手动关闭入口管上的切断阀和进料泵。同时规定在 MOS 启动时，操作员必须每小时到现场对就地液位计巡视一次，确保在该 SIF 停用期间（检验测试，或者对变送器维修、更换），不会仅仅依赖 DCS 的正常液位调节回路。

本例子中的液位变送器 2，就是无故障容错的单一子系统。液位联锁 SIF 对该液位变送器是完全依赖的，因为该液位变送器的故障将导致 SIF 的功能丧失。MOS 允许启动 4h，即为该液位变送器的 MTTR。维修超过 4h 后手动关闭进料泵和进料切断阀，将保证被控工艺对象达到安全状态。危险和风险评估认为，在液位变送器 2 检修时每小时对储罐的就地液位计巡检一次，足以保证替代该 SIF 实现的风险降低。

"当设计要求某种故障报警出现后，由操作人员采取直接的操作动作"和"当设计要求某种故障报警出现后，工艺装置仍然持续操作，操作员的职责只是通知维护人员对故障进行维修而不是采取特别的措施"这两种情况，与"故障裕度为 1 的子系统"含义一致。

### 3. 连续模式下的故障裕度为 0 的子系统

当在子系统中检测到危险故障时（利用诊断测试、检验测试或其他办法），如果该子系统是无冗余的，仪表安全功能完全依赖于该子系统，且子系统仅按连续操作模式实现所有仪表安全功能的情况下，则应导致一个规定动作，以达到或保持某种安全状态。

在安全要求规格书中应规定为达到或保持某种安全状态所需的规定动作（故障反应）。例如，它可以由过程或过程的某个部分的安全停机组成，该部分的风险降低依赖故障子系统或其他规定的减轻计划编制。检测故障及执行动作的总时间应少于发生危险事件的时间。

在上述动作有赖于操作员为响应一次报警而采取的特定动作（如打开或关闭一个阀门）的情况下，则应把报警当成安全仪表系统的一部分（即 BPCS 的独立性）。

在上述动作有赖于操作员为响应诊断报警而通知维护以便修复一个故障系统的情况下，该诊断报警可以是 BPCS 的一部分，但应经受适当的检验测试，并随 SIS 的其余部分一起进行变更管理。

① 如果该子系统的一次失效导致了所考虑的安全仪表系统中的仪表安全功能的一次失效，并且该安全功能还未被分配另一保护层，则可认为该仪表安全功能同该子系统完全相关。

② 当一个子系统的输出状态的一些组合有可能直接引起一个危险事件时，需要把子系统中的危险故障检测看作在连续模式下操作的一个仪表安全功能。

连续模式涵盖执行连续控制的 SIF，包括连续模式和高要求模式。它定义为要求的频率大于一年一次，或者大于检验测试频率的 2 倍。这表明，连续模式实际上是指"要求"频繁出现的应用，过程危险不断存在或者接近于不断存在。因此，如果没有故障容错的子系统出现故障，SIF 的丧失可能意味着现实的危险。

从故障发生到检测出来，并完成响应动作所需的总时间，应该小于危险事件将会发生的时间。首先，当"请求"出现时，SIF 必须在过程安全时间（PST）内完成从检测到执行的全过程，如果 SIF 在 PST 内不能响应，就意味着危险或危险事件的发生。在通常的工艺工况中，该时间是秒级的。如果指的是这种情况，只能依赖自动诊断并且关停被控对象使之达到安全状态，这一原则对要求操作模式或者连续操作模式没有区别。

连续操作模式的本质是"要求率"高，从故障发生（通过诊断、检验测试或者任何其他方式）到检测，再到采取校正动作，只要所需的总时间远远小于"请求"出现的时间，就可能在 SIF 子系统故障期间采取补救措施，在不关停被控对象的情况下，利用"机会窗口"对故障进行修复。

实际上，由于现代工艺过程的复杂性，当 SIS 的 SIF 子系统出现故障时，是选择工厂的连续操作还是安全停车，应该基于危险和风险分析中定义的危险情节、触发原因及其频率、可能的后果、是否有其他保护层等多种因素综合考虑。这种评估分析将确立对 SIS 的结构要求、自诊断要求、检验测试要求等原则。

#### 4. 典型故障维护

通过上述分析，我们可以将 SIS 常见故障分为系统故障、回路故障和人为故障三类。系统故障和回路故障可分为一般故障和严重故障。一般故障是指通常的卡件故障（系统故障报警无法通过诊断软件进行清除，或者清除后反复出现，检查相关部件或外回路线路正常），在线更换卡件解决问题。严重故障是指引起工艺或设备停车，或者同时出现两个以上的卡件故障。

发生一般卡件故障并在卡件更换后的几天之内的巡检日志上要重点记录更换卡件的状态。发生严重故障所更换的卡件，一定要详细记录：系统名称、使用位置、故障现象、诊断信息、卡件系列号，用于后期的故障分析。

若出现控制器故障，或者多块 I/O 卡件同时故障时，应联系系统供应商进行分析和处理，消除隐患。若供应商人员不能及时赶到，仪表技术人员一定要在事件发生后的 4h 之内注意收集 SOE 文件和系统诊断文件，以免事件发生后时间太长被后面的信息覆盖。若故障导致装置停车事故，要联系制造商相关人员，及时到现场参加事故分析和系统相关信息的收集以及现场勘查、测试等工作，以期及时和全面地收集到真实的信息，找到事故的原因。

常见故障为卡件故障报警时，发生故障报警的卡件，经过诊断分析后，确认需要更换的，需要及时予以更换。卡件更换的基本流程为确认方案、办理手续、插入备卡、备卡正常工作后拔出故障卡四个步骤。

（1）卡件更换原则

① 插入的卡件如果有损坏的插针，可能会影响到系统的多项功能甚至影响到控制的装置，所以如果发现有针脚损坏的应及时返回工厂维修。

② 如果系统存在两个故障，一个在主处理器、另一个在其他型号的卡件，那么请先更换主处理器。

③ 不可以同时安装两块以上的卡件，应该在安装完一个卡件后等它 AC-TIVE 指示灯亮了以后，再进行下一块卡件的安装。

④ 如果一个 I/O 卡件兼有卡件故障和现场外围故障，要先解决现场的故障。

⑤ 新的卡件安装时要注意是否到位。

⑥ 记录故障卡件的型号和系列号，并向厂家报备。

（2）更换主处理器模块（MP）

① 如果装置在运行，首先要确认至少有一个主处理器卡的黄色 ACTIVE 灯在闪烁。

② 松开故障 MP 的紧固螺钉，然后用手捏紧紧固螺钉将卡件慢慢地从槽位上滑出。

③ 更换的卡件插入后 1～10min 内 PASS 灯会亮。

④ 用恰当的力矩拧紧固定螺钉。卡件没有插好或者固定到位，会影响到卡件的正常工作。

⑤ 新换卡件与其他正常卡件同频闪烁。

（3）更换 I/O 卡件　I/O 卡件发生故障时，应先处理现场故障。在更换故障 I/O 卡之前应确认以下事情：

① 热备槽上的卡件或者同一逻辑槽位的冗余卡件的 ACTIVE 指示灯已经点亮。

② 故障卡件的 ACTIVE 指示灯处于不亮状态。

③ 如果安装有热备卡件的，并且热备卡的 ACTIVE 灯亮，松开故障卡的紧固螺钉用手将故障卡拔出。如果两个卡件的 ACTIVE 灯同时亮，请立即与制造商服务部门联系。

④ 没有安装热备卡的，将完全一样的卡件插到同一逻辑槽位的另外一个空槽中并紧固，新换卡件 PASS 灯将会在 1min 内亮，ACTIVE 灯会在 1～2min 亮。

（4）回路检查　检测元件回路检验检测时，必须确认工程值与信号值的对应关系，确认导线绝缘、回路连接线路电压降、负载阻抗、工作电压在允许范围内，确认回路间互不影响，不出现不应有的动作，确认屏蔽线仅单点接地、信号传递的抗干扰能力满足要求，确认校准联锁动作值的回差、重复性和对输入信号的响应时间、灵敏度保证在规定限内。对 SIF 回路中的各个接线端子、接线片、接线柱进行检查：检查其氧化、锈蚀、腐蚀情况；检查接线有无松动或者开路或者对地短路等现象，对有问题的部位进行处理或更换。检查电线的氧化程度。对处于腐蚀性较强环境中的电源线（尤其是多股铜导线），因氧化、硫化、受潮等原因造成电源线发黑、变绿、部分线丝断开应予以处理，并采取措施。现场防爆接线箱内的电线（亦是两线制或四线制仪表的信号线）：要确保防爆接线箱密封良好，不进水、端子无锈蚀、接线不氧化、螺钉不松动。

（5）工作站电脑故障处理　工作站电脑常见故障包括两类，即硬件故障和软件故障。当工作站故障导致电脑无法正常工作，首先由维护人员重新启动电脑。如果仍然无法恢复工作，应联系系统工程师或系统供应商支持，通过重装系统、更换故障硬件、更换电脑等方式处理。

硬件故障包括主机故障（含内存、硬盘、主板）、显示器故障、鼠标故障等。主机故障通常无法操作，表现为死机、数据不刷新、蓝屏等，无法重启恢复。更换部件，重装操作系统和应用软件恢复。显示器和鼠标故障可通过替换方法发现和处理。

软件故障包括 Windows 平台故障、通信接口软件故障等。Windows 平台故障有不确定性，表现为死机、数据不刷新等，可重启计算机恢复。恢复后进入系统进行分析。如果重启仍不能恢复，可重装 Windows 系统。检查通信软件是否正常运行，如果因为其问题引起数据不刷新，可重启解决。同时可以完善通信软件监控脚本，当其因连接原因退出时自动重启并报警。

## 五、修改与变更

在 SIS 的实际应用中，由于工艺过程或控制策略的变更，修改系统的硬件配置或者修改应用逻辑是经常遇到的；随着技术的发展，安全逻辑控制器运行多年后，其系统软件的升级也不可避免。对 SIS 的修改通常在停车检修期间完成，条件许可的话，也可以在正常生产操作的条件下进行。

修改意味着对原设计的改变，因此"同型替换"不在修改的范畴之内。同型替换是指完全相同的系统或设备的替换，或者用具有相似的特征、功能性以及故障模式的"批准的替代品"替换。例如当卡件出现故障时，用相同的备件更换；或者采用另一品牌，但具有相同技术性能的变送器，替代损坏的变送器。替代品的批准是指根据工厂的内部备品备件管理程序或者 SIS 维护规程，许可采用不同品牌或不同部件号的同类产品，或者复制品。

在对工艺过程和安全仪表系统的任何单元进行变更时，根据 PSM 和功能安全标准的规定，任何修改都应遵循 MOC 的规则，包括：工艺过程；操作规程；为符合新的或修订的安全法规或标准，对系统设计或管理规程需要做相应的变更；安全要求规格书；安全仪表系统硬件或软件；为提高安全性对原设计进行的变更；测试或维护规程。

对 SIS 的任何修改都应在付诸实施前，进行相应的计划、审查，并依据管理权限得到批准。拟议修改内容对功能安全的可能影响应进行分析，依据对安全影响的范围和深度，返回到安全生命周期被影响到的第一个阶段，按照 SIS 安全生命周期活动管理的原则，对影响到的环节进行审查和更新，包括：拟修改的技术基础；对安全和健康的影响；修改涉及的 SIS 操作规程的变更；修改需要的时间和进度安排；拟修改的审批程序和管理权限；修改涉及的技术细节和实施方案；如果是在线修改，需要做的准备工作、工艺操作的配合、厂商的配合、计划安排、修改的实施步骤，以及风险分析和风险管理。

在修改变更前，根据修改的影响范围和管理权限，应该就以上问题进行安全审查，同时确保新增或修改后的 SIF 满足安全功能和安全完整性要求。

遵循文档管理程序，对 SIS 修改变更涉及的资料信息做好收集、编制，以及整理归档工作，包括：修改变更的描述；修改的原因；对涉及的工艺过程进行危险和风险分析；修改对 SIF 的影响分析；所有的批复文件；对修改的测试记录；对修改影响到的图纸、技术文件进行更新，并记录修改的背景信息；对修改后的应用软件进行备份存档；备品备件的库存变动记录。

在修改变更完成后，根据修改的影响范围和管理权限，进行必要的审查和验收。对于较大规模的扩容改造，有必要按照 IEC 61511 的规定，进行修改后的功能安全评估。针对修改涉及的 SIS 操作和维护规程，对操作和维护人员进行相应的培训。

IEC 61511-1 条款 12.6 中规定了采用 FPL 和 LVL 编程的应用软件在操作阶段进行修改的步骤要求，确保应用软件修改后仍能满足安全要求规格书的要求：在修改之前要分析对工艺过程的安全影响，以及分析对应用软件设计的影响；制订对修改的重新确认和验证计划，并确保按照计划执行；对修改和测试期间需要的条件进行计划并落实；修改涉及的所有文档都要更新；对修改活动进行详细记录；修改完成后进行备份。

对可编程安全仪表系统的任何修改变更，推荐采用下面的流程：建立修改管理程序，以便对修改计划、修改流程，以及所需资源进行管理；对拟修改内容进行全面的危险和风险评估，包括对系统未修改部分的可能影响；修改设计应该遵循 IEC 61511-1 陈述的生命周期流程；在对实际运行的系统修改之前，应该对相关修改的硬件和应用软件进行全面的离线确认（审查分析、离线仿真测试）；修改后的安装和调试工作应遵循 IEC 61511-1 定义的安装和调试步骤；在修改的部件或应用程序投入在线应用之前（即仍处于与被控工艺对象脱离的状态），应该对应用逻辑功能进行测试验证，确认无误后再切到工艺连接；执行修改的作业人员，应该具有胜任相关工作的经验和能力；在对应用软件进行离线修改时，应该确认修改采用的版本与在线运行的版本一致。

围绕 SIS 的硬件和软件的变更，只是变更管理的一部分。变更是客观存在的，消除隐患、堵塞漏洞需要改变，技术和管理水平的持续改进也许有改变，人员的流动更是不可避免的改变。人力资源和管理流程的改变，可能会影响到 SIS 操作和维护的绩效。不论是被动的更改还是主动的改变，都必须是可追溯的、可控的。

MOC 就是建立一个规范的管理流程，将拟修改中可能产生的风险辨识出来，并进行相应的管理。PSM 的变更管理要求，在变更之前落实下列事项：拟更改的技术依据；对安全和健康的影响；涉及的操作规程的变更；修改所需的时间安排；对拟议修改的授权要求。如有必要，应告知并培训变更事项所涉及的操作和维护人员，以及对过程安全信息和操作规程做相应的更新。

## 六、周期性检验测试

SIS 绝大部分时间处于休眠状态，SIS 的自诊断功能不能百分百检测到所有失效，也不可能将某些潜在的隐患完全侦测出来。周期性检验测试[16,17]的目的就是要发现自诊断未能检测到的失效，以此来保证 SIS 的安全完整性。同时检验测试也是功能安全标准的明确要求，SIS 的设计应该为完整测试或部分测试提供便利条件；在工艺装置的周期性停车大检修时间间隔大于周期性检验测试时间间隔时，需要对 SIS 进行在线环境下的检验测试。

检验测试也被称为功能检测，它是通过周期性的物理检验和测试，揭示出 SIS 中未被自动侦测出的故障，将系统恢复到"完好"的状态，来确保 SIS 的应用，持续性地符合安全要求规格书的要求。周期性检验测试与 $PFD_{avg}$ 关系如图 5-10、图 5-11 所示。

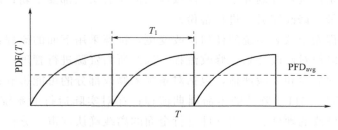

图 5-10　完美测试曲线示意

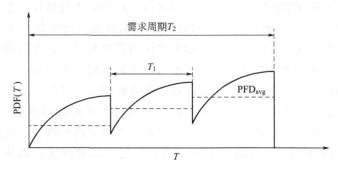

图 5-11　不完美测试曲线示意

图 5-10 为每次检验测试均能 100％地覆盖所有失效的可能（完美测试），即认为经过一次检验测试后，被检测 SIS 的 $PFD_{avg}$ 与其刚出厂时一致。

但在实际工厂的日常维护中，由于受到各种各样情况的限制，很难做到 100％的检验测试覆盖率（不完美测试），被检测 SIS 的 $PFD_{avg}$ 会随着时间不断增大，如图 5-11 所示。

　　SIS 的周期性功能检验测试时间间隔在 SIS 的安全要求规格书中规定，它的操作和管理要求体现在 SIS 的操作规程和维护规程中。SIS 的不同子系统或部件，也可以考虑不同的检验测试时间间隔。测试方式可以是自动的，也可以是手动的。

　　相对于 SIS 的自诊断，检验测试需要重点关注以下几个方面。

　　① 检验测试包括物理检查和功能测试。测试范围包括传感器、逻辑控制器、最终执行元件，以及支持系统（电源、仪表气源等）。

　　② 检验测试规程应该明确测试方法、步骤、验收标准，对发现故障的处理，确保 SIS 子系统的性能完好和整个 SIS 的功能正常，确保与外部设备的通信性能完好，确保报警等指示功能正常。为了辨识潜在的失效，可采用故障树检查、失效模式和影响分析等方法。

　　③ 测试间隔（TI）依赖于工厂的管理策略、设计惯例、良好的工程实践经验和安全要求规格书要求。从 SIS 操作和维护的便利性、安全性，以及低成本的角度，SIS 功能测试时间间隔与工艺装置检修周期相一致可能是最佳选择，这样可以最大限度地避免干扰正常的工艺生产，也便于现场的管理。

　　当 SIF 选型与回路设计完成后，需要进行 $PFD_{avg}$ 计算，对 SIF 所能达到的 SIL 进行确认。如果计算表明，该 SIF 的 SIL 达不到要求，可供选择的方案包括：选用可靠性更高的设备；通过改变表决机制提高硬件的故障裕度；改进现场设备的诊断覆盖率；以及缩短检验测试时间间隔。如果增加测试频率成为最佳选择，并且该时间间隔小于工艺装置停车检修的周期时，就应设计对该 SIF 子系统进行在线测试的方案，例如维护旁路或者工艺管线复线，并在工艺操作和 SIS 维护规程中制定相应的检验测试联动机制。

　　④ SIS 在现场运行数年后，应该基于维护和测试的历史数据，以及操作和维护经验等，对检验测试的时间间隔进行重新评估，确定是否有必要进行调整。

　　⑤ SIS 和子系统检验测试目标是辨识出全部的潜在危险失效和其他影响安全完整性的因素并恢复到"完好"状态。特别是大检修期间，对 SIS 整体功能测试，应该评估实际达到的检验测试覆盖率。举例来说，一个流量保护 SIF，AI 信号回路的边界在哪里？是仅考虑到差压变送器，还是将一次元件，孔板及其引压管都包含在内？在通常的检修中，如果只是对变送器进行打压校验，那么就要根据被测工艺流体的物性进行分析，评估差压检测和引压系统的精度及可靠性，确定检验科目是否覆盖 SIF 中潜在的关键失效模式。

　　⑥ 对任何新增或修改的 SIF，应该进行全功能测试。在进行了适当的审

查和分析评估基础上，对变更进行部分的功能测试也是允许的。无论如何，要确保所需的 SIL 要求。应该保持完整的检验测试记录，包括检验测试过程描述；检验测试日期；工作执行人；被测对象标识（SIF 编号、仪表位号、设备编号等）；测试和检验的最终结果。

### 1. 现场传感器检验测试

现场传感器检验测试科目包括安装状况和仪表外观目测检查：螺栓/保护盖等是否丢失、是否松动、外观是否有损伤；保温和伴热检查；接线情况检查：接线端子是否牢固、接线盒密封情况、线缆是否有损伤；现场各类仪表应该遵循制造商提供的检验方法，对传感器本身的性能指标，包括测量精度、量程范围、重复性、测量方式、信号输出特征等进行检验；输入回路功能测试，可采用实际被测对象"工艺加载"或者信号模拟的方式。所谓"工艺加载"方式是借助现场就地仪表和 DCS 的显示和控制，由操作人员对工艺进行实际操作，来检验传感器的性能表现。尽管从理论上来说，这是最理想的测试方式。但有时往往不具备条件，只能采用信号模拟方式或者在引压口打压方式来检验。不同的检验方式，其检测覆盖率会有所差异。

用于功能测试的旁路开关，使用时应该有提示信息。对输入信号进行旁路操作时，不应停止或取消该信号的数据记录和报警信息，可以考虑为旁路操作设置报警提示，提示该信号正处于旁路状态中。当对仪表设备进行旁路时，仍然要保证所在 SIF 功能的安全性。应该建立旁路操作规程，并予以严格执行。

### 2. 逻辑控制器检验测试

逻辑控制器检验测试科目应按照安全手册要求或者由制造商产品安全手册要求，根据这些手册提供的检验测试程序对逻辑控制器进行逐项检验测试。制造商提供"系统点检"服务可作为对逻辑控制器及其外围卡件的检验测试。

对逻辑系统内的输入或输出信号进行强制操作，来模拟输入或者启动输出，这样的操作行为与测试是不同的，不能将它们画等号。

### 3. 最终元件检验测试

最终元件检验测试的科目包括：安装状况和仪表外观进行目测检查：螺栓/保护盖等是否丢失、是否松动；外观是否有损伤；电磁阀的排气口是否有污物堵塞；气源压力及其操作检查；接线情况检查：接线端子是否牢固、接线盒密封情况、线缆是否有损伤；通过在操作员站"强制"等操作，检查电磁阀的动作；检查切断阀的行程和开关时间（如有必要）；检查阀位开关的动作；检查去 MCC 的机泵开启和关停信号。

### 4. 整体功能测试

整体功能测试科目包括：测试与 DCS 等设备的通信；测试 SOE 功能；测试首发报警功能；测试系统诊断和报警功能；测试系统的冗余性以及接地；根据"因果图"等设计文件测试应用程序；测试逻辑旁路和复位功能；测试紧急手动停车按钮的功能；测试系统环境因素的影响（RFI/EMI 等）。

在某些工况下，可能需要借助于旁路或强制等手段，对整个 SIF 或者其中的子系统进行在线功能测试。这时应该有书面的许可，在操作人员的配合下，按照相应的操作和测试程序进行。这种测试应该基于单个 SIF 回路，不宜同时对多个 SIF 进行在线测试，这也意味着不宜对 SIF 共享的最终执行机构进行强制。旁路操作应该有醒目的显示，并且有时间限制。当在线功能测试完成，SIF 返回到正常的工作状态，由操作和维护人员共同检查并签字确认。

对那些不宜进行在线测试的最终部件（例如切断阀、多个 SIF 共享的最终执行元件），应该制定相应的规则，可以利用工艺单元停车机会进行测试，或者采取各种可行的方式进行测试。

切断阀一般为气动或液动执行机构控制阀，动力源中断时应使执行机构动作到其固有的故障位置。目前很多工程对切断阀实施在线测试缺少考虑，测试时间也往往是装置停工检修一起进行，对测试时间间隔的要求不明确，缺少保证 SIS 完好的测试计划。目前切断阀在线测试方法主要有部分行程测试（partial stroke test，PST）和全行程测试（full stroke test，FST）。

部分行程测试（PST）是指对切断阀进行部分行程开或关的动作测试，并推断出切断阀是否具备要求的安全功能。PST 行程设定值通常为 $10\% \sim 20\%$，PST 测试过程不应造成工艺流量的明显变化，以免造成工艺装置生产运行的波动。PST 功能通常有两种实现方式：一种是电磁阀等气动附件加位置开关或检测模块，让电磁阀短时间断电，造成阀门失气后动作，一旦阀门动作到设定的位置通过行程开关或检测模块反馈，使电磁阀上电，阀门回到正常位置；另一种是通过带 PST 功能的阀门定位器实现，这种智能型阀门定位器也可以实现就地和远程操作，通过程序设定部分行程值。由于 PST 功能的智能阀门定位器实现了测试功能的集成，同时也易于安装和实施。除此之外也有机械限位等其他方式。

全行程测试（FST）是指对 SIS 切断阀进行全行程开或关的动作测试，并依据测试结果判断出切断阀是否具备要求的安全功能。对于故障关闭的 SIS 切断阀，应设置旁路阀用于 FST。对于故障打开的切断阀，应在 SIS 切断阀的上游或下游设置切断阀用于 FST。用于 FST 功能的旁路或切断阀均应有铅封设施，并铅封在安全位置。FST 测试设施配置如图 5-12 所示。

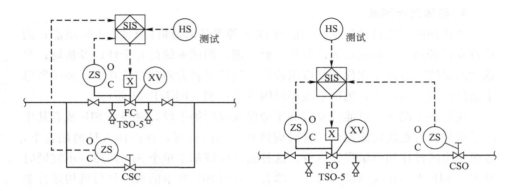

图 5-12　切断阀全行程测试设施配置示意

CSC—旁路切断阀；CSO—旁路切断阀；ZS—限位开关；XV—SIS 切断阀；C—信号关；

O—信号开；FC—故障关（气开）；FO—故障开（气关）；X—气动执行机构

对于设置测试旁路阀的 SIS 切断阀，在 SIS 切断阀做全行程关闭测试前，应打开旁路阀，SIS 检测到旁路阀限位开关信号全开时，才具备 SIS 切断阀的测试条件，现场测试开关才能起作用。完成测试后，应关闭旁路阀并进行铅封。

对于设置上游或下游切断阀的 SIS 切断阀，在 SIS 切断阀做全行程开启测试前，应先关闭上游或下游切断阀，SIS 检测到上游或下游切断阀限位开关信号全关时，才具备 SIS 切断阀的测试条件，现场测试开关才能起作用。完成测试后，应开启上游或下游切断阀并进行铅封。

具有 PST 功能的安全型智能阀门定位器的应用，使得 PST 便于实施。较少的测试设施的投入，降低了测试成本。但是 PST 只是对切断阀进行了一部分行程测试，一般为行程的 $10\%\sim20\%$，并没有全部测试阀门的正常工作性能。只能在完成 PST 测试的基础上，分析推断 SIS 切断阀是否还具有要求的安全功能。另外，PST 测试过程存在造成误停车的可能性，如 SIS 切断阀及智能阀门定位器附件等本身可能存在的故障造成误停车；同时 PST 测试造成物料流量变化带来的影响，尤其对于 $DN200$ 以下小口径管道的 SIS 切断阀，PST 测试可能造成物料流量变化较大，影响工艺生产过程。

FST 能够完成阀门的全部行程测试，能够真实判断出 SIS 切断阀是否具有相应的安全功能。相对于 PST，FST 配置的测试设备较多，对于设计、设备设置及安装等方面的成本投入较多。

## 七、现场功能安全管理

要取得和保持 SIS 的功能安全，需要技术体系和管理体系的保障[9-11]。

SIS 现场功能安全管理，是工厂安全管理的有机组成部分。建立功能安全管理（FSM）体系已成为衡量企业功能安全管理水平的一把尺度。

### 1. 功能安全审计

功能安全审计是确保为满足功能安全要求所需的规程和程序，符合计划的安排，被有效地执行，并且适用于取得特定的功能安全目标，它是一项系统性的独立审查评估活动。它通过会见、走访、调查，以及审查工厂操作记录，确认是否遵循了这些规章制度和管理程序。类似于第三方（比如政府安全部门）组织的大检查，实质是检查技术活动和管理活动是否处于有效的监督和控制。它着眼于审查相关生命周期阶段所有的活动，其中可能包括审查管理者是否按照职责要求执行了"监督检查"程序。

IEC 61511-2 给出了一个可供参考的功能安全审计指导原则，描述了相关的活动。它包括下列内容。

（1）审计类别 一般包括第三方的独立审计和自我审计相结合、检验；安全参访（例如巡查工厂并对意外事件进行审查分析）；对 SIS 进行问卷调查。

（2）审计策略 如果审计是常态化的、固定模式的周期性审计，其审计程序应该滚动更新，以便将上次审计的结果作为本次审计的基础，并体现当前的关注重点，以及 SIS 功能安全管理不断改进的历程。审计可采用多种类型并行的方式，它由管理层推动，向管理层反馈相关信息，并适时采取对策。

（3）审计过程 通常考虑五个关键阶段：审计策略和程序、审计准备和预先计划、审计实施、形成审计报告、审计的后续活动。

在审计策略和程序阶段，应该明确定义审计意图和策略要求，确定审计的组成人员及其每个成员的角色和责任，确定审计步骤。

在审计准备和预先计划阶段，首先确定一位审计联络人，审计师和联络人共同确定好审计的范围、审计的时间安排、参与人员（包括被访问和调查的人员），事先准备的资料和数据等，审计的指导原则，突发事件的处理，以及确保审计顺利进行的其他事项。

在审计实施阶段，需要得到工厂相关人员的积极参与和配合，坦诚地交换意见。审计员应该本着有益的、建设性的、专注的，以及客观的工作态度和职业操守开展审计工作。工厂和部门的主管领导以及相关人员也应该给予友情相助。审计成功的关键在于工厂主动地参与而非被动地接受！

在形成审计报告阶段，在审计结束后，审计师主导召开一次总结会议。在此会议上审计参与人员，就审计中发现的问题进行分析讨论，对审计的初稿充分交换意见。通常还会就发现的问题确定下一步的行动计划。

在审计的后续活动阶段，通常要求以行动计划的形式对审计报告给予回应。审计师对后续的行动是否在规定的时间点确切执行，进行检查确认。工厂应该通过适当的管理部门和渠道，对审计后续行动的执行过程进行跟踪。

### 2. 功能安全评估

在现场安装和操作阶段，IEC 61511 推荐了 3 个功能安全评估节点：开车前安全审查；SIS 运行一段时间（如半年或一年）后，已经获得了一定的操作和维护经验；在 SIS 修改变更后。

特别是在 SIS 运行一段时间后的功能安全评估，是对 SIS 实际绩效的全面评定，它更多地侧重于评判实际的过程要求，与设计之初风险评估时的假设是否有偏离；评判 SIS 子系统或者部件的实际失效率，与设计阶段的 PFD 计算结果是否吻合。

功能安全评估时，需要遵循 IEC 61511 有关评估团队人员能力和独立性要求。它特别要求评估团队中要有设计、工艺、操作、维护等多方面的人员参加。为了保证独立性，需要至少一位来自该 SIS 项目之外的专家参加。

### 3. 访问安全性

建立访问的安全性管理规则，就是确保仅允许授权的人员访问到 SIS 的硬件和软件，并对任何更改都应遵循变更管理（MOC）的批准程序。对 SIS 机柜等物理设备，可采用门锁限制随意打开；对特定区域的访问限制，可采用警示牌等。对软件的访问通常采用密码（password），或者硬钥匙加密码的混合方式。

## 八、文档管理

文档的重要性是毋庸置疑的。随着时间的流逝和人员的变动，唯一跟踪 SIS 现实状态和历史情况的，只有文档资料。应按照 IEC 61508/IEC 61511 规定的文档管理规则来执行，对所有的图纸和资料进行整理，分类造册。同时建立适当的文档控制程序，确保所有的 SIS 文档的升版、修改、审查，以及批准，都处于受控状态。制定文档的保存规定，避免非授权的修改、损坏或者丢失。

SIS 投运后，竣工图纸和文档成为 SIS 操作和维护的第一手资料，它们是 SIS 设计状态的整体描述，将成为今后一切工作的基础。应该重视 SIS 的日常维护记录的整理和存档，这些资料也可为"经验使用（prior use）"规则提供依据。

SIS 应用程序的备份以及其他光盘资料，也应该纳入文档管理的范围。

## 九、备品备件管理

当 SIS 子系统或部件出现故障时，能否在要求的 MTTR 内将其修复，很大程度上取决于是否有适宜的备品备件。确定备件的品种和数量时，可考虑工程中该设备运行的数量、故障率、采购的时间周期等因素。与供货商签订厂外（off-site）备件服务合同，由厂商建立备件库存，也是备品备件管理的有效模式。

对大量的现场 SIS 子系统或部件，"同型替换"原则也是改善备品备件管理的有效途径。通常应该采用完全相同的备品备件，若要采用类似的替代品，应获得预先批准，并满足原始技术规格书的要求。

# 第六节　SIS 停用

当 SIS 运行多年后，退役将不可避免。在 SIS 永久停用之前，首先要对停用计划和方案进行审查，并依据管理权限得到批准；其次，确保停用前所要求的 SIS 保持运行。

正常的 SIS 停用，包括整体停用，也包括其中的部分停用。其原因可能是使用多年后，故障率增高、误停车频繁、综合运行成本大大增加、期望采取新技术和新系统取代它；或者因工艺过程的重大改变，停用其中的一部分。SIS 的停用，不仅仅是关掉电源或者拆除那么简单。因为被控的工艺对象可能仍然整体存在或者部分存在，从这个角度来看，SIS 停用代表着风险降低策略的改变，因此有必要按照 SIS 修改的原则进行处理。在确保替代的风险降低措施存在，或者其风险降低功能不再需要时，SIS 才能停用。例如由于工艺流程的改变，可能原设计的 SIF 不再需要，不过这些 SIF 的子系统可能与其他没有变化的工艺单元的 SIF 有关联，有必要在拆除它们之前进行审核评估。当 SIS 整体停用时，要评估其中的 SIF 是否需要移到 BPCS 或者其他系统。当 SIS 过于老旧或者基于其他原因决定用全新的系统取代它时，要考虑在将其全部功能移植到新的系统过程中，如何避免或减小对被控对象的冲击和影响。其全部的文档资料和培训程序也需要相应更新。

根据 IEC 61511 的要求，SIS 的停用一般遵循下面的管理原则：在对 SIS 停用之前，应该按照 SIS 修改管理程序对停用计划和方案进行审查和控制，并按管理权限进行审批；停用计划和方案应该包括 SIS 停用的具体实施方法以及辨识可能导致的危险；对即将的停用进行功能安全影响分析，包括对原危险和风险评估进行审查或者必要的更新。评估也要考虑停用活动期间的功能安全，以及停用对相邻工艺单元的影响；评估的结果将用作制订下一步安全计划，包括重新确认和验证等行动的基础；任何停用活动的执行，必须依据管理权限得到授权批准。

# 第七节　操作和维护人员的培训

操作人员的培训应安排在现场调试工作基本完成后开始，一般是依据操作规程对现场操作人员进行培训，使操作人员能够熟练掌握对工艺投入/旁路操作、复位、报警查询、趋势查询等的基本操作。

通过对操作人员培训，操作人员应该了解有关 SIS 功能和操作的基本知识和技能，当然这些也是操作规程中应包含的内容：了解 SIS 的基本构成与功能（例如，过程参数联锁设定值及其最终执行的动作）；清楚了解 SIS 防止的危险和危险事件；所有的旁路开关操作，以及这些开关在何种工况和情形下进行操作，同时包括操作前的审批要求；手动关停或复位的操作，以及在何时启动这些开关，同时包括操作前的审批要求；对报警及 SIS 动作的响应（例如当 SIS 报警时，了解该报警的含义以及如何处置）。

维护人员的培训，也应依据维护规程对维护人员进行培训，力争达到维护人员有能力维护系统的正常运行、对所负责的组态文件能够进行简单的修改和制作。维护人员还应进行操作培训，使维护人员在试车或者正常生产期间能够对操作人员进行培训。现场调试各环节：安装检查、上电、调试、联调等环节，应安排至少一名系统维护人员能够参与各环节工作，通过用户维护人员的全程参与，提高其维护技能，达到培训的目的。对维护人员的培训主要有以下内容，同时也是维护手册中保护的内容：安全要求规格书的解读；维护的资质与职责；系统上电启动；SIS 组态文件及其存放位置；逻辑编辑、仿真、更改、下载；常见故障处理；测试规程；确认活动；其他特殊维护规程。

**参考文献**

[1]　U K Health& Safety Executive. Out of control: Why control systems go wrong and how to prevent failure [M]. 2nd edition. 2003.

［2］ IEC. IEC 61508 Functional Safety of Electrical/Electronic/Programmable Electronic Safety-re-
lated Systems［S］. Geneva: International Electrotechnical Commission, 2010.

［3］ 电气/电子/可编程电子安全相关系统的功能安全［S］. GB/T 20438—2017.

［4］ IEC. IEC 61511 Functional Safety: Safety Instrumented Systems for the Process Industry
Sector［S］. Geneva: International Electrotechnical Commission, 2016.

［5］ 过程工业领域安全仪表系统的功能安全［S］. GB/T 21109—2007.

［6］ 石油化工安全仪表系统设计规范［S］. GB/T 50770—2013.

［7］ Paul D, Harry L, Cheddie. 安全仪表系统工程设计与应用［M］. 张建国，李玉明，译. 北京:
中国石化出版社，2017.

［8］ 张建国. 安全仪表系统在过程工业中的应用［M］. 北京: 中国电力出版社，2010.

［9］ 丁辉，靳江红，汪彤. 控制系统的功能安全评估［M］. 北京: 化学工业出版社，2016.

［10］ 阳宪惠，郭海涛. 安全仪表系统的功能安全［M］. 北京: 清华大学出版社，2007.

［11］ 白焰，董玲，杨国田. 控制系统的安全评估与可靠性［M］. 北京: 中国电力出版社，2008.

［12］ 刘建侯. 功能安全技术基础［M］. 北京: 机械工业出版社，2008.

［13］ 靳江红. 安全仪表系统安全功能失效评估方法研究［D］. 北京: 中国矿业大学（北京），2010.

［14］ 陈立飞. 在役石化装置安全仪表系统 SIL 验证方法及日常管理的探讨［J］. 石油化工自动化，
2019（6）: 1-5.

［15］ Mary Ann Lundteigen, Marvin Rausand. Partial stroke testing of process shutdown valves:
How to determine the test coverage［J］. Journal of Loss Prevention in the Process Indus-
tries, 2008, 21（6）: 579-588.

［16］ 史威，熊文泽. 第四十七讲: 过程工业安全仪表系统离线检验测试浅析［J］. 仪器仪表标准化
与计量，2015（3）: 20-23.

［17］ 李胜利，吴强，仇广金. 安全仪表系统测试维护的设计探讨［J］. 石油化工自动化，2019, 55
（4）: 49-52.

# 第六章

# 功能安全评估

安全仪表系统持续监视工厂的生产运行状态，在危险发生时采取提前设定的措施，实现生产过程的安全稳定，尽可能地减少或避免人员伤亡和财产损失，然而，安全仪表系统本身也有可能会发生故障，误判生产运行状态，导致较为严重的生产事故。安全仪表系统在投入运行后，长期处于"被动的、休眠的"状态，无法及时发现其运行过程中的问题。功能安全评估可以加强对安全仪表系统的检测与分析，及时找出并排除仪表系统的故障，使其能够正常运行。

## 第一节　功能安全评估阶段

功能安全评估活动贯穿于安全仪表功能的整个安全生命周期[1-4]。根据 IEC 61511 要求，应在以下节点执行功能安全评估活动，如图 6-1 所示。

- 节点 1：SIS 安全要求确定。应在已执行危险和风险评估、已确定要求的保护层和已制定安全要求规格书之后。
- 节点 2：设计验证。应在安全仪表系统设计完成之后。
- 节点 3：SIS 安全确认。应在完成安全仪表系统安装、调试和最终确认，以及制定好操作和维护规程之后。
- 节点 4：功能安全复审。应在取得操作和维护经验之后。
- 节点 5：对安全仪表系统进行变更之后，以及停用之前。

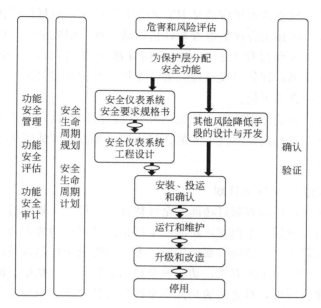

图 6-1　功能安全评估活动节点（图中带"⌒"）

# 第二节　功能安全评估管理

### 1. 确定功能安全评估时机

功能安全评估[5,6]可以在整体安全生命周期的每个阶段后，或在几个安全生命周期阶段之后开展。最重要的是，功能安全评估必须在真正的危险出现之前进行。

### 2. 组建评估团队

评估团队应由具有资质的机构在其资质证书认可的业务范围内从事功能安全评估活动。在功能安全评估负责人的选择上，评估负责人应为资深功能安全评估人员，对功能安全评估过程非常熟悉。特别强调的是系统性安全完整性等级越高则负责人在资质、经验、培训及领导力等相关方面要求越高。

评估团队组建时必须充分考虑：人员资质、经验、相关培训和工程实践经验；专业要求包括工艺技术、工艺安全、运行操作、仪表电气、过程控制、设备等专业，根据需要还可增加供应商、装置设计相关专业等；专业技术人员应来自本公司，具有一定的专业年限，应为不同专业的核心团队人员；评估组成员应是独立的，独立性水平应满足 IEC 61508 的要求，项目设计的人员或项目组其他相关人员应该配合评估组参与评估活动；评估组成员应了解功能安全基础标准 IEC 61508 和过程工业领域的应用标准 IEC 61511，并经过培训和考核，取得相应证书；评估组成员应具备行业相关经验及相关法律法规知识，以确保评估结果的合理可信。

评估团队组建后需得到安全仪表系统管理部门的承认，即检查判定已组建团队是否合格，并得到主要负责人的授权。涉及多方的评估团队需要得到各方的授权和批准[7]。

### 3. 制订功能安全评估计划

评估团队在评估前需制订功能安全评估计划，评估计划应得到评估组织方的同意。计划应包括以下内容：功能安全评估的范围；功能安全评估参与的组织和部门；功能安全评估所需要的资料；参与功能安全评估人员的能力资质要求；功能安全评估使用的方法；功能安全评估的输出，评估结论的形式；如果有功能安全评估历史，对之前的功能安全评估文档记录及与其范围有关的功能安全审核证据进行回顾。

### 4. 开展功能安全评估

评估团队按照功能安全计划开展功能安全评估：评估组织方应向评估团队提供安全仪表系统的所有相关信息，包括先前执行的功能安全评估的结果、通过该评估提出的建议以及相应的整改报告；评估团队通过功能安全评估工作组会议召集所涉及的所有人员进行讨论交流、调研，并形成记录；评估团队对整体安全生命周期、功能安全系统安全生命周期和软件安全生命周期的所有阶段进行审查，包括文档、验证和功能安全管理；评估团队对所有由负责实现功能安全的供应商和其他方制定的相关符合性声明，进行功能安全评估。

### 5. 形成评估结论

功能安全评估团队由执行评估的各方按评估的计划和参考文件做出结论，并建立文档，内容包括：功能安全评估进行的所有活动；功能安全评估产生的结果；功能安全评估得到的结论；按照标准或法规的要求判断功能安全的充分性；评估产生的建议，包括接受、有条件的接受或不接受。

### 6. 处理评估意见

评估组织方应对评估建议的实现进程进行跟踪，形成相关行动项，由评估团队及安全仪表系统运行负责团队共同形成决议，如有变更产生，则按照变更管理相关内容进行。在建议的问题解决后，应进行确认。

**7. 发布评估结论**

功能安全评估的相关输出应提供给包括评估组织方，以及承担建议行动项的设计方、安全仪表系统集成商等各方。

# 第三节 开车前安全检查

开车前安全审查（pre-startup safety review，PSSR）是指工艺装置开始使用前进行的最后检查[8,9]。实施开车前安全审查有很多益处，主要包括：可以确保工艺系统满足设计、安装和测试等要求，符合安全开车的条件；确定工厂装置的开车符合法律和法规要求，包括环保、安全和健康等相关的法律和法规要求；有助于确保设备的设计、制造、采购、安装、操作、维护以及变更适合其预定意图；进一步理解工艺中新的变化（原材料等）在安全、健康、环境和性能方面的问题；进一步培训检查、测试、维护、采购、制造、安装或试运行的人员，更多地了解最新的程序以及安全信息；确认安全仪表系统按设计意图实施；现行规范和标准被进一步认知与认同，与良好工程实践（RAGAGEP）相一致等；装置的所有权从工程建设队伍移交给生产运营队伍。

作为装置工艺安全管理程序的一部分，需核实设备按照设计意图进行安装并且有合适的工艺安全管理系统，确保新建或改造的工艺装置做好开车准备。开车前安全审查包括：准备工作、现场检查与会议、编制 PSSR 初始报告、落实"开车前必须完成检查项"及工厂移交、落实"开车后需要完成检查项"、编制 PSSR 最终版报告。审查项目至少包含安全卫生、工艺安全管理、环境、紧急应变、用电安全、火灾保护等项目。

对于安全仪表系统，不同的企业、不同的项目应依据各自情况，制定符合国家/行业相关标准基本要求同时满足企业自身情况需求的 SIS 安全审查程序，并应据此开展审查准备和执行审查。一般的，对于简单审查，如简单的变更，应至少依据如下资料：变更工作单、变更说明、变更影响分析报告及相应的程序控制文件；对于更加复杂的审查，可能还需要 P&ID 图、操作手册、维护手册、安全手册等资料；对于如新建工厂等的审查，则应提供满足相关标准所规定所有项审查的相关资料（主要的有：设计文件、厂家设备相关技术文件、有变更时的变更文件、设计审查阶段的生成文件、操作维护文件）。

开车前安全审查这一安全评估行为，是从企业总体风险降低的角度，审查安装和设备本身是否符合设计要求，审查安全、操作、维护规程以及紧急响应程序，是否足够完备并落实到位。对新建装置，要审查是否完成了过程危险分析，分析中提出的建议和意见，要在开车前解决或执行完毕。对改造装置的修改科目，要审查是否遵守了变更管理的相关规定。还要审查是否对员工进行了相关的培训。

# 第四节  安全完整性评估

安全完整性评估的目的，是通过可靠性建模确定安全仪表功能可实现的安全完整性等级，以确认其是否满足最低 SIL 的要求，若未满足则提出相关的意见与建议。国内外的安全完整性评估中，现已有多个已经成熟应用的方法理论，包括故障模式及影响分析（FMEA）、故障树分析（FTA）、可靠性框图（RBD）、马尔可夫（Markov）分析等[10-13]。本书第二章介绍了最常用的四种方法，实际上可用于评估的方法还有很多。在选择评估方法时要关注安全系统的部件数量、冗余结构、不可简化结构、故障事件/组合及相关性、时变故障/事件率、复杂维修策略、功能过程仿真、定性分析、定量分析、分析成本等特性。

## 一、硬件结构约束

结构约束的安全完整性由两个因素共同决定：一是硬件故障裕度（HFT），即容错能力，例如：HFT=1，意味着发生一个危险故障不会导致安全功能丧失；二是安全失效分数（SFF），它是对危险故障预发现能力的一个表量，由安全失效和可被诊断测试检测到的危险失效共同影响。对仪表安全功能而言，传感器、逻辑控制器和最终元件应具有最低的硬件故障裕度。它代表了一个部件或子系统在有一个或几个硬件出现危险故障的情况下，仍能继续承担所要求的仪表安全功能的能力。例如，硬件故障裕度为1，意味着有两个部件或子系统，且它们的结构会使得两个部件或子系统中的任何一个在出现危险失效时都不会阻止安全动作发生。

为减少 SIF 设计中的潜在缺陷，IEC 61511-1 中表5定义了 PE 逻辑控制器的最低硬件故障裕度、IEC 61511-1 中表6定义了传感器、最终元件和非 PE 逻辑控制器最低的硬件故障裕度。这些潜在缺陷可能是由于 SIF 设计中所作的各种假设以及在各种过程应用中部件或子系统故障率的不确定性所导致的。根据不同的应用对应的操作模式，对部件失效率、检验测试间隔及冗余有不同要求以满足对 SIF 的 SIL 要求。表6-1为化工行业 SIF 对应的最低硬件故障裕度要求。

表 6-1 化工行业 SIF 对应的最低硬件故障裕度（HFT）要求

| 安全完整性等级（SIL） | SIF 操作模式 | 要求的最低 HFT |
|---|---|---|
| 1 | 低要求、高要求/连续模式 | 0 |
| 2 | 低要求模式 | 0 |
| 2 | 高要求/连续模式 | 1 |
| 3 | 低要求、高要求/连续模式 | 1 |
| 4 | 低要求、高要求/连续模式 | 2 |

注：针对不同应用、失效率和检验测试间隔，需要增加部件或子系统冗余来满足 SIF 的 SIL。

使用表 6-1 的前提条件是 FVL（全可变语言）或 LVL（有限可变语言）类可编程装置的诊断覆盖率不应小于 60%，失效量计算中使用的可靠性数据应由不小于 70% 的统计上界置信区间确定。对于未使用 FVL 和 LVL 可编程装置的 SIS 或 SIS 子系统，以及如果表 6-1 规定的最小 HFT 导致整体过程安全降级，则 HFT 要求可以降低。这种情况应给予证明和文档化。证明时应给出计划的结构是符合它的目标并且满足安全完整性要求的证据。若因此导致故障裕度等于 0，应可排除相关危险失效模式的证据。

表 6-2 为 PE 逻辑控制器最低硬件故障裕度要求，与 IEC 61511-1 中表 5 等同。表 6-3 为传感器、最终元件和非 PE 逻辑控制器的最低硬件故障裕度要求，与 IEC 61511-1 中表 6 等同。

表 6-2 PE 逻辑控制器的最低硬件故障裕度要求

| SIL | 最低 HFT | | |
|---|---|---|---|
| | SFF<60% | SFF 60%~90% | SFF>90% |
| 1 | 1 | 0 | 0 |
| 2 | 2 | 1 | 0 |
| 3 | 3 | 2 | 1 |
| 4 | 应用特殊要求 | | |

表 6-3 传感器、最终元件和非 PE 逻辑控制器的最低硬件故障裕度要求

| SIL | 最低 HFT |
|---|---|
| 1 | 0 |
| 2 | 1 |
| 3 | 2 |
| 4 | 应用特殊要求 |

## 二、硬件随机失效

硬件随机失效即硬件安全完整性等级，是对要求时危险失效概率（PFD）、检验测试间隔（TI）等的建模、计算和验证。SIL 验证参数包括要求时危险失效概率（PFD）/要求时危险失效频率（PFH）、检验测试间隔（TI）、平均恢复时间（MTTR）、失效率（$\lambda$）、危险失效率（$\lambda_D$）、安全失效率（$\lambda_S$）、可检测到的危险失效率（$\lambda_{DD}$）、不可检测到的危险失效率（$\lambda_{DU}$）、可检测到的安全失效率（$\lambda_{SD}$）、不可检测到的安全失效率（$\lambda_{SU}$）、表决结构（$MooN$）、诊断覆盖率（DC）、安全失效分数（SFF）、硬件故障裕度（HFT）、共因失效因子（$\beta$）、低要求/高要求/连续等操作模式、安全状态。在现场验证时，特别要厘清以上参数的具体内容。

### 1. 回路组成

确认每一条安全仪表功能回路组成信息，包括传感单元、逻辑单元、执行单元、安全栅、浪涌保护器、信号分配器、输入输出卡件等、端子排接线方式。

### 2. 失效率 $\lambda$

整理安全仪表功能完整信息，基于国际上可信的数据库/认证材料，根据设备厂家和型号确定符合现场实际的各器件检测到的危险失效率（$\lambda_{DD}$）、未检测到的危险失效率（$\lambda_{DU}$）、检测到的安全失效率（$\lambda_{SD}$）以及未检测到的安全失效率（$\lambda_{SU}$）。对于数据库中没有失效率数据的设备，选择同类型设备相对保守数据进行验证计算。

### 3. 安全失效分数(SFF)

SFF 的定义为子系统的平均安全失效率加检测到的平均危险失效率与子系统总平均失效率之比。

### 4. 检验测试间隔(TI)

确认检验测试方案、检验测试间隔。

### 5. 检验测试覆盖率(PTC)

确认检验测试方案，估计检验测试覆盖率。

### 6. 平均恢复时间(MTTR)

确认设备平均恢复时间，以及其备品备件情况。

### 7. 硬件故障裕度(HFT)

确认每一条安全仪表功能回路传感子系统、逻辑子系统以及执行子系统的冗余情况，确定各部分的 HFT。

### 8. 诊断方式及诊断有效性

确认安全仪表功能回路的诊断方式及诊断有效性，确定诊断覆盖率（DC），保证能够及时发现可能导致回路危险失效的故障模式，并导入安全状态。

其验证步骤为：选定某一安全仪表功能回路；画出该回路表示传感器子系统（输入）各部件、逻辑子系统各部件、最终元件子系统（输出）各部件的块图。将每一个子系统描绘成1oo1、1oo2、2oo2、1oo2D、2oo3D 等表决组；查阅现场调研数据或其他可信数据资料，确定该功能回路各部件检验测试时间间隔的数据，以及一旦失效被揭露出，则每次失效的平均恢复时间；对于每一个子系统中的表决组，通过查阅现场调研数据或国际通用可信数据库，分析确定结构、每个通道的诊断覆盖率、每个通道的失效率（每小时）、失效后果及响应模式（安全或危险失效）、表决组中通道之间相互作用的共因失效因子（$\beta$）；建立可靠性框图计算模型，计算表决组要求时危险失效平均概率（$PFD_{avg}$）；计算整个安全仪表功能回路的 $PFD_{avg}$；参照标准，确定该 $PFD_{avg}$ 对应的 SIL，从而判定该回路实现的 SIL；下一个 SIF，直至完成所有回路的 $PFD_{avg}$ 计算[14]。

## 第五节　可靠性框图

生产装置或工艺过程发生事故是由组成它的若干元件相互复杂作用的结果，总的失效概率取决于这些元件的失效概率和它们之间相互作用的性质，故要计算装置或工艺过程的事故概率，必须首先了解各个元件的失效概率。

## 一、元件的失效概率及其求法

构成设备或装置的元件，工作一定时间后就会发生故障或失效。元件在两次相邻失效间隔期内正常工作的平均时间，叫平均失效间隔期，用 $\tau$ 表示。如果元件在第一次工作时间 $t_1$ 后失效，第二次工作时间 $t_2$ 后失效，……，第 $n$ 次工作时间 $t_n$ 后失效，则平均失效间隔期为：

$$\tau = \frac{\sum_{i=1}^{n} t_i}{n} \qquad (6-1)$$

式中，$\tau$ 一般是通过实验测定几个元件的失效间隔时间的平均值得到。

元件在单位时间（或周期）内发生失效的平均值称为平均失效率，用 $\lambda$ 表示，单位为失效次数/时间。平均失效率是平均失效间隔期的倒数，即：

$$\lambda = \frac{1}{\tau} \qquad (6-2)$$

元件在规定时间内和规定条件下完成规定功能的概率称为可靠度，用 $R(t)$ 表示。元件在时间间隔 $(0,t)$ 内的可靠度符合下列关系：

$$R(t) = e^{-\lambda t} \qquad (6-3)$$

元件在规定时间内和规定条件下没有完成规定功能（失效）的概率就是失效概率（或不可靠度），用 $P(t)$ 表示。

$$P(t) = 1 - R(t) = 1 - e^{-\lambda t} \qquad (6-4)$$

## 二、元件的连接及系统失效（事故）概率计算

装置或工艺过程是由许多元件连接在一起构成的，这些元件发生故障常会导致整个系统失效或事故的发生。因此，可根据各个元件的故障概率，依照它们之间的连接关系计算出整个系统的失效概率。元件的相互连接主要分串联和并联两种情况。

（1）串联连接的元件　任何一个元件失效都会引起系统失效或发生事故。串联元件组成的系统，其可靠度计算公式如下：

$$R = \prod_{i=1}^{n} R_i \qquad (6-5)$$

式中，$R_i$ 为每个元件的可靠度；$n$ 为元件的数量。

系统的失效概率 $P$ 由下式计算：

$$P = 1 - \prod_{i=1}^{n} (1 - P_i) \qquad (6-6)$$

式中，$P_i$ 为每个元件的失效概率。

对于只有 A 和 B 两个元件组成的系统，式(6-6)展开为：

$$P(A \text{ 或 } B) = P(A) + P(B) - P(A)P(B) \qquad (6-7)$$

如果元件的失效概率很小，则 $P(A)P(B)$ 项可以忽略。此时，式(6-7)可以简化为：

$$P(A \text{ 或 } B) = P(A) + P(B) \tag{6-8}$$

式（6-6）则可以简化为：

$$P = \sum_{i=1}^{n} P_i \tag{6-9}$$

需要注意的是：当元件的失效故障概率较大时，不能用简化公式计算总的失效概率。

（2）并联连接的元件　当并联的几个元件同时失效，系统就会失效。并联元件组成的系统失效概率 $P$ 计算公式是：

$$P = \prod_{i=1}^{n} P_i \tag{6-10}$$

系统的可靠度 $R$ 计算公式如下：

$$R = 1 - \prod_{i=1}^{n} (1 - R_i) \tag{6-11}$$

（3）$n$ 中取 $m$ 冗余（表决结构）　在一些并联配置中，需要 $n$ 中的 $m$ 个单元能工作，以使系统能起作用，这称为 $n$ 中取 $m$（或 $m/n$）并联冗余。具有 $n$ 个统计独立部件的 $m/n$ 系统（所有单元的可靠度相等）的可靠度是二项式方程：

$$R = 1 - \sum_{i=0}^{m-1} \binom{n}{i} R^i (1-R)^{n-i} \tag{6-12}$$

在时间间隔（$0,t$）内的恒定瞬时失效率为：

$$R = 1 - \frac{1}{(\lambda t + 1)^n} \sum_{i=0}^{m-1} \binom{n}{i} (\lambda t)^{n-i} \tag{6-13}$$

（4）备用冗余　一个单元不连续工作，仅当主单元失效时才接通该单元，这样就实现了备用冗余。对于有 $n$ 个相同单元的备用冗余配置（具有正确的转换），在时间间隔（$0,t$）内一般性的可靠度公式是：

$$R = \sum_{i=0}^{n-1} \frac{(\lambda t)^i}{i!} e^{-\lambda t} \tag{6-14}$$

## 三、低要求操作模式下硬件失效概率的计算[14,15]

对于每一个完整的功能系统，我们可以把它的结构细化为多个简单的连接方式的组合（如：串联、并联、表决结构等），逐层计算，最后得出整个系统在要求时危险失效平均概率（PFD$_{avg}$），与安全完整性等级表进行比较，从而得出整个系统的 SIL。其可靠性计算框图如图 6-2 所示。

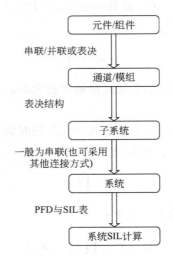

图 6-2　系统可靠性计算框图

下面，我们将依次讨论各结构层失效概率的计算。

### 1. 通道失效概率的计算

通道是由元件构成的，元件的失效率 $\lambda$ 一般由生产厂家给出，不同结构的通道的失效概率计算如下。

（1）元件串联构成的通道　其可靠性结构示意图如图 6-3 所示。

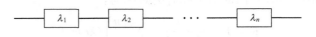

图 6-3　逻辑串联可靠性结构示意图

通道在时间间隔（$0,t$）内的失效概率

$$P=1-e^{-\lambda t}\approx\lambda t \tag{6-15}$$

$$\lambda=\sum_{i=1}^{n}\lambda_i \tag{6-16}$$

式中，$\lambda_i$ 为各元件的失效率，且假定 $\lambda_i$ 远小于 1；$\lambda$ 为通道的失效率；$P$ 为通道的平均失效概率。

（2）元件并联构成的通道　其可靠性结构示意图如图 6-4 所示。

通道在时间间隔（$0,t$）内的失效概率

$$P=\prod_{i=1}^{n}P_i\approx\prod_{i=1}^{n}(\lambda_i t) \tag{6-17}$$

式中，$\lambda_i$ 为各元件的失效率。

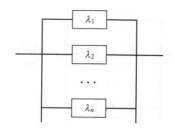

图 6-4　逻辑并联可靠性结构示意图

（3）元件串、并混联构成的通道　其可靠性结构示意图如图 6-5 所示。

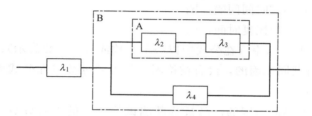

图 6-5　逻辑串、并混联可靠性结构示意图

通道的失效概率：$P = 1 - (1 - P_1)(1 - P_B)$

其中，$P_B = P_4 P_A$；$P_A = 1 - (1 - P_2)(1 - P_3)$

依次代入，得：

$$P = P_1 + P_2 P_4 + P_3 P_4 - P_1 P_2 P_4 - P_1 P_3 P_4 - P_2 P_3 P_4 + P_1 P_2 P_3 P_4$$

$$\approx \lambda_1 t + \lambda_2 \lambda_4 t^2 + \lambda_3 \lambda_4 t^2 - \lambda_1 \lambda_2 \lambda_4 t^3 - \lambda_1 \lambda_3 \lambda_4 t^3 - \lambda_2 \lambda_3 \lambda_4 t^3 + \lambda_1 \lambda_2 \lambda_3 \lambda_4 t^4$$

若假定 $\lambda$ 远小于 1，则上式可以简化为：

$$P = \lambda_1 t + \lambda_2 \lambda_4 t^2 + \lambda_3 \lambda_4 t^2 \tag{6-18}$$

**2. 子系统失效概率的计算**

（1）由通道并联、串联或混联构成的子系统　根据前面"通道失效概率的计算"得出每个通道的失效概率以后，就可以把每个通道分别看成一个单元，然后画出子系统由这些单元（即通道）构成的可靠性框图，仍然按照式（6-16）、式（6-17）、式（6-18），可求出子系统的失效概率。

（2）表决结构子系统　如图 6-6 所示，为 $N$ 个单元组成的表决系统，其系统的特征是组成系统的 $N$ 个单元中，至少有 $M$ 个单元正常工作系统才能正常，大于 $N - M$ 个单元失效，系统就失效。这样的系统称为 $M/N$ 表决系统，也就是所谓的 $M_{oo}N$ 系统。对于 E/E/PE 安全相关系统来说，一般 $M \leqslant N \leqslant 6$。显然，串联系统就是 $N/N$ 表决系统，而并联系统是 $1/N$ 表决系统。

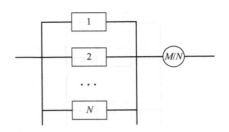

图 6-6 $M/N$ 表决系统可靠性框图

根据 IEC 61508-6 附录 B，定义参数如下：

TI——检验测试时间间隔，h；

MTTR——平均恢复时间，h；

DC——诊断覆盖率（在公式中以一个分数或者百分数表示）；

$\beta$——具有共同原因的，没有被检测到的失效分数（在公式中用一个分数或者百分数表示）；

$\beta_D$——具有共同原因的，已被诊断测试检测到的失效分数（在公式中表示成一个分数或者百分数）；

$\lambda$——子系统中一个通道的失效率（每小时）；

$\lambda_D$——子系统中通道的危险失效率（每小时），等于 $0.5\lambda$；

$\lambda_{DD}$——检测到的子系统中通道每小时的危险失效率（它是在子系统通道中所有检测到的危险失效率的总和）；

$\lambda_{DU}$——未检测到的子系统中通道每小时的危险失效率（它是在子系统通道中所有未检测到的危险失效率的总和）；

$\lambda_{SD}$——子系统中被检测到的通道每小时的安全失效率（它是在子系统通道中所有检测到的安全失效率的总和）；

$t_{CE}$——结构中通道的等效平均停止工作时间（它是子系统通道中所有部件的组合关闭时间），h；

$t_{GE}$——结构中表决组的等效平均停止工作时间（它是表决组中所有部件的组合关闭时间），h；

$t'_{CE}$——1oo2D 结构中通道的等效平均停止工作时间（它是子系统通道中所有部件的组合关闭时间），h；

$t'_{GE}$——1oo2D 结构中表决组的等效平均停止工作时间（它是表决组中所有部件的组合关闭时间），h；

$PFD_G$——表决组在要求时危险失效平均概率。

IEC 61508-6 附录 B 做了如下假设：表决组中的每一个通道具有相同的诊

断覆盖率和失效率，即 $\lambda_1 = \lambda_2 = \cdots = \lambda_n = \lambda$，$DC_1 = DC_2 = \cdots = DC$；对于每个通道的失效率，假设50%的危险失效和50%的安全失效，即，$\lambda_D = \lambda_S = \dfrac{1}{2}\lambda$；对于具有共同原因的失效分数，假设 $\beta = 2\beta_D$。另外，需要说明的是，对于每种结构，

$$\lambda_D = \lambda_{DU} + \lambda_{DD} = \frac{\lambda}{2}$$

$$\lambda_{DU} = \frac{\lambda}{2}(1 - DC), \quad \lambda_{DD} = \frac{\lambda}{2}DC \tag{6-19}$$

基于以上参数及假设，以下给出了各表决结构的失效概率计算过程。

（1）1oo1结构　1oo1结构物理块图及可靠性框图如图6-7和图6-8所示。

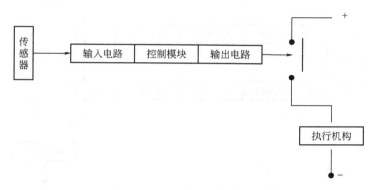

图6-7　1oo1结构物理块图

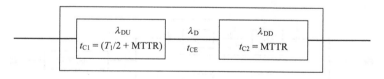

图6-8　1oo1结构可靠性框图

此结构通道可以被认为由两部分组成，其中一个具有由未被检测到的失效导致的危险失效率 $\lambda_{DU}$，另一部分具有由已被检测到的失效导致的危险失效率 $\lambda_{DD}$，通道的等效平均停止工作时间 $t_{CE}$ 等于两部分各自的停止工作时间 $t_{C1}$ 和 $t_{C2}$ 相加，它与各部分对通道失效概率的贡献直接成比例：

$$t_{CE} = \frac{\lambda_{DU}}{\lambda_D}\left(\frac{T_1}{2} + MTTR\right) + \frac{\lambda_{DD}}{\lambda_D}MTTR \tag{6-20}$$

对于一个具有由危险失效而导致关闭时间为 $t_{CE}$ 的通道：

$$\text{PFD} = 1 - e^{-\lambda_D t_{CE}} \approx \lambda_D t_{CE}; \text{因为} \lambda_D t_{CE} \ll 1$$

因此，对于 1oo1 结构，在要求时危险失效平均概率为：

$$\text{PFD}_G = \lambda_D t_{CE} = (\lambda_{DD} + \lambda_{DU}) t_{CE} \tag{6-21}$$

（2）$NooN$ 结构（$N=2,3,4,5,6$） 如前所述，$NooN$ 结构相当于 $N$ 个通道的串联，因此，根据式(6-15)、式(6-16)，以及上面的假设，可以得出 $NooN$ 结构在要求时危险失效平均概率为：

$$\text{PFD}_G \approx \sum_{i=1}^{n} \lambda_{Di} t_{CE} = n\lambda_D t_{CE} \tag{6-22}$$

（3）1oo2 结构 1oo2 结构相当于 2 个通道的并联，其物理块图及可靠性框图如图 6-9 和图 6-10 所示。

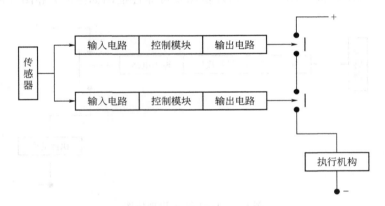

图 6-9 1oo2 结构物理块图

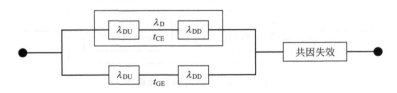

图 6-10 1oo2 结构可靠性框图

由于此结构为多通道结构，考虑到共因失效，系统可以看作是由表决失效和共因失效两部分串联组成，其中表决部分的每个通道，又同 1oo1 结构通道一样，可以看作是由两部分组成，其中一个具有由未被检测到的失效导致的危险失效率 $\lambda_{DU}$，另一部分具有由已被检测到的失效导致的危险失效率 $\lambda_{DD}$，通道的等效平均停止工作时间 $t_{CE}$ 等于两部分各自的停止工作时间 $t_{C1}$ 和 $t_{C2}$ 相加，它与各部分对通道失效概率的贡献直接成比例，计算公式同式

(6-20)。

除去共因失效的影响，每个通道的失效率 $\lambda_{CE}$ 为：

$$\lambda_{CE} = (1-\beta_D)\lambda_{DD} + (1-\beta)\lambda_{DU} \tag{6-23}$$

表决部分的失效率 $\lambda_{GE}$ 为：

$$\lambda_{GE} = 2\lambda_{CE}^2 t_{CE}$$

表决部分等效停止工作时间 $t_{GE}$，表示如下：

$$t_{GE} = \frac{\lambda_{DU}}{\lambda_D}\left(\frac{T_1}{3} + MTTR\right) + \frac{\lambda_{DD}}{\lambda_D}MTTR \tag{6-24}$$

表决部分在要求时的平均失效概率为：

$$P_{GE} = \lambda_{GE}t_{GE} = 2[(1-\beta_D)\lambda_{DD} + (1-\beta)\lambda_{DU}]^2 t_{CE}t_{GE}$$

共因失效同样由两部分组成，分别为检测到的由共同原因引起的失效，和未被检测到的由共同原因引起的失效。共因失效概率 $P_\beta$ 计算公式如下：

$$P_\beta = \beta_D\lambda_{DD}MTTR + \beta\lambda_{DU}(T_1/2 + MTTR) \tag{6-25}$$

通过表决部分、共因失效部分的计算，我们很容易就可以得出整个表决子系统在要求时危险失效平均概率如下：

$$PFD_G = 2[(1-\beta_D)\lambda_{DD} + (1-\beta)\lambda_{DU}]^2 t_{CE}t_{GE} +$$
$$\beta_D\lambda_{DD}MTTR + \beta\lambda_{DU}(T_1/2 + MTTR)$$

（4）1ooN 结构（$N=2,3,4,5,6$）　1ooN 结构相当于 $N$ 个通道的并联，同 1oo2 结构一样，本结构系统可以看作是由表决失效和共因失效两部分串联组成。其中，每个通道的失效率 $\lambda_{CE}$、通道的等效平均停止工作时间 $t_{CE}$、表决部分等效停止工作时间 $t_{GE}$、共因失效概率 $P_\beta$ 已分别由式（6-23）、式（6-20）、式（6-24）、式（6-25）给出。

表决部分的失效率 $\lambda_{GE}$ 为：

$$\lambda_{GE} = n\lambda_{CE}^n t_{CE}^{n-1} \tag{6-26}$$

整个表决子系统在要求时危险失效平均概率如下：

$$PFD_G = n[(1-\beta_D)\lambda_{DD} + (1-\beta)\lambda_{DU}]^n t_{CE}^{n-1}t_{GE} +$$
$$\beta_D\lambda_{DD}MTTR + \beta\lambda_{DU}(T_1/2 + MTTR) \tag{6-27}$$

（5）2oo3 结构　此结构由三个并联通道构成，其物理块图及可靠性块图如图 6-11、图 6-12 所示。

2oo3 结构相当于由 3 个通道并联，而每个通道又由 2 个单元（这里每个通道相当于一个单元）串联构成。考虑到共因失效，本结构系统仍可以看作是由表决失效和共因失效两部分串联组成。其中，每个通道的失效率 $\lambda_{CE}$、通道的等效平均停止工作时间 $t_{CE}$、表决部分等效停止工作时间 $t_{GE}$、共因失效概率 $P_\beta$ 已分别由式（6-23）、式（6-20）、式（6-24）、式（6-25）给出。

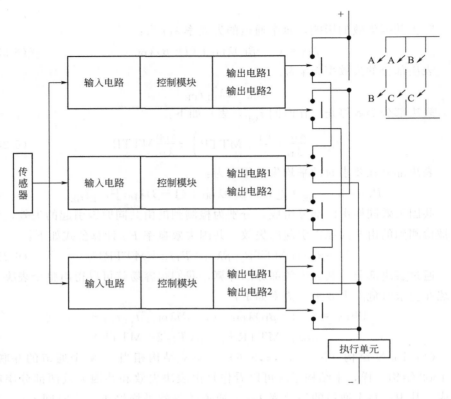

图 6-11　2oo3 结构物理块图

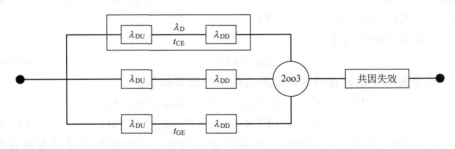

图 6-12　2oo3 结构可靠性框图

表决部分的失效率 $\lambda_{GE}$ 为：

$$\lambda_{GE} \approx 6[(1-\beta_D)\lambda_{DD}+(1-\beta)\lambda_{DU}]^2 t_{CE} \tag{6-28}$$

整个表决子系统在要求时危险失效平均概率如下：

$$PFD_G = \lambda_{GE}t_{GE}+\beta_D\lambda_{DD}MTTR+\beta\lambda_{DU}(T_1/2+MTTR)$$

$$= 6[(1-\beta_D)\lambda_{DD}+(1-\beta)\lambda_{DU}]^2 t_{CE}t_{GE}+\beta_D\lambda_{DD}MTTR+$$

$$\beta \lambda_{DU}(T_1/2 + MTTR) \tag{6-29}$$

（6）$MooN$ 结构（$1 \leqslant M < N \leqslant 6$）　$MooN$ 结构相当于由 $C_M^N$ 个通道并联，而每个通道又由 $M$ 个元件（或组件）串联构成。考虑到共因失效，本结构系统仍可以看作是由表决失效和共因失效两部分串联组成。其中，每个通道的失效率 $\lambda_{CE}$、通道的等效平均停止工作时间 $t_{CE}$、表决部分等效停止工作时间 $t_{GE}$、共因失效概率 $P_\beta$ 已分别由式（6-23）、式（6-20）、式（6-24）、式（6-25）给出。

表决部分的失效率 $\lambda_{GE}$ 为：

$$\lambda_{GE} = \left[ 1 - \sum_{i=0}^{N-M} \binom{N}{i}(1-\lambda_t)^{N-i}(\lambda t)^i \right] \tag{6-30}$$

由于结构可组合的方式比较多，且计算公式复杂，在此不再细述。整个表决子系统在要求时危险失效平均概率如下：

$$PFD_G = \lambda_{GE} t_{GE} + \beta_D \lambda_{DD} MTTR + \beta \lambda_{DU}(T_1/2 + MTTR) \tag{6-31}$$

### 3. 整个系统失效概率的计算

如 IEC 61508-6 附录 B 所述，E/E/PE 安全相关系统的安全功能在要求时危险失效平均概率，是通过计算和组合提供安全功能的所有子系统在要求时危险失效平均概率确定的。因为在此附录中的失效概率很低，它可以表示为：

$$PFD_{SYS} = PFD_S + PFD_L + PFD_{FE} \tag{6-32}$$

式中，$PFD_{SYS}$ 为 E/E/PE 安全相关系统的安全功能在要求时危险失效平均概率；$PFD_S$ 为传感器子系统要求危险失效平均概率；$PFD_L$ 为逻辑子系统要求危险失效平均概率；$PFD_{FE}$ 为最终元件子系统要求危险失效平均概率。

如果传感器、逻辑控制器或最终元件子系统仅由一个表决组构成，则 $PFD_G$ 分别等于 $PFH_S$、$PFH_L$ 或 $PFH_{FE}$，如果安全功能依赖于传感器或执行器的多个表决组，传感器子系统在要求时的组合平均失效概率 $PFD_S$ 由式（6-33）给出，最终元件子系统在要求时的组合平均失效概率 $PFD_{FE}$ 由式（6-34）给出：

$$PFD_S = \sum_i PFD_{Gi} \tag{6-33}$$

$$PFD_{FE} = \sum_j PFD_{Gj} \tag{6-34}$$

## 四、高要求或连续操作模式下硬件失效率的计算

高要求或连续操作模式下工作的 E/E/PE 安全相关系统的随机硬件危险

失效率的计算方法[16]与低要求操作模式的计算方法相同，只是用每小时的平均危险失效率（PFH$_{SYS}$）代替要求时危险失效平均概率（PFD$_{SYS}$）。

E/E/PE 安全相关系统中安全功能的总危险失效率 PFH$_{SYS}$，是将提供安全功能的所有子系统的危险失效率相加得出。因为一般来说用于安全的设备的失效率都很小，所以可表示如下：

$$\text{PFH}_{SYS} = \text{PFH}_S + \text{PFH}_L + \text{PFH}_{FE} \tag{6-35}$$

式中，PFH$_{SYS}$ 为 E/E/PE 安全相关系统的安全功能每小时的失效率；PFH$_S$ 为传感器子系统每小时的失效率；PFH$_L$ 为逻辑子系统每小时的失效率；PFH$_{FE}$ 为最终元件子系统每小时的失效率。

关于 PFH$_G$ 的计算，分别给出如下：

（1）1oo1 结构

$$\lambda_D = \lambda_{DU} + \lambda_{DD} = \frac{\lambda}{2}$$

$$t_{CE} = \frac{\lambda_{DU}}{\lambda_D}\left(\frac{T_1}{2} + \text{MTTR}\right) + \frac{\lambda_{DD}}{\lambda_D}\text{MTTR}$$

$$\lambda_{DU} = \frac{\lambda}{2}(1 - \text{DC})$$

$$\lambda_{DD} = \frac{\lambda}{2}\text{DC}$$

如果假设在检测到任何失效时安全相关系统将使 EUC 进入某种安全状态，对于 1oo1 结构，则可以得到如下公式：

$$\text{PFH}_G = \lambda_{DU} \tag{6-36}$$

（2）$N$oo$N$ 结构　如果假设在检测到任何失效时每个通道均进入某种安全状态，对于 $N$oo$N$ 结构，则可以得到如下公式

$$\text{PFH}_G = N\lambda_{DU} \tag{6-37}$$

（3）1oo2 结构

$$\text{PFH}_G = 2[(1-\beta_D)\lambda_{DD} + (1-\beta)\lambda_{DU}]^2 t_{CE} + \beta_D\lambda_{DD} + \beta\lambda_{DU} \tag{6-38}$$

（4）1oo$N$ 结构

$$\text{PFH}_G = N[(1-\beta_D)\lambda_{DD} + (1-\beta)\lambda_{DU}]^N t_{CE}^{N-1} + \beta_D\lambda_{DD} + \beta\lambda_{DU} \tag{6-39}$$

（5）2oo3 结构

$$\text{PFH}_G = 6[(1-\beta_D)\lambda_{DD} + (1-\beta)\lambda_{DU}]^2 t_{CE} + \beta_D\lambda_{DD} + \beta\lambda_{DU} \tag{6-40}$$

（6）$M$oo$N$ 结构　表决部分的失效率 $\lambda_{GE}$ 为：

$$\lambda_{GE} = \left[1 - \sum_{i=0}^{N-M}\binom{N}{i}(1-\lambda_t)^{N-i}(\lambda t)^i\right] \tag{6-41}$$

整个表决子系统在每小时的平均危险失效率如下：

$$\mathrm{PFH_G} = \lambda_{GE} + \beta_D \lambda_{DD} + \beta\lambda_{DU} \qquad (6\text{-}42)$$

## 第六节　马尔可夫模型

在可靠性领域，马尔可夫方法可以说是所有动态方法中最早的一种方法。马尔可夫过程可以分为两种，第一种是"无记忆的"（齐次马尔可夫过程，其中所有转移率均为常数），第二种是其他类别（半马尔可夫过程）。由于齐次马尔可夫过程的将来不依赖于它的过去，其解析计算相对简单。但对于半马尔可夫过程来说，计算就比较困难，需用蒙特卡罗模拟法进行计算。

马尔可夫过程的基本公式如下：

$$P_i(t + \mathrm{d}t) = \sum_{k \neq i} P_k(t)\lambda_{ki}\,\mathrm{d}t + P_i(t)\Big(1 - \sum_{k \neq i}\lambda_{ik}\,\mathrm{d}t\Big) \qquad (6\text{-}43)$$

式中，$\lambda_{ki}$ 为从状态 $i$ 到状态 $k$ 的转移率（如失效率或修复率）。显然：在 $t + \mathrm{d}t$ 之间处于状态 $i$ 的概率即为向 $i$ 跳变的概率（当处于另外一个状态 $k$ 时）或在 $t$ 和 $t + \mathrm{d}t$ 之间仍保持在状态 $i$ 的概率（如果已处在状态 $i$ 中）。可以将上面的公式与图形化表示建立起一种直接的联系，如图 6-13 所示，其对一个双部件系统进行建模，该系统共用一个维修小组（部件 A 有优先维修权）并具有共因失效。

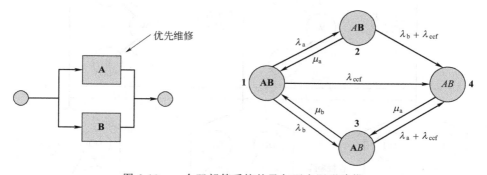

图 6-13　一个双部件系统的马尔可夫图形建模

在图 6-13 中，**A**、**B** 表示正常工作；$A$、$B$ 表示已出现故障。由于必须考虑检测的时间，图中所示 $\mu_a$ 和 $\mu_b$ 都表示部件的修复率（如 $\mu_a = 1/\mathrm{MTTR_a}$ 和 $\mu_b = 1/\mathrm{MTTR_b}$）。

例如状态 4 的概率计算公式如下：

$$P_4(t + \mathrm{d}t) = [P_1(t)\lambda_{ccf} + P_2(t)(\lambda_b + \lambda_{ccf}) + P_3(t)(\lambda_a + \lambda_{ccf})]\mathrm{d}t + P_4(t)(1 - \mu_a \mathrm{d}t)$$

从而可以导出一个向量微分方程：

$$\mathrm{d}\vec{P}(t)/\mathrm{d}t=[M]\vec{P}(t)$$

其通常情况下的解如下：

$$\vec{P}(t)=\mathrm{e}^{t[M]}\vec{P}(0)$$

式中，$[M]$ 为包含转移率的马尔可夫矩阵；$\vec{P}(0)$ 为初始条件向量（通常为一个列向量，完好状态为 1，其他状态为 0）。

尽管矩阵指数的属性与普通指数不完全相同，也可以得出如下结论：

$$\vec{P}(t)=\mathrm{e}^{(t-t_1)[M]}\mathrm{e}^{t_1[M]}\vec{P}(0)=\mathrm{e}^{(t-t_1)[M]}\vec{P}(t_1)$$

这描述了马尔可夫过程的基本属性：给定 $t_1$ 时刻的状态概率概括了所有过去演变的相关信息，并足以用来计算从 $t_1$ 时刻起系统的未来是如何演变的。这个属性对于计算 PFD 非常有用。

很久以前人们就开发了高效的算法软件包，来求解上述方程。这样，在应用该方法时，分析人员可以只关注于模型的构建，而不是基础的数学运算。

图 6-14 显示了 PFD 计算原理。

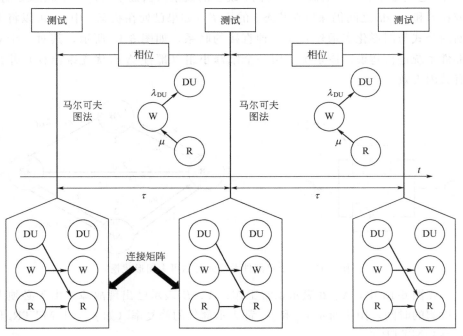

图 6-14　多相马尔可夫建模原理

W—运行；DU—未能检测的危险失效；R—维修

PFD 计算与低要求操作模式中运行的、需要定期（检验）测试的 E/E/PE 安全相关系统有关。对于此类系统，只能在进行测试时才可以进行维修。这些测试是沿着时间的奇异点，但这不会成为一个问题，因为可以通过多相马尔可夫方法解决。

例如，一个由单个定期测试部件构成的简单系统拥有三种状态，如图 6-14 所示：正在运行（W）、未能检测的危险失效（DU）和在维修中（R）。

在这些测试过程之间，系统行为可以通过马尔可夫过程进行建模，见图 6-14 上半部分：系统可能失效（W→DU）或在修理中（R→W）。由于在测试间隔内不会进行维修动作，DU 不会转移至 R。由于进入状态 R 之前已经进行失效诊断，图 6-14 中的 $\mu$ 表示部件的修复率（例如：$\mu = 1/\text{MRT}$）。

当进行测试时，如果出现失效（DU→R），就会开始维修；如果系统处于良好的功能状态（W→W），则部件保持运行状态。在一个非常极端的假设情形下，即在之前的测试尚未完成时就开始维修，则部件继续保持在维修状态（R→R）。通过连接矩阵 $[L]$ 可以用测试 $i$ 结束时的状态概率来计算状态 $i+1$ 开始阶段的初始条件，从而得出下列方程：

$$\begin{pmatrix} P_{\text{DU}}(0) \\ P_{\text{W}}(0) \\ P_{\text{R}}(0) \end{pmatrix}_{i+1} = \begin{bmatrix} 0 & 0 & 1 \\ 0 & 1 & 0 \\ 0 & 0 & 1 \end{bmatrix} \begin{pmatrix} P_{\text{DU}}(\tau) \\ P_{\text{W}}(\tau) \\ P_{\text{R}}(\tau) \end{pmatrix}_i = \vec{P}_{i+1}(0) = [L]\vec{P}_i(\tau)$$

用 $\vec{P}_i(\tau)$ 的值代入上式，可以得出一个递推方程，其可用于计算各个测试间隔开始阶段的初始条件：

$$\vec{P}_{i+1}(0) = [L]\text{e}^{t[M]}\vec{P}_i(0)$$

由此可以计算任何时间 $t = i\tau + \xi$ 的概率。例如在测试间隔 $i$ 内，可得：

$$\vec{P}(t) = \vec{P}_i(\zeta) = \text{e}^{\zeta[M]}\vec{P}_i(0), \quad (i-1)\tau \leqslant t < i\tau, \quad \zeta = t \bmod \tau$$

通过对系统处于不可用状态概率的求和，可以直接得出瞬时不可用率。其可用线性矢量（$\boldsymbol{q}_k$）表达为：

$$U(t) = \sum_{k=1}^{n} \boldsymbol{q}_k P_k(t)$$

其中，如果系统在状态 $k$ 时为不可用，则 $\boldsymbol{q}_k = 1$，在其他情况下 $\boldsymbol{q}_k = 0$。

对于一个简单模型，可得 $\text{PFD}(t) = U(t) = P_{\text{DU}}(t) + P_{\text{R}}(t)$，图 6-15 显示出该模型的锯齿形曲线走势。

通过前面所述的方法可利用平均停留时间（MDT）计算 $\text{PFD}_{\text{avg}}$，反过来也可以通过状态平均累积时间（MCT）进行计算：

$$\overrightarrow{\text{MCT}}(T) = \int_0^T \vec{P}(t)\text{d}t$$

对于 $\vec{P}(t)$，使用已有的成熟算法进行 $[0,T]$ 间的积分运算，最后可得：

$$\mathrm{PFD}_{\mathrm{avg}}(T) = \frac{1}{T} \sum_{k=1}^{n} \boldsymbol{q}_k \, \mathrm{MCT}_k(T)$$

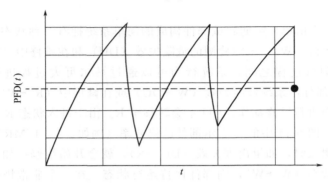

图 6-15 利用多相马尔可夫方法得出的锯齿形曲线

将该公式应用于图 6-14 所示的模型可得：

$$\mathrm{PFD}_{\mathrm{avg}}(T) = \frac{1}{T} \big[ \mathrm{MCT}_{\mathrm{DU}}(T) + \mathrm{MCT}_{\mathrm{R}}(T) \big]$$

如果 EUC 在维修期间关闭，可能会约减为只剩第一项。

图 6-15 中的黑圈表示整个计算过程中锯齿形曲线的 $\mathrm{PFD}_{\mathrm{avg}}$。

上述计算通常是基于图 6-16 所示的近似模型，其中状态 DU 和 R 已被合并，$\tau/2$（即，检测失效的平均时间）被用来作为等效修复时间。但这仅适用于通过其他方式已完成马尔可夫方程求解的情况，以便获得这个等效的修复时间。只有在维修时间可以忽略不计的情况下这种近似方法才适用。另外，这种方法很难适用于大型复杂系统。

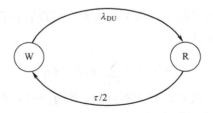

图 6-16 马尔可夫近似模型

可以对图 6-14 中的简易模型进行改进，使之可以用于更多实际的部件。如图 6-17 所示，利用连接矩阵对一个拥有两种概率的部件进行建模，其中 $\gamma$ 表示因测试导致的失效概率（即，真正的要求时失效），$\sigma$ 表示（因人为错误导致）测试未能发现的失效概率。

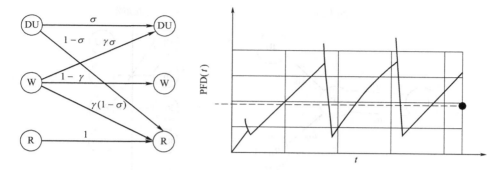

图 6-17　由于要求本身失效的影响

　　锯齿形曲线的走势发生了变化，各个测试时出现的跳变对应着要求时失效的概率。同样，黑圈表示 $PFD_{avg}$。

　　当一个（冗余）部件在测试中断开时，在整个测试期间（Tst）它就变为不可用了，这将影响到它的 $PFD_{avg}$。因此，应当考虑测试时间 $\pi$，并在测试间隔内引入一个新阶段，详见图 6-18，在这个阶段中对状态 R 和 W 进行建模，仅是为了实现模型的完整性。

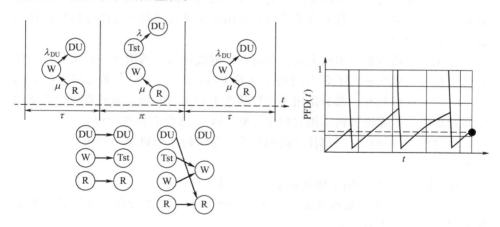

图 6-18　测试时间影响的建模

　　在该马尔可夫模型中，系统在 R、DU 和 Tst 状态下不可用。这种情况比之前更复杂了，但是计算原理仍然一样。锯齿形曲线走势见图 6-18 右图。系统在测试期间内不可用。这是对 $PFD_{avg}$ 最大的影响因素。

　　在之前的马尔可夫图形中，只考虑了未能检测到的危险失效，但是对可检测的危险失效也可很好地进行建模。区别在于检测到危险失效后立刻开始进行维修（如图 6-19 所示）。因此，当 $\mu_{DU}$ 为修复率（$\mu_{DU}=1/MRT$）时，$\mu_{DD}$ 为

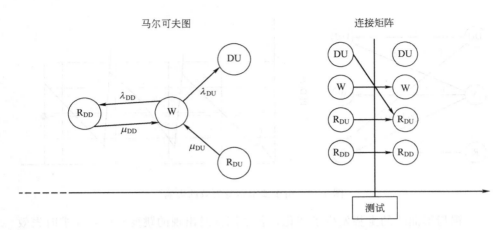

图 6-19    包含 DD 和 DU 失效的多相马尔可夫模型

部件的恢复率（$\mu_{DD} = 1/MTTR$）。

如果需要，还应当对安全失效进行建模，但此处选择了尽可能简单的马尔可夫图表达。

马尔可夫图法的主要问题是：随着所研究的部件数量增加，状态数量按指数规律增加。如果不进行大量的近似，采用人工进行马尔可夫图建模和计算就会变得非常困难。

使用一个高效的马尔可夫软件包可帮助解决计算上的困难。有大量的软件包可供选用，虽然它们不是专门用于计算 $PFD_{avg}$ 的，它们大多是用于计算瞬时不可用率，但只有一部分是用于计算状态平均累积时间，而只有极少数能用于多相建模。但无论如何，用它们来计算 $PFD_{avg}$ 并没有什么困难。

就建模本身而言，当部件之间的相关性很弱时，可以综合利用马尔可夫方法和布尔方法：

① 马尔可夫模型用于建立各个部件瞬时不可用率；

② 通过故障树分析或可靠性框图，将单个不可用率合在一起计算整个系统瞬时不可用率 $PFD(t)$；

③ $PFD_{avg}$ 通过对 $PFD(t)$ 进行平均计算得到。

这种混合方法见 IEC 61508-6 附录 B.4，而图 6-15、图 6-17 和图 6-18 所示锯齿形曲线可以作为故障树分析方法的输入。

当无法忽略部件之间的相关性时，可利用一些工具自动建立马尔可夫图。这些工具是基于比马尔可夫图更高级的模型［如：佩特里（Petri）网和形式化语言］。由于状态数量的组合激增，仍然会导致计算上的困难。

这种组合方法对复杂系统进行建模非常有效。

　　图 6-20 建模的系统是由三个在同一时间测试且以 2oo3 方式运行的部件构成。检测到失效时，逻辑从 2oo3 变为 1oo2，因为从安全角度来说，1oo2 比 2oo3 更好（但是从误停机失效的角度来说要差）。只有在第二次检测到失效时，才会进行维修，将三个部件都更换成新的部件。这构成了一种系统性约束，从而不可能通过组合部件的独立运行状况来对整个系统的运行状况进行建模。

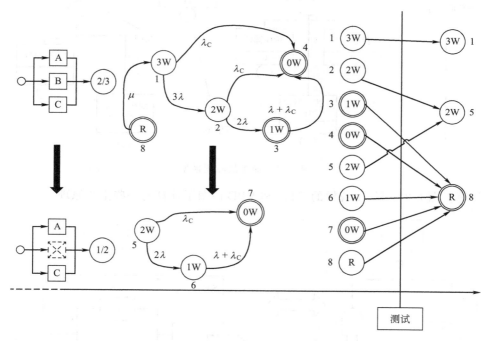

图 6-20　改变逻辑（2oo3 至 1oo2）而不是对首次失效进行维修

# 第七节　故障树分析

　　故障树分析（FTA）模型与 RBD 有着几乎完全一样的特点，只是它增加了一个有效的演绎（自顶向下）分析方法，这个方法可以帮助可靠性工程师从顶部事件（非必要或者非预期事件）到单个部件失效，逐步地开发建立模型。如图 6-21 所示。

　　在故障树（FT）中，串联元件用"或门"连接，并联元件（即冗余）用"与门"连接。RBD 和 FT 可以确切描述同一事件，也可以采取同一方式进行

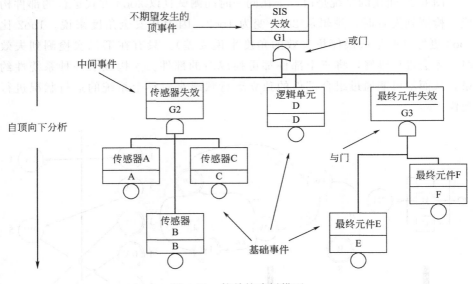

图 6-21　简单故障树模型

计算。图 6-22 用较小规模的 FTA 和 RBD 说明了计算的一些主要原理。

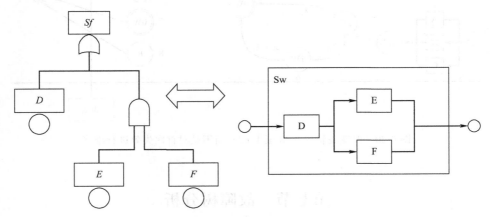

图 6-22　等效故障树/可靠性框图

注：在本图中，斜体字表示失效项，非斜体字表示工作项

　　FT 描述的逻辑功能为 $Sf = D \cap (E \cup F)$，其中 $Sf$ 代表系统失效；$D$、$E$、$F$ 代表单个部件失效。RBD 描述的逻辑功能为 $Sw = D \cup (E \cap F)$，其中 Sw 代表系统功能正常；D、E、F 代表单个部件功能正常。那么 $Sf = NOT$ Sw，并且 $Sf$ 和 Sw 描述了同样信息（即逻辑功能和它的两种表达方式）。

　　FT 和 RBD 的基本用法是来确定导致整体系统失效的不用部件的失效组

合。这些失效组合之所以被称为最小割集，是因为当它们在这个位置割断 RBD 时，输入信号将不能到达输出。在本例中，有两个最小割集：单个失效 ($D$) 和二重失效 ($E,F$)。

对逻辑功能使用基本的概率算法可以直接得到系统失效概率 $P_{Sf}$，公式如下：

$$P_{Sf} = P(D) + P(E \bigcap F) - P(D \bigcap E \bigcap F)$$

如果部件是独立的，公式可化为：

$$P_{Sf} = P_D + P_E P_F - P_D P_E P_F$$

式中，$P_i$ 为部件 $i$ 的失效概率，$i$ 为 $D$、$E$ 或 $F$。

这个公式是与时间无关的，而且仅反映了系统逻辑结构。

因此 RBD 和 FT 本质上都是静态的，即是与时间无关的模型。

另外，如果无论其他部件在 $[0,t]$ 上处于何种状态，每个单独部件在时刻 $t$ 的失效概率都是与之相互独立的，那么上面公式在任意时刻都保持有效，可以写为：

$$P_{Sf}(t) = P_D(t) + P_E(t) P_F(t) - P_D(t) P_E(t) P_F(t)$$

分析人员需要验证所需的近似条件是否可以接受，最后得出，系统的瞬时不可用率 $U_{Sf}(t)$ 为：

$$U_{Sf}(t) = U_D(t) + U_E(t) U_F(t) - U_D(t) U_E(t) U_F(t)$$

结论是故障树或可靠性框图都可以直接计算出 E/E/PE 安全相关系统的瞬时不可用率 $U_{Sf}(t)$：

$$\text{PFD}_{\text{avg}}(T) = \frac{1}{T} \text{MDT}(T) = \frac{1}{T} \int_0^T U_{Sf}(t) \mathrm{d}t$$

最小割集可以计算如下：

① 单个失效 ($D$)： $\quad \text{PFD}^D(\tau) = \frac{1}{\tau} \int_0^T \lambda_D t \, \mathrm{d}t = \lambda_D \tau / 2$

② 二重失效 ($E,F$)： $\quad \text{PFD}^{EF}(\tau) = \frac{1}{\tau} \int_0^T \lambda_E \lambda_F t^2 \, \mathrm{d}t = \lambda_E \lambda_F \tau^2 / 3$

上面公式 $U_{Sf}(t) = U_D(t) + U_E(t) U_F(t) - U_D(t) U_E(t) U_F(t)$ 仅仅是庞加莱（Poincare）公式的一个特殊情况，通常情况下，如果 $Sf = \bigcup_i C_i$，其中 $(C_i)$ 代表系统的最小割集，则有：

$$P(\bigcup_{i=1}^n C_i) = \sum_{j=1}^n P(C_j) - \sum_{j=1}^n \sum_{i=1}^{j-1} P(C_j \bigcap C_i) +$$
$$\sum_{j=3}^n \sum_{i=2}^{j-1} \sum_{k=1}^{j-1} P(C_j \bigcap C_i \bigcap C_k) - \cdots$$

当单个部件数量增加时，最小割集数量会以指数数量级别增加，这样庞加莱（Poincare）公式就会导致项目的组合计算高度复杂，用手算难以处理。幸运的是，过去 40 年一直在分析这个问题，为处理这样的计算已经设计了很多算法。目前，最新开发的有力工具是基于二元判定框图（BDD），其中 BDD 是由对逻辑关系的香农（Shannon）分解演进而来的。

主要基于故障树模型的大量商业软件，已被可靠性工程师广泛使用在各种不同的工业领域（核电、石油、航空、汽车等）[17]。商业软件可以用来计算 $PFD_{avg}$，但是分析人员必须要小心，因为其中一些商用软件执行了错误的 $PFD_{avg}$ 计算。遇到的主要错误是，将单个部件的 $PFD_{avg,i}$（通常由 $\lambda_i \tau / 2$ 得到）组合生成的结果作为整个系统的 $PFD_{avg}$，这种做法是错误的，而且是非保守的。

不管怎样，故障树软件可以用系统部件的瞬时不可用率 $U_i(t)$ 来计算系统的瞬时不可用率 $U_{sf}(t)$，可以用 $U_{sf}(t)$ 在关注时间段上的平均值来评估 $PFD_{avg}$ 值，计算可由在使用中的软件或者其他方法来完成。

理想情况如图 6-23(a) 所示：

$$U_i(t) = \lambda \zeta$$

式中，$\zeta$ 为 $t$ 除以 $\tau$ 的余数。

图 6-23(a) 中锯齿形曲线以线性方式从 0 上升到 $\lambda_\tau$，然后在一次测试或者修复（由于考虑 EUC 在此期间的停机是短暂的）之后又从 0 重新开始。

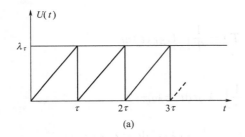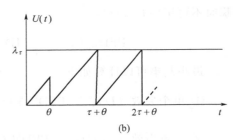

图 6-23　单一周期测试部件瞬时不可用率 $U(t)$

如有多个部件用在冗余结构中，当首次测试时间间隔与其他不同，如图 6-23(b) 所示，则测试会发生交错。这不会对 $PFD_{avg}$ 值有影响，对两种情况下的最大值 $\lambda_\tau / 2$ 和 $\lambda_\tau$ 也不会有影响。

当然在一些不理想的情况下，锯齿形曲线可能比理想情况要复杂很多[18]。

这种方法可以应用到图 6-22 所示小型故障树模型中，具体描述见图 6-24（其中 DU 代表未检测出的危险，CCF 代表共因失效）。我们考虑由两个冗余部件（E，F）组成的系统，（D）是这些部件的共因失效。计算数据要求如下：

$$\lambda_{DU}=3.5\times10^{-6}h^{-1}, \tau=4380h, \beta=1\%$$

选取较小的 $\beta$ 因子可以保证 CCF 不会主导顶事件的结果，并且方便更好地理解其工作原理。

图 6-24 中左边的锯齿形曲线是容易识别的，其输入为 D、E、F。当对 E 或 F 的测试时，对 CCF(D) 也测试一次。因此，如果 E 和 F 的测试时间间隔都是 6 个月，那么 CCF(D) 的测试时间间隔同样也是 6 个月。

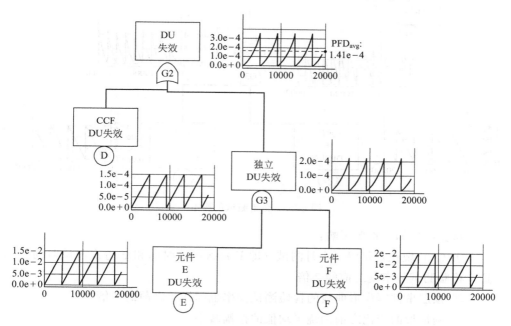

图 6-24　使用故障树时的 $PFD_{avg}$ 计算原理

使用故障树计算的算法，很容易绘制出所有逻辑门输出的锯齿形曲线。$PFD_{avg}$ 是顶层事件结果的平均值，它可以通过故障树软件本身或者手工计算得出。计算得到 $PFD_{avg}=1.4\times10^{-4}$，依据本标准，满足了低要求操作模式 SIL 3 的目标失效要求[19]。

如图 6-24 所示，测试曲线表现平稳，那么对于评估平均值没有困难，此处假设试验状态是确定的，并且试验在预期中进行。

有一个有趣的现象，一旦执行冗余，测试中的顶部事件锯齿形曲线就不再是线性的（即总的系统失效率不再是常数）。

当使用冗余部件交错测试代替同时测试来衡量对 $PFD_{avg}$ 的影响时，也同样有趣。具体说明见图 6-25，其中对部件 F 的测试与对部件 E 的测试交错时间为 3 个月。

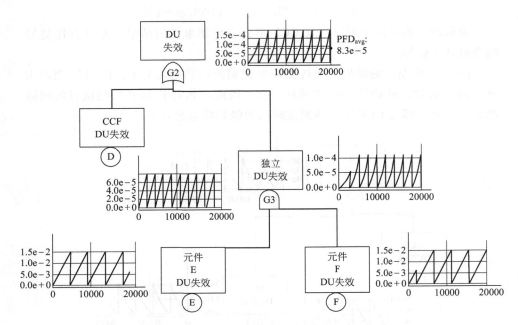

图 6-25　交错测试的影响

这会产生如下重要影响：

① CCF 现在是每隔 3 个月测试（即 E 每次测试时间和 F 每次测试时间）。这个检验测试频率是之前的 2 倍。

② 顶层事件锯齿形曲线的检验测试频率也同样是之前的 2 倍。

③ 锯齿形曲线比之前围绕平均值的振幅减小。

④ $PFD_{avg}$ 值降至 $3.5×10^{-6}$。

依据新的测试方法，系统达到 SIL 4。

如果测试是交错的并按正确的步骤执行，将提高检测到 CCF 的可能性，并且这是一个减少系统工作于低要求操作模式下 CCF 的有效方法。这样系统就从 SIL 3 提升到了 SIL 4（针对硬件失效，并且满足了 GB/T 20438 标准的其他要求）[16]。

图 6-26 描述了在图 6-24 系统建模中增加串联方式连接的组件 G（DU＝$7×10^{-9}h^{-1}$，不检测）和 H（DU＝$4×10^{-8}h^{-1}$，每两年检测一次）后得到的锯齿形曲线。

对组件 G 从不进行检测，会产生两方面的影响：PFD($t$) 每两年检测后都不归零并且 $PFD_{avg}$ 持续增加（黑色圆圈代表的是虚线所覆盖时间内所对应的 $PFD_{avg}$ 值）。

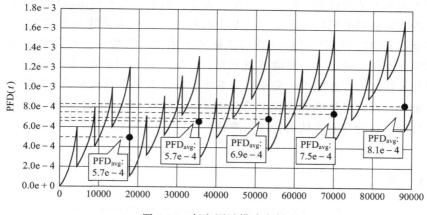

图 6-26 复杂测试模式实例

即使基本的锯齿形曲线（类似图 6-23）非常简单，顶层事件的结果也可能相当复杂，但是这不会增加特别的难度。

归纳如下：当单个部件独立时，使用通常的布尔技术来计算 E/E/PE 安全相关系统的 $PFD_{avg}$ 值是没有问题的。从理论的角度来看这不简单，做这项研究的分析师需要具备大量的概率计算知识来识别和排除时常遇到的错误 $PFD_{avg}$ 结果。假设采取了这些预防措施，任何故障树软件包都可以用于上述计算。

# 第八节　功能安全复审

在下列时间点，需开展功能安全复审来评估安全仪表系统是否仍然持续地满足功能安全的设计要求：安全仪表系统修改或退役前；可能对安全仪表系统产生影响的工艺、设备等的修改实施前；同类生产设施或本生产设施出现重大意外事故，需要对安全仪表系统的设计和运行维护状态进行审查，确定是否存在隐患；国家或行业有新的规定或标准规范发布，要求对在役安全仪表系统进行安全审查时。

为了避免因设备老化、人员变动等因素对安全仪表系统安全运行造成不利影响，需要对安全仪表系统运行和相关联的项目每 3～5 年进行周期性复审。功能安全复审可采取现场调研、走访、审查以及讨论等形式，复审内容应包括：安全仪表系统的设计，以及运行和维护状况是否符合国家和企业的最新标准及规范要求；安全仪表系统的操作规程、维护规程、备品备件管理，以及文档管理等规定是否遵循和执行；安全仪表系统的安全功能回路设计、仪表选型等是否满足必要的风险降低要求；基于实际的安全仪表系统运行和维护状况，对安全仪表功能的 SIL 评估计算所依据的要求率、失效率，以及检验测试时间间隔等评估基础进行必要的更新和修订；安全仪表系统的操作和维护人员，是否具备相应的专业能力；安全仪表系统的修改变更是否遵循了相关的变更管理规定，是否针对影响的范围和深度进行了评估，以及采取了必要的应对措施；对以往功能安全评估内容进行复核。

## 参考文献

[1] IEC. IEC 61508 Functional Safety of Electrical/Electronic/Programmable Electronic Safety-related Systems [S]. Geneva: International Electrotechnical Commission, 2010.

[2] 电气/电子/可编程电子安全相关系统的功能安全 [S]. GB/T 20438—2017.

[3] IEC. IEC 61511 Functional Safety: Safety Instrumented Systems for the Process Industry Sector [S]. Geneva: International Electrotechnical Commission, 2016.

[4] 过程工业领域安全仪表系统的功能安全 [S]. GB/T 21109—2007.

[5] ISA. Technical Report Safety Instrumented Function (SIF)-Safety Integrity Level (SIL) Evaluation Techniques Part 1-5. ISA-TR84. 00. 02-2002, 2002.

[6] William M Goble, Harry Cheddie. Safety Instrumented Systems Verification: Practical Probabilistic Calculations [M]. ISA, 2005.

[7] 石油化工安全仪表系统设计规范 [S]. GB/T 50770—2013.

[8] Paul Druhn, Harry L, Cheddie. 安全仪表系统工程设计与应用 [M]. 张建国，李玉明，译. 北京：中国石化出版社，2017.

[9] 张建国. 安全仪表系统在过程工业中的应用 [M]. 北京：中国电力出版社，2010.

[10] 丁辉，靳江红，汪彤. 控制系统的功能安全评估 [M]. 北京：化学工业出版社，2016.

[11] 阳宪惠，郭海涛. 安全仪表系统的功能安全 [M]. 北京：清华大学出版社，2007.

[12] 白焰，董玲，杨国田. 控制系统的安全评估与可靠性 [M]. 北京：中国电力出版社，2008.

[13] 刘建侯. 功能安全技术基础 [M]. 北京：机械工业出版社，2008.

[14] 靳江红. 安全仪表系统安全功能失效评估方法研究 [D]. 北京：中国矿业大学（北京），2010.

[15] 林斌. 海洋石油平台安全仪表系统研究 [D]. 北京：中国舰船研究院，2014.

[16] 韩丹丹. 安全屏障绩效评估在化工装置风险控制中的应用研究 [D]. 青岛：中国石油大学，2016.

[17] 余涛. 石化装置风险评估与仪表安全功能评估技术研究 [D]. 北京：北京化工大学，2012.

[18] 李跃峰. 功能安全国际标准的研究 [D]. 杭州：浙江大学，2007.

# 第七章

# 可燃气体与有毒气体检测系统

在化工行业的生产过程中不可避免地存在各种可燃或有毒气体，这些气体一旦泄漏并积聚在周围环境中，有可能酿成火灾、爆炸或人身中毒等恶性事故。可燃气体和有毒气体检测系统作为危险化学品生产装置的一项重要保护层，是关联其他安全系统（如报警系统、紧急停车系统）的重要环节。可燃和有毒气体含量超出安全规定要求但不能被检测出时，极易发生事故，反之，气体检测系统在泄漏发生时正常发挥作用，事故损失可以大大降低。

## 第一节 概　　述

2010 年 11 月 20 日，某化工股份有限公司树脂二厂 2# 聚合厂房内发生了空间爆炸，造成 4 人死亡、2 人重伤、3 人轻伤，经济损失 2500 万元。虽然事故直接原因是位于 2# 聚合厂房四层南侧待出料的 9 号釜顶部氯乙烯单体进料管与总排空管控制阀下连接的上弯头焊缝开裂导致氯乙烯泄漏，泄漏的氯乙烯漏进 9 号釜一层东侧出料泵旁的混凝土柱上的聚合釜出料泵启动开关，产生电气火花，引起厂房内的氯乙烯气体空间爆炸，但是本应起到报警作用的泄漏气体检测仪却没有发出报警，未起到预防事故发生的作用，最终导致了事故的发生。

2018 年 11 月 28 日，某化工有限公司氯乙烯泄漏扩散至厂外区域，遇火源发生爆燃，造成 24 人死亡、21 人受伤，38 辆大货车和 12 辆小型车损毁，截至 2018 年 12 月 24 日直接经济损失 4148.8606 万元。事故直接原因是该公司违反《气柜维护检修规程》（SHS 01036）和该公司的《低压湿式气柜维护检修规程》的规定，聚氯乙烯车间的 1# 氯乙烯气柜长期未按规定检修，事发前氯乙烯气柜卡顿、倾斜，开始泄漏，压缩机入口压力降低，操作人员没有及时发现气柜卡顿，仍然按照常规操作方式调大压缩机回流，进入气柜的气量加大，加之调大过快，氯乙烯冲破环形水封泄漏，向厂区外扩散，遇火源发生爆燃。但是本应可以提前预防事故的气体检测系统因安全仪表管理不规范，可燃、有毒气体报警声音被关闭，无法及时应对氯乙烯泄漏导致的危险场景。

可燃气体和有毒气体检测系统作为危险化学品生产装置的一项重要保护层，是关联其他安全系统（如报警系统、紧急停车系统）的重要环节[1,2]。若气体检测系统在泄漏发生时正常发挥作用，事故损失可以大大降低。然而，相关统计数据表明气体泄漏成功探测并报警的效率却不尽如人意。以海洋平台为例，据英国健康和安全执行局（HSE）统计，在1992～2014年间已知的泄漏事件仅有46%的已知泄漏事件被成功探测，若考虑未知泄漏事件，气体检测系统的探测效率甚至更低。因此提高危险化学品生产装置、储运设施等的气体检测系统设计质量与安装调试维护质量，对提高气体泄漏探测效率，预防恶性事故具有重要意义。

按《石油化工企业设计防火规范》（GB 50160）规定，可燃气体是指甲类可燃气体或甲、乙A类可燃液体气化后形成的可燃气体。甲类可燃气体是指可燃气体与空气混合物的爆炸下限小于10%（体积分数）的气体；液化烃（甲A）是指15℃时的蒸气压力大于0.1MPa的烃类液体及其他类似的液体，例如液化石油气、液化乙烯、液化甲烷、液化环氧乙烷等；或闪点小于28℃的可燃液体，乙A类液体是指闪点等于或大于28℃至等于45℃的可燃液体。由于乙A类液体泄漏后挥发为蒸气或呈气态泄漏，该气体在空气中的爆炸下限小于10%（体积分数）属于甲类气体，可形成爆炸危险区。但是，该气体易于空气中冷凝，所以扩散距离较近，其危险程度低于甲类。

有毒气体是指劳动者在职业活动过程中通过机体接触可引起急性或慢性有害健康的气体。有毒气体的范围参见《高毒物品目录》（卫法监发〔2003〕142号）中所列的有毒蒸气或有毒气体。常见的有：二氧化氮、硫化氢、苯、氰化氢、氨、氯气、一氧化碳、丙烯腈、氯乙烯、光气（碳酰氯）等。2002年5月12日颁布实施的《使用有毒物品作业场所劳动保护条例》第三条规定："按照有毒物品产生的职业中毒危害程度，有毒物品分为一般有毒物品和高毒物品。国家对作业场所使用高毒物品实行特殊管理。一般有毒物品目录、高毒物品目录由国务院卫生行政部门会同有关部门依据国家标准制订、调整并公布"。2003年卫生部发布了《高毒物品目录》（2003年版），确定了31种气体和蒸气（不包括粉尘类、烟类和焦炉逸散物）。如：N-甲基苯胺、N-异丙基苯胺、苯、苯胺、丙烯腈、二甲基苯胺、二硫化碳、二氯代乙炔、二氧化氮、硫化氢、氰化氢、氨、氯气、一氧化碳、丙烯腈、氯乙烯、光气（碳酰氯）、甲苯-2,4-二异氰酸酯、氟化氢、氟及其化合物、汞、甲肼、甲醛、肼、磷化氢、硫酸二甲酯、氯甲基甲醚、偏二甲基肼、砷化氢、羰基镍、硝基苯，等等。

　　对气体检测系统来说，释放源、响应时间、爆炸下限等的定义也是非常重要的，其他术语定义可参见《石油化工可燃气体和有毒气体检测报警设计标准》（GB/T 50493—2019）。释放源是指可释放能形成爆炸性气体混合物或有毒气体的位置或地点。响应时间是指在试验条件下，从检（探）测器接触被测气体至达到稳定指示值的时间。其中达到稳定指示值90%的时间作为响应时间；恢复到稳定指示值10%的时间作为恢复时间。爆炸下限是指可燃气体爆炸下限浓度（体积分数/%）值；爆炸上限是指可燃气体爆炸上限浓度（体积分数/%）值。最高容许浓度是指工作地点、在一个工作日内、任何时间均不应超过的有毒化学物质的浓度。短时间接触容许浓度是指一个工作日内，任何一次接触不得超过的15min时间加权平均的允许接触浓度。时间加权平均容许浓度是指以时间为权数规定的8h工作日的平均允许接触水平。直接致害浓度是指环境中空气污染物浓度达到某种危险水平，如可致命或永久损害健康，或使人立即丧失逃生能力。

　　除针对具体危险化学品生产装置、储运设施选择合适规格型号的气体检测报警仪之外，气体检测报警仪的合理布置也是加强危险化学品生产装置优化的重要方面。不合理的气体检测报警仪布置方案会造成某些区域气体检测报警仪过少，无法保证气体检测系统的正常功能；或者某些区域气体检测报警仪过多，降低气体检测系统的效能。不合理的气体检测报警仪布置方案不仅使气体检测报警系统失去或者降低重要保护层功能，而且有可能造成资源的巨大浪费。此外，增加或者修改危险化学品生产装置现有气体检测报警仪布置造价不菲。因此，最优的气体检测报警仪布置方案不仅可以加强装置安全，而且也有利于资源的合理分配。

## 第二节　气体检测系统一般规定

　　在生产或使用可燃气体及有毒气体的生产设施及储运设施的区域内，泄漏气体中可燃气体浓度可能达到报警设定值时，应设置可燃气体探测器；泄漏气体中有毒气体浓度可能达到报警设定值时，应设置有毒气体探测器；既属于可燃气体又属于有毒气体的单组分气体介质，应设有毒气体探测器；可燃气体与有毒气体同时存在的多组分混合气体，泄漏时可燃气体浓度和有毒气体浓度有可能同时达到报警设定值，应分别设置可燃气体探测器和有毒气体探测器[3,4]。可燃气体和有毒气体的检测报警应采用两级报警。同级别的有毒气体和可燃气体同时报警时，有毒气体的报警级别应优先[5]。

可燃气体和有毒气体检测报警信号应送至有人值守的现场控制室、中心控制室等进行显示报警；可燃气体二级报警信号、可燃气体和有毒气体检测报警系统报警控制单元的故障信号应送至消防控制室。控制室操作区应设置可燃气体和有毒气体声、光报警；现场区域警报器宜根据装置占地的面积、设备及建（构）筑物的布置、释放源的理化性质和现场空气流动特点进行设置。现场区域警报器应有声、光报警功能。

可燃气体探测器必须取得国家指定机构或其授权检验单位的计量器具型式批准证书、防爆合格证和消防产品型式检验报告；参与消防联动的报警控制单元应采用按专用可燃气体报警控制器产品标准制造并取得检测报告的专用可燃气体报警控制器；国家法规有要求的有毒气体探测器必须取得国家指定机构或其授权检验单位的计量器具型式批准证书。安装在爆炸危险场所的有毒气体探测器还应取得国家指定机构或其授权检验单位的防爆合格证[6]。

需要设置可燃气体、有毒气体探测器的场所，宜采用固定式探测器；需要临时检测可燃气体、有毒气体的场所，宜配备移动式气体探测器。进入爆炸性气体环境或有毒气体环境的现场工作人员，应配备便携式可燃气体和（或）有毒气体探测器。进入的环境同时存在爆炸性气体和有毒气体时，便携式可燃气体和有毒气体探测器可采用多传感器类型。

可燃气体和有毒气体检测报警系统应独立于其他系统单独设置。可燃气体和有毒气体检测报警系统的气体探测器、报警控制单元、现场警报器等的供电负荷，应按一级用电负荷中特别重要的负荷考虑，宜采用 UPS 电源装置供电。确定有毒气体的职业接触限值时，应按最高容许浓度、时间加权平均容许浓度、短时间接触容许浓度的次序选用。常见易燃气体、蒸气特性应按国家标准GB/T 50493—2019 中附录 A 采用；常见有毒气体、蒸气特性应按 GB/T 50493—2019 国家标准中附录 B 采用。

# 第三节　检测点确定

可燃气体和有毒气体探测器的检测点，应根据气体的理化性质、释放源的特性、生产场地布置、地理条件、环境气候、探测器的特点、检测报警可靠性要求、操作巡检路线等因素进行综合分析，选择可燃气体及有毒气体容易积聚、便于采样检测和仪表维护之处布置。

判别泄漏气体介质是否比空气重，应以泄漏气体介质的分子量与环境空气的分子量的比值为基准，并应按下列原则判别：当比值大于或等于 1.2 时，则泄漏的气体重于空气；当比值大于或等于 1.0、小于 1.2 时，则泄漏的气体为略重于空气；当比值为 0.8～1.0 时，则泄漏的气体为略轻于空气；当比值小于或等于 0.8 时，则泄漏的气体为轻于空气。

在气体压缩机和液体泵的动密封、液体采样口和气体采样口、液体（气体）排液（水）口和放空口、经常拆卸的法兰和经常操作的阀门组等释放源周围应布置可燃气体和（或）有毒气体检测点；检测可燃气体和有毒气体时，探测器探头应靠近释放源，且在气体、蒸气易于聚集的地点。

当生产设施及储运设施区域内泄漏的可燃气体和有毒气体可能对周边环境安全有影响需要监测时。应沿生产设施及储运设施区域周边按适宜的间隔布置可燃气体探测器或有毒气体探测器，或沿生产设施及储运设施区域周边设置线型气体探测器。

在生产过程中可能导致环境氧气浓度变化，出现欠氧、过氧的有人员进入活动的场所，应设置氧气探测器。当相关气体释放源为可燃气体或有毒气体释放源时，氧气探测器可与相关的可燃气体探测器、有毒气体探测器布置在一起。

对生产设施来说，释放源处于露天或敞开式厂房布置的设备区域内时，可燃气体探测器距其所覆盖范围内的任一释放源的水平距离不宜大于 10m；有毒气体探测器距其所覆盖范围内的任一释放源的水平距离不宜大于 4m。释放源处于封闭式厂房或局部通风不良的半敞开厂房内时，可燃气体探测器距其所覆盖范围内的任一释放源的水平距离不宜大于 5m；有毒气体探测器距其所覆盖范围内的任一释放源的水平距离不宜大于 2m。比空气轻的可燃气体或有毒气体释放源处于封闭或局部通风不良的半敞开厂房内时，除应在释放源上方设置探测器外，还应在厂房内最高点气体易于积聚处设置可燃气体或有毒气体探测器。

对储运设施来说，液化烃、甲$_B$、乙$_A$类液体等产生可燃气体的液体储罐的防火堤内，应设探测器。可燃气体探测器距其所覆盖范围内的任一释放源的水平距离不宜大于 10m。有毒气体探测器距其所覆盖范围内的任一释放源的水平距离不宜大于 4m。

当探测器设置在液化烃、甲$_B$、乙$_A$类液体的装卸设施内时，应符合下列规定：铁路装卸栈台，在地面上每一个车位宜设一台探测器，且探测器与装卸车口的水平距离不应大于 10m；汽车装卸站的装卸车鹤位与探测器的水平距离不应大于 10m。其中探测器设置在装卸设施的泵或压缩机区内时，还应符合 GB/T 50493—2019 中 4.2 的规定。液化烃灌装站设置探测器的，应符合下列规定：封闭或半敞开的灌瓶间，灌装口与探测器的水平距离宜为 5～7.5m；封闭或半敞开式储瓶库，应符合 GB/T 50493—2019 中 4.2.2 的规定；敞开式储瓶库房沿四周每隔 15～20m 应设一台探测器，当四周边长总和小于 15m 时，应设一台探测器；缓冲罐排水口或阀组与探测器的水平距离宜为 5～7.5m。需注意的是，在封闭或半敞开氢气灌瓶间，应在灌装口上方的室内最高点易于滞留气体处设置探测器；可能散发可燃气体的装卸码头，距输油臂水平平面 10m 范围内，应设一台探测器。其他储存、运输可燃气体、有毒气体的储运设施，可燃气体探测器和（或）有毒气体探测器应按 GB/T 50493—2019 中 4.2 的规定设置。

对其他有可燃气体、有毒气体的扩散与积聚场所来说，明火加热炉与可燃气体释放源之间应设可燃气体探测器。探测器距加热炉炉边的水平距离宜为 5～10m。当明火加热炉与可燃气体释放源之间设有不燃烧材料实体墙时，实体墙靠近释放源的一侧应设探测器。设在爆炸危险区域 2 区范围内的在线分析仪表间，应设可燃气体和（或）有毒气体探测器，并同时设置氧气探测器。控制室、机柜间的空调新风引风口等可燃气体和有毒气体有可能进入建筑物的地方，应设置可燃气体和（或）有毒气体探测器。有人进入巡检操作且可能积聚比空气重的可燃气体和（或）有毒气体的工艺阀井、管沟等场所，应设可燃气体和（或）有毒气体探测器。

# 第四节　可燃气体和有毒气体检测报警系统设计

可燃气体和有毒气体检测报警系统应由可燃气体或有毒气体探测器、现场警报器、报警控制单元等组成。可燃气体的第二级报警信号和报警控制单元的故障信号应送至消防控制室进行图形显示和报警。可燃气体探测器不能直接接入火灾报警控制器的输入回路。可燃气体或有毒气体检测信号作为安全仪表系统的输入时，探测器宜独立设置，探测器输出信号应送至相应的安全仪表系统，探测器的硬件配置应符合现行国家标准《石油化工安全仪表系统设计规范》（GB/T 50770）有关规定。其中探测器的输出可选用 4～20mA 的直流电流信号、数字信号、触点信号。其检测报警系统配置图如图 7-1 所示。

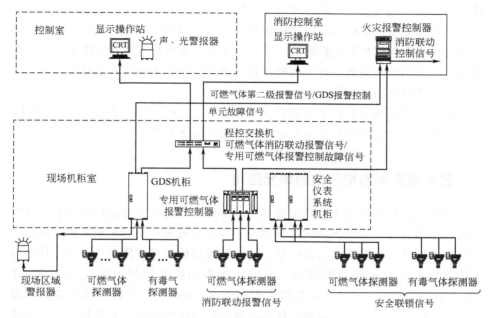

图 7-1　气体检测报警系统（GDS）配置图

## 一、探测器选用

应根据探测器的技术性能、被测气体的理化性质、被测介质的组分种类和检测精度要求、探测器材质与现场环境的相容性、生产环境特点等确定可燃气体及有毒气体探测器类型与采样方式。

通常可燃气体及有毒气体探测器的类型选用可按下列规定选择：轻质烃类可燃气体宜选用催化燃烧型或红外气体探测器；当使用场所的空气中含有能使催化燃烧型检测元件中毒的硫、磷、硅、铅、卤素化合物等介质时，应选用抗毒性催化燃烧型探测器、红外气体探测器或激光气体探测器；在缺氧或高腐蚀性等场所，宜选用红外气体探测器或激光气体探测器；重质烃类蒸气可选用光致电离型探测器；氢气检测宜选用催化燃烧型、电化学型、热传导型探测器；有机有毒气体宜选用半导体型、光致电离型探测器；无机有毒气体检测宜选用电化学型探测器；氧气宜选用电化学型探测器；在气候环境或生产环境特殊、需监测的区域是开阔的场所时，宜选择线型可燃气体探测器；在工艺介质泄漏后形成的气体或蒸气能显著改变释放源周围环境温度的场所，可选用红外图像型探测器；在高压工艺介质泄漏时产生的噪声能显著改变释放源周围环境声压级的场所，可选用噪声型探测器；在生产和检修过程中需要临时检测可燃气体、有毒气体的场所，应配备移动式气体探测器。

常用探测器的采样方式应根据使用场所按下列规定确定：可燃气体和有毒气体的检测宜采用扩散式探测器；受安装条件和介质扩散特性的限制，不便使用扩散式探测器的场所，可采用吸入式探测器；当探测器配备采样系统时，采样系统的滞后时间不宜大于 30s。

常见气体探测器的技术性能应符合 GB/T 50493—2019 中附录 D 的要求；常见气体探测器应按照 GB/T 50493—2019 中附录 E 选用。

## 二、现场报警器与报警控制单元选用

可燃气体和有毒气体检测报警系统应按照生产设施及储运设施的装置或单元进行报警分区，各报警分区应分别设置现场区域警报器。区域警报器的启动信号应采用第二级报警设定值信号。区域警报器的数量宜使在该区域内任何地点的现场人员都能感知到报警。区域警报器的报警信号声级应高于 110dB（A），且距警报器 1m 处总声压值不得高于 120dB（A）。有毒气体探测器宜带一体化的声、光警报器，可燃气体探测器可带一体化的声、光警报器，一体化声、光警报器的启动信号应采用第一级报警设定值信号。

报警控制单元应采用独立设置的以微处理器为基础的电子产品，并应具备下列基本功能：能为可燃气体探测器、有毒气体探测器及其附件供电；能接收气体探测器的输出信号，显示气体浓度并发出声、光报警；能手动消除声、光报警信号，再次有报警信号输入时仍能发出报警；具有相对独立、互不影响的报警功能，能区分和识别报警场所位号。

在下列情况下，报警控制单元应能发出与可燃气体和有毒气体浓度报警信号有明显区别的声、光故障报警信号：报警控制单元与探测器之间连线断路或短路；报警控制单元主电源欠压；报警控制单元与电源之间的连线断路或短路。

报警控制单元需具有以下记录、存储、显示功能：能记录可燃气体和有毒气体的报警时间，且日计时误差不应超过 30s；能显示当前报警部位的总数；能区分最先报警部位，后续报警点按报警时间顺序连续显示；具有历史事件记录功能。

控制室内可燃气体和有毒气体声、光警报器的声压等级应满足设备前方 1m 处不小于 75dB（A）。声、光警报器的启动信号应采用第二级报警设定值信号。可燃气体探测器参与消防联动时，探测器信号应先送至按专用可燃气体报警控制器产品标准制造并取得检测报告的专用可燃气体报警控制器，报警信号应由专用可燃气体报警控制器输出至消防控制室的火灾报警控制器。可燃气体报警信号与火灾报警信号在火灾报警控制系统中应有明显区别[6]。

## 三、测量范围及报警值设定

测量范围应符合下列规定：可燃气体的测量范围应为 $0\sim100\%$ LEL（爆炸下限）；有毒气体的测量范围应为 $0\sim300\%$ OEL（职业接触限值）；当现有探测器的测量范围不能满足上述要求时，有毒气体的测量范围可为 $0\sim30\%$ IDLH（直接致害浓度）；环境氧气的测量范围可为 $0\sim25\%$ VOL（体积分数）；线型可燃气体测量范围为 $0\sim5$LEL·m。

报警值设定应符合下列规定：可燃气体的一级报警设定值应小于或等于 $25\%$ LEL；可燃气体的二级报警设定值应小于或等于 $50\%$ LEL；有毒气体的一级报警设定值应小于或等于 $100\%$ OEL，有毒气体的二级报警设定值应小于或等于 $200\%$ OEL；当现有探测器的测量范围不能满足测量要求时，有毒气体的一级报警设定值不得超过 $5\%$ IDLH，有毒气体的二级报警设定值不得超过 $10\%$ IDLH；环境氧气的过氧报警设定值宜为 $23.5\%$ VOL，环境欠氧报警设定值宜为 $19.5\%$ VOL；线型可燃气体测量一级报警设定值应为 1LEL·m；二级报警设定值应为 2LEL·m。

## 第五节　可燃气体和有毒气体检测报警系统安装和维护

探测器应安装在无冲击、无振动、无强电磁场干扰、易于检修的场所，探测器安装地点与周边工艺管道或设备之间的净空不应小于 0.5m。检测比空气重的可燃气体或有毒气体时，探测器的安装高度宜距地坪（或楼地板）$0.3\sim0.6$m；检测比空气轻的可燃气体或有毒气体时，探测器的安装高度宜在释放源上方 2.0m 内；检测比空气略重的可燃气体或有毒气体时，探测器的安装高度宜在释放源下方 $0.5\sim1.0$m；检测比空气略轻的可燃气体或有毒气体时，探测器的安装高度宜高出释放源 $0.5\sim1.0$m；环境氧气探测器的安装高度宜距地坪或楼地板 $1.5\sim2.0$m；线型可燃气体探测器宜安装于大空间开放环境，其检测区域长度不宜大于 100m。

可燃气体和有毒气体检测报警系统人机界面应安装在操作人员常驻的控制室等建筑物内。现场区域警报器应就近安装在探测器所在的报警区域。现场区域警报器的安装高度应高于现场区域地面或楼地板 2.2m，且位于工作人员易察觉的地点。现场区域警报器应安装在无振动、无强电磁场干扰、易于检修的场所。

可燃气体和有毒气体检测报警系统其工作场景与基本过程控制系统、安全仪表系统的工作场景不完全相同[7-10]。生产装置运行期间，三个系统分头负责，基本过程控制系统通过自动调节的方式实现生产装置平稳运行，安全仪表系统通过紧急切断或紧急停车等方式保障安全事故不发生，气体检测报警系统则通过探测泄漏来报警告知或消防联动，保障安全运行。装置检修期间，基本过程控制系统和安全仪表系统往往这时候处于断电检维修状态，而气体检测报警系统则继续担当安全护卫使者，探测设备检维修、储运设施的气体泄漏情况，报警与消防联动。对其的维护上，将更多地采用维修旁路的方式开展探测器、GDS系统等检验与测试。

## 参考文献

[1] 文科武. 新版《石油化工可燃气体和有毒气体检测报警设计标准》解读 [J]. 石油化工自动化，2020（1）：19-21.

[2] 刘子云. 大型联合化工厂可燃气体和有毒气体检测报警系统设置探讨 [J]. 石油化工自动化，2019，55（02）：6-10.

[3] 石油化工可燃气体和有毒气体检测报警设计标准：GB/T 50493—2019 [S].

[4] 火灾自动报警设计规范：GB/T 50116—2013 [S].

[5] 张其方. 可燃气体和有毒气体检测系统应用探讨 [J]. 石油化工自动化，2019，54（5）：15-18.

[6] 可燃气体报警控制器：GB 16808—2008 [S].

[7] 电气/电子/可编程电子安全相关系统的功能安全：GB/T 20438—2017 [S].

[8] 过程工业领域安全仪表系统的功能安全：GB/T 21109—2007 [S].

[9] 石油化工安全仪表系统设计规范：GB/T 50770—2013 [S].

[10] 信号报警及联锁系统设计规范：HG/T 20511—2014 [S].

## 附 录

# 安全要求规格书（SRS）

本安全要求规格书依据《化工安全仪表系统 安全要求规格书编制导则》
（T/CIS 71004—2021）

### 1 目的

1.1 本 SRS（safety requirements specification）旨在明确与装置相关的安全仪表功能（SIF）的安全要求。所有的 SIF 组合在一起即构成 SIS。本规格书对 SIS 执行的所有功能活动（无论其是否为安全关键）要求进行了指定。同时，对各 SIF 的功能安全要求和安全完整性要求进行了说明。

1.2 遵照本 SRS 设计的 SIS 符合《过程工业领域安全仪表系统的功能安全》（GB/T 21109/IEC 61511）的要求。

### 2 范围

2.1 本 SRS 遵照行业认可的相关标准并参照用户的工程实践明确了装置 SIS 设计的功能安全和安全完整性要求。该规格书提供了 SIS 的一般性功能要求和实现功能安全的具体细节，但不提供 SIS 详细设计的完整规格数据表。本 SRS 不涵盖 SIS 设计中设备选型、材质选取、编程、组态、安装等内容。此类工作由工程设计单位来完成，满足本规格书的安全要求只是实现安全设计的部分要求。

2.2 所有 SIF 设计均应满足《化工企业工艺安全管理实施导则》（AQ/T 3034）的相关要求。详细工程设计单位应遵循相关法律及法规要求。

### 3 文档结构

3.1 SRS 构成

3.1.1 通用要求：除非对某一特定 SIF（或者包含该 SIF 的功能组）另作说明，否则通用要求适用于所有 SIF。通用要求是本规格书的规范性要求。

3.1.2 特别说明：特别说明适用于单一 SIF（或包含该 SIF 的功能组），且可以在单一 SIF（或功能组）功能逻辑规格说明中被引用。特别说明是本规格书的规范性要求。

3.1.3 参考图纸：参考图纸描述的是安全设备的常规原理图要求。参考图纸虽然不是规范性要求，但是可以为规范性要求的应用提供补充信息。

3.2 包含停车功能和许可功能的 SIS 功能说明，可采用逻辑控制器功能规格图纸的方式予以提供。此为本规格书的规范性要求，但不同于附录 3.1.3 所提及的参考图纸。功能逻辑规范包含 SIS 功能的行动要求，并按照功能组到功能组（或者 SIF 到 SIF）的方式编写而成。既包括与 SIS 相关的安全动作，又包括非安全关键附加动作和说明。

3.3 由 SIS 实施的仪表保护功能（IPF）可在 SIF 清单中明确，这是本规格书的规范性要求。仪表保护功能（IPF）描述的是 SIS 预防的群体危害、检测此类危害的手段，以及偏离预先设定安全操作范围时，将工艺系统置于安全状态的最低必要条件。

## 4 参考文件

4.1 如下文件为装置 SIS 设计提供了设计基础，是本 SRS 不可或缺的一部分。

a）SIF 清单；

b）功能逻辑描述；

c）带控制点的管道和仪表流程图（P&ID）；

d）SIS 评估报告中的 SIS 总体结构与概念设计（如果有）。

## 5 通用要求

5.1 输入或原因（术语）

5.1.1 向 SIS 逻辑控制器提供输入的现场仪表位号。例如：FZT-001、PZT-002、TZT-003。

5.1.2 输入信号类型。

a）模拟量输入（AI）；

b）数字量输入（DI）；

c）通信输入（COM）；

d）逻辑结果存储单元（MEM）。

5.1.3 能够导致 SIS 逻辑控制器输出动作的输入动作类型。

a）模拟输入信号高高（HH）；

b）模拟输入信号低低（LL）；

c）数字输入信号断开（DEN）；

d）数字输入信号接通（EN）；

e)"真"表示逻辑结果存储单元的输入状态为真或接通；

f)"假"表示逻辑结果存储单元的输入状态为假或断开；

g)≥表示数值大于或等于设定值（SP），以便许可得以满足；

h)≤表示数值小于或等于设定值（SP），以便许可得以满足。

5.1.4 现场仪表监控过程简述。

5.1.5 带控制点的管道和仪表流程图（P&ID）。

5.1.6 SIS逻辑控制器采用表决结构。例如：1oo1、1oo2、2oo3等。

5.1.7 现场仪表工程单位上限（EUHI）。

5.1.8 现场仪表工程单位下限（EULO）。

5.1.9 测量单位，例如：$m^3/h$、℃、mPa。

5.1.10 触发跳车动作的输出结果（SP）。

5.1.11 ××输入（或原因）为安全关键（SC）。

5.2 输出/结果（术语）

5.2.1 ××输出（或结果）为安全关键。

5.2.2 与SIS逻辑控制器相连的现场设备位号。例如：SDV-001（电磁阀），R-002（继电器）。

5.2.3 输出信号的类型。

a)模拟量输出（AO）；

b)数字量输出（DO）；

c)逻辑结果存储单元（MEM）。

5.2.4 SIS逻辑控制器控制的现场设备有关的动作类型。

a)数字输出信号断开（DEN）；

b)数字输出信号接通（EN）；

c)如果动作字段含有数字和单位，则输出应受该数值支配，如0%、4mA；

d)"真"表示逻辑结果存储单元输出状态为真或接通；

e)"假"表示逻辑结果存储单元输出状态为假或断开。

5.2.5 SIS逻辑控制器输出（最终执行元件）的位号。例如：PZV-001（切断阀），P-002（机泵电机启动器）。

5.2.6 能够识别现场输入设备的带控制点的管道和仪表流程图（P&ID）的数量。

5.2.7 说明——设备简介。

5.2.8 动作——指设备趋于某种状态。例如：停机、启动、关闭、开启、激活、开、关。

激活——当前的功能组（或者SIF）正在命令其他功能组（或者SIF）采取相应动作。

### 5.3  功能组之间的通信

5.3.1  当某一功能组（或者 IPF）要求一个或以上功能组（或者 IPF）采取动作的时候，被要求的功能组会显示为与提出要求功能组原因和结果有关的 MEM 输出。该要求随后还会显示为与被要求功能组有关的 MEM 输入。由于没有任何物理输入或输出与此动作相关，因此仅需要 SIS 逻辑来支持并触发适宜动作。

### 5.4  动力中断后的动作

a）动力中断（气动、液压、电动）时，最终执行元件处于安全位置。失电跳车应为默认配置。那些与失电跳车设计规格存有偏离的功能，应在仪表保护功能（或相关功能组）的功能描述当中清晰地加以说明。

b）SIF 中使用三通电磁阀来控制气动信号。当电磁阀带电时，仪表风应直接从供气源送至执行机构。当电磁阀失电时，仪表风应从执行机构排放至大气。

c）采用可靠方法连续监控动力完整性。

### 5.5  安全仪表系统（SIS）设计

#### 5.5.1  现场设备——输入

a）SIS 的传感器应独立于 BPCS 的传感器。SIS 传感器的工艺连接也应独立于 BPCS 传感器的工艺连接。

b）除非另有规定，否则 SIS 逻辑控制器的编程应使各个输入的跳车信号均应使用设置为 250ms 的断开延时定时器。

c）除非另有规定，否则传感器回路中的本安型安全栅、隔离器、中继器或其他设备不得连接到 SIS。

d）除非另有规定，否则不得采用数字总线通信（例如：Fieldbus，Profibus）读取与 SIS 逻辑控制器 I/O 模块相连的传感器信号。与 SIS 逻辑控制器相连的所有传感器，应按数字或者模拟输入方式进行独立、单独硬接线。

e）数字总线通信应允许用于上述 d）项要求之外的额外诊断，并遵循 SIS 逻辑控制器制造商的安装、操作、安全和编程手册中的实施指南。

#### 5.5.2  逻辑控制器

a）SIS 逻辑控制器应在物理和功能上独立于 BPCS 逻辑控制器。

b）除非另有规定，否则 BPCS 不得将 SIS 数据用于过程控制目的。

c）SIS 逻辑控制器的实施应符合制造商的安装、操作、编程和安全手册。如果制造商安全手册中规定了实现 SIL 的其他要求，则应执行该要求。

d）在 SIS 逻辑控制器中，组件故障应通过诊断加以识别。诊断（结果）应通过 SIS 操作员接口（HMI）进行公布。

e) SIS 逻辑控制器应采用单一供货商结构；

f) 逻辑控制器应满足如下要求：

① 设计中应包括旨在监控处理器逻辑功能的诊断；

② 逻辑系统故障不应妨碍操作员的适度干预；

③ 未经授权不得对逻辑进行变更；

④ 相关设备运行期间，不得对逻辑进行变更；

⑤ 系统响应时间（数据处理率）应尽可能短，防止对应用造成负面影响。

g) 逻辑控制器故障影响必须进行评估和处理，但不限于如下内容：

① 中断、偏移、电压降、恢复、瞬变和部分断电；

② 内存损坏和丧失；

③ 信息传输损坏和丧失；

④ 输入和输出（故障闭合、故障断开）；

⑤ 信号不可读或不能读取；

⑥ 无法对错误寻址；

⑦ 处理器故障；

⑧ 继电器线圈故障；

⑨ 继电器触点故障（故障闭合、故障断开）；

⑩ 定时器故障。

### 5.5.3 现场设备——最终执行元件

a) 除非用于确定风险降低要求的风险分析明确表明组合使用（例如：调节阀兼安全联锁阀）可以接受，否则用于 SIS 的最终执行元件应独立于 BPCS 所使用的最终执行元件；

b) 除非另有规定，否则最终元件接口设备不得设有自动或手动旁路选择开关；

c) 除非另有规定，否则应使用最终元件接口设备为工艺阀门提供动力；

d) 除非另有规定，否则将工艺阀门置于故障状态的动力应采用机械弹簧。

e) 除非另有规定，否则在最终元件回路的任意部分，不得将任何附加设备或其他设备连接到 SIS。

f) 由 SIS 控制的电机（机泵和压缩机），允许配备信号转换（放大）继电器；

g) 电磁操作阀和继电器应配备与线圈直连且正确额定的镇压器；

h) 电磁操作阀不得要求将阀门位置处的手动闩销作为复位手段；

i) 最终执行元件（阀门）应在人机接口（HMI）配备远程阀位指示，以便操作人员及时确认 SIS 已经动作，从而避免了危害发生；

j）除非另有规定，否则使用"手动-断开-自动"开关的所有最终执行元件（例如：机泵电机），应该以所有操作模式下均不会抑制仪表保护功能（IPF）安全动作正常运行的方式进行接线（例如：将最终元件置于安全状态的安全动作，在手动和自动位置时均应工作正常）；

k）与 SIS 逻辑控制器相连的最终元件不得采用数字总线通信（例如：Fieldbus，Profibus）。与 SIS 逻辑控制器相连的所有最终元件应单独硬接线（作为数字输出）；

l）上文 j）项中要求以外的其他诊断允许数字总线通信，且应遵循 SIS 逻辑控制器制造商安装、操作、安全及编程手册中的实施指南。

5.6　冗余

5.6.1　现场设备和最终执行元件的冗余应按照 SIF 清单所给出的结构提供。SIL 验证计算要确保 SIF 清单中给出的结构能够实现所要求的 SIL。

5.7　诊断

5.7.1　为了实现所要求的 SIL 和风险降低因子，应对传感器进行如下诊断测试：

a）除非另有规定，否则在使用智能型变送器时，应将其配置为可提供指示发生故障的输出。诊断出故障的变送器输出应趋向于变送器量程下限或者制造商安装/用户手册、制造商安全手册或设备故障模式与影响诊断分析（FMEDA）文件中注明的数值。

5.7.2　为了实现所要求的 SIL，应对逻辑控制器进行如下诊断测试：

a）模拟输入信号应设有诊断功能，以便监控高于或低于正常操作范围的信号（例如：＜4mA 和＞20mA）；

b）应配置内部诊断测试，以便检测到处理器或 I/O 模块故障时，使系统输出失电并返回其故障——安全状态；

c）用于检测处理器和 I/O 故障的诊断应能够配置成预先设定的故障——安全状态，而不是需要编程代码来实现这种诊断；

d）如果需要额外诊断来实现指定的 SIL，则此种逻辑应该以其他逻辑图和注释的方式呈现，并在 SIF 规格书中引用；

e）当使用智能变送器的时候，应将其配置为可提供指示发生故障的输出——处于变送器量程的下限侧（例如：＜4mA）。由于特定的失效模式可能会防止变送器达到上限输出（例如：过度阻抗），因此指定为下限输出。例外情况可依据就事论事的原则，以特别说明的方式给出。

5.8　失效模式与失效频率

5.8.1　SIF 失效模式的失效频率需在装置安全仪表系统评估报告中给出。

5.9　设备响应时间要求

5.9.1　除非个别仪表或功能另有规定，否则 SIF 的响应时间不得超过 7s。

5.9.2　各子系统异步运行的最大响应时间如下所示：

a）传感器子系统为 1000ms；

b）逻辑控制器子系统为 1000ms；

c）最终元件子系统为 5s。

5.9.3　除非另有规定，否则所有 SIS 输入都应包括启动跳车信号之前的 250ms 时间延迟。

5.10　手动复位除非另有规定，否则每个输出的设计应使其一旦将工艺（过程）置于安全状态，便始终保持安全状态，直到手动复位该输出时为止。复位应通过人工激活操作员接口（HMI）对象来实现。操作员接口应将复位指令通信至 SIS 逻辑控制器。在某些情况下，输出设备会设有额外的就地复位装置（例如：电磁阀闩销复位、机泵启/停操作柱）。此类装置还可额外用作 SIS 逻辑控制器的复位功能，但不得替代复位。

5.11　保护功能的人工激活

5.11.1　应提供独立于逻辑控制器的手动方法，来驱动 SIF 最终元件。该要求应采用如下形式：

a）辅助操作台；

b）停车阀的就地、硬接线紧急停按钮；

c）中断阀门气动或液压信号的就地、三通式手动阀。

5.12　显式故障

5.12.1　除非另有规定，否则 SIS 中的显式故障应视为跳车表决。若故障在下文所述的时间段内无法修复，则显式故障应导致工艺（过程）系统手动停车。

a）在 SIF 能够通过冗余组件执行其动作的情况下，故障必须在检测到故障后的 72h 之内得到修复并使（工艺）系统恢复到初始状态。无需额外考虑人工监控。

b）在 SIF 无法通过冗余组件执行其动作的情况下，工艺系统应立即自动（或者手动，如果需要）停车。

5.13　SIS 操作员接口

5.13.1　除非另有规定，否则所有保护功能应满足人机接口要求。人机接口功能应通过 SIS 操作员接口实现，该接口可以是 SIS 专用接口或者与 BPCS 操作员接口共享。SIS 操作员接口应包括但不限于如下针对各 SIF 的状态变量：

　　a）输入值或状态；

　　b）输出状态；

　　c）旁路及其状态；

　　d）操作员接口——逻辑控制器；

　　e）通信状态；

　　f）逻辑控制器硬件诊断屏幕。

5.14　电源 SIS 电路的馈电应该与非 SIS 电路的馈电分开。

5.15　安全完整性等级/所要求的风险降低因子（RRF）中给出的所要求的风险降低水平是风险评估过程的结果。所要求的风险降低结果详情见装置 SIS 评估报告。

5.16　旁路/超驰 SIS 逻辑控制器

5.16.1　本 SRS 中描述的各个功能组，均需要以维护和测试为目的的停车旁路功能。本说明中描述的旁路功能不得用于正常操作。如果正常操作（例如：开车）需要打旁路，则应提供专用的硬接线旁路设备。

5.16.2　SIS 应配置为旁路使用两步流程实现，该流程包括激活特定单元的"旁路允许"开关和激活特定输入的 BPCS 旁路软开关。只有当这两个项目都被激活时，逻辑控制器才会将输入置于"旁路"状态。当输入被置于"旁路"时，SIS 逻辑控制器应保持输入处于非跳车状态，无论旁路的输入状态如何。

5.16.3　各工艺单元均应配备属于自己的"旁路允许"开关，其应为带钥匙的单极单掷双位保持选择器开关。"正常"位置时，触点是断开的，表明 BPCS 无法为该工艺单元的输入打旁路。处于"允许"位置时，触点是闭合的（为 SIS 逻辑控制器输入上电），表示 BPCS 可用于将该工艺装置的选定单元打旁路。"旁路允许"应该是 SIS 逻辑控制器的物理输入。SIS 逻辑控制器应将开关状态通信给 BPCS。

5.16.4　本规格书中描述的各工艺单元 SIS 均应包括一个"旁路允许"开关。"旁路允许"开关激活时，应向 BPCS 进行通信。当检测到过渡为"旁路已允许"状态时，BPCS 应产生报警。除手动开关之外，各 SIF 输入还应配置能够执行旁路功能的 BPCS 软开关。在未将"旁路允许开关"提前设定为"允许"状态下尝试打旁路，则会触发报警。若相关工艺单元的"旁路允许"开关处于"允许"位置，SIS 逻辑控制器才允许打旁路。

5.16.5　一旦 SIF 输入被设置为旁路（状态），其可以通过将 BPCS 旁路软开关置于正常位置的方式摘除。如果"旁路允许"开关设置为"正常"位置，而 BPCS 旁路软开关仍处于"旁路"位置，则 BPCS 旁路软开关应处于强制正常位置。如果打旁路的输入未返回到非跳车输入值，则 SIF 应被激活且随即发生与其相关的自动停车。为了最大限度地降低这种可能性，应该为各工艺单元提供一个紧邻"旁路允许"开关的专用指示灯。当"旁路允许"开关处于"允许"位置，且该工艺单元的所有停车联锁（信号）未被清除时，指示灯应保持亮起。

5.17　安保

5.17.1　SIS 应设计成仅限有适当权限人员访问的系统。对安全关键设备进行变更，应遵循公司/组织的变更管理（MOC）标准。

5.17.2　只有指定人员才可对 SIS 逻辑进行变更。

5.17.3　SIS 组件应清楚地进行标识或标记，以防止无意间的变更。此类组件包括：传感器、接线盒、控制面板、就地报警、导管和最终执行元件。

5.18　功能测试

5.18.1　SIS 应设计成在不影响正常操作的情况下进行定期测试，以确保其可用性。测试间隔的确定应综合考虑运行、维护、工程（技术）及安全等因素。

5.18.2　所有保护功能的功能测试间隔不得超过 SIS 评估报告中规定的持续时间。此外，该评估报告中还明确了可能需要更高频率测试的一些设备。功能测试应构成设备的全面"检验测试"（例如：100%检验测试覆盖率）。

a）设备（包括回路、逻辑控制器、机械组件、工艺端口和连接）应进行检验和全面测试。

b）进行功能测试时，不得对 SIS 输入和输出进行强制。

c）功能测试结束时，运行异常的设备不得重新投用。全面"检验测试"还应包括设备制造商推荐的"检验测试"（定义见制造商安装/用户手册、制造商安全手册，或者设备 FMEDA 文件）。

d）如果多种"检验测试"均可行，应利用能够合理地对未检测出的危险失效进行最高检测的测试进行"检验测试"。

5.18.3　功能测试应证明从现场传感器到逻辑控制器，再到最终执行元件，每一个完整的保护（功能）均得到了测试。不允许使用强制输入来模拟跳车条件。

5.19　在 SIL 验证和 SRS 编写过程中，考虑了共因失效的潜在来源。冗余仪表的实例足以抵抗共因失效来源，SIL 验证计算时也包含了适宜的共因失效因子。

### 5.20 设备选择

5.20.1 选定用在 SIS 的设备应适用于安全仪表系统，并应与装置 SIS 评估报告当中给出的项目概念设计审查阶段对相应组件所做失效特性的假设相一致。应通过在仪表设计和制造方面符合 IEC 61508，或者通过遵循 IEC 61511 中规定的先验使用，或者遵照 IEC 61508 规定的经使用验证，来展示仪表的适用性。

5.20.2 逻辑控制器应符合满足相应 SIL 安全仪表系统应用的设计、安装和维护指南。

### 5.21 环境条件

SIS 详细设计承包商应与设备供货商和 SIS 业主/运营商进行协商，以确保所有 SIS 设备均能够适应所暴露的极端环境条件。应该予以考虑的环境条件包括：温度、湿度、污染物、接地、电磁干扰/射频干扰（EMI/RFI）、冲击、振动、静电释放、电气危险区域划分、洪水及其他相关因素。

### 5.22 特别说明

5.22.1 批准用于 BPCS 控制和同步 SIS 停车的过程传感器有：例如，PT-×××每个压力变送器至 SIS 逻辑控制器的模拟输入均采用硬接线方式，参见附图×××。批准用于 BPCS 控制工况和 SIS 停车工况的最终元件仅限于：KV-×××，其中，SIS 应该能够按照×××直接干预阀门的气动信号，参见附图×××。批准的可以旁掉 SIS 最终元件的阀门如下：旁路阀不得用于正常操作，且应遵照现场的安全关键设备旁路/超驰程序进行管理。此类阀门包括：TV-×××FV-×××A。

5.22.2 应用于 SIS 工况的变送器应该由供货商供货且适用于应用工况的，另外还要遵循下文中的 SRS 检查表。

### 5.23 SRS 检查表

#### 5.23.1 安全仪表功能 SRS 详情

| 位号 | 01A | IPF 类型 | SIF |
|---|---|---|---|
| SIF 说明 | 压缩机(K-001A)气/液分离罐低低液位关闭液体出口阀门 | | |
| 选定的 SIL | SIL 2 | 操作单位 | |
| SIF 群组 | | 目标误跳车率 | |
| 设备编号 | | 操作模式 | 低要求 |

### 5.23.2　传感器检查表（传感器 SRS 详情）

| 位号 | LT-×××1 | | |
|---|---|---|---|
| 工况说明 | 蒸发器(V-002)SIS 液位变送器 | | |
| 表决 | 1oo1 | SIF 群组 | |
| 设备选择基础 | 先验使用 | 跳车类型 | LL |
| 数据参考 | | 制造商/型号 | |
| HMI 标识 | | 安全手册 | |
| 安全关键 | 是/否 | 测试间隔/月 | 24 |

### 5.23.3　逻辑控制器检查表（逻辑控制器 SRS 详情）

| 工况说明 | 安全仪表系统 PLC | |
|---|---|---|
| 组件影响时间 | 1000ms | 安全手册 |
| 测试间隔/月 | | |

### 5.23.4　最终元件检查表（最终元件 SRS 详情）

| 位号 | SDV-×××A | | |
|---|---|---|---|
| 工况说明 | ×××塔(T-××A)再沸器安全阀 | | |
| 表决 | 1oo1 | SIF 群组 | |
| 设备选择基础 | 遵循 IEC 61508 | SIF 动作 | |
| 数据参考 | | 数据表参考 | |
| 制造商/型号 | | 安全手册 | |
| 安全关键 | 是/否 | 组件响应时间 | 5s |
| 测试间隔/月 | 6 | | |

# 索 引